백만인의 전기공사

日本 関電工 品質·工事管理部 編
이영실 譯

BM 성안당
日本 옴사 · 성안당 공동 출간

그림으로 해설한

백만인의 전기 공사

Original Japanese Edition
ETOKI HYAKUMANNIN NO DENKI KOUJI(KAITEI 2HAN)
edited by Kandenkou Hinshitsu–Koujikanribu
by Yasufusa Takei, Masamori Shiihashi, Takashi Jinguu, Kenzou Takayanagi, Hideo Nonaka, Takemasa Okimatsu, Eisuke Sudou, Mitsuo Tagawa, Keisuke Inoue and Kouji Ogasawara

publiched by Ohmsha, Ltd.

This Korea Language edition is co–published by Ohmsha, Ltd. and SEONG ANDANG Publishing Co.

머·리·말

최근의 일본 경제 사회의 발전에 따라 전기 설비는 다양화·고도화되고 있으며 전기 공급에 대한 중요성은 더욱 높아지고 있다.

따라서 지금보다 더욱 안전하고 신뢰성이 높은 전기 설비가 요구되고 있다.

전기 설비의 품질에는 설계·보전·공사의 모든 요소가 관련되는데 전기 공사 시공의 질은 특히 중요한 요소이다. 최근의 복잡·다양화된 설비 공사도 세분화하게 되면 하나 하나의 기본 작업이 쌓여 이루어진 것임을 알 수 있으며 그 기본 작업이 각각 바르게 실시됨으로써 비로소 신뢰할 수 있는 전기 설비로 되는 것이다.

이를 위해서도 올바른 작업, 정확한 시공 기술 및 고도의 숙련된 기능을 익혀 법령에 따른 시공을 할 필요가 있다.

여기서는 전기 공사에 종사하는 사람들을 위해 법령과 함께 그림과 사진을 사용하여 전기 공사의 기본 작업에 대하여 설명하였으므로 옥내 전기 공사의 실무에 종사하는 기술자는 물론, 전기 공사 기사를 목표로 하는 독자를 위해서도 매우 유익할 것으로 생각된다.

(본문 중에서 「전기설비기술기준」은 「電技」로, 「전기설비기술기준의 해석」은 「해석」으로 약하여 표현하였다.)

차례

전선의 접속(1) 직접 접속(직선, 분기 및 종단)

• 머 리 말 •

최근에 빌딩의 고층화, 공장의 대형화가 진전됨에 따라 전기 설비 공사도 복잡, 다양화되고 있다. 그러나 이들 설비가 아무리 다양화되고 복잡하게 되더라도 그 설비 공사를 세분화하게 되면 기본 작업 하나 하나가 쌓여 이루어진 것임을 알 수 있다. 따라서 기본 작업·시공 기술·기능을 익혀 「전기설비기술기준」에 의거한 시공을 해야 한다.

전선의 접속방법 하나만 보더라도 여러 가지의 접속방법이 있으며, 또한 여러 가지 공구도 필요함을 알 수 있다.

전선의 접속 방법에 대해서는 해석 제12조에 규정되어 있으며, 전선의 전기 저항을 증가시키지 않도록 하고 있으며, 또한 전선의 강도(인장 하중)를 20% 이상 감소시키지 않도록 하고 있다.

또한 직접 접속에 있어서는 납땜할 곳이 정해져 있다.

접속 방법 및 사용 공구가 잘못되면 접속 불량에 의하여 접속 장소가 과열되어 사고로 연결될 위험성이 있다.

여기서는 전기공사 기사를 목표로 하는 사람들을 위해 법령과 함께 그림으로 알기 쉽게 기초적인 전기공사의 시공방법을 해설하고자 한다.

1. 피복의 박리

(1) 연필 깎기식 박리(가는 단선)

① 나이프의 날을 경사로 하여 심선을 다치지 않도록 윗부분의 피복을 박리한다(박리 길이는 접속의 종류에 따라 다르다)(그림 1).

② 날과 전선의 각도는 약 10°로 하며(그림 2) 나이프와 전선의 각도는 약 120°(그림 3)로

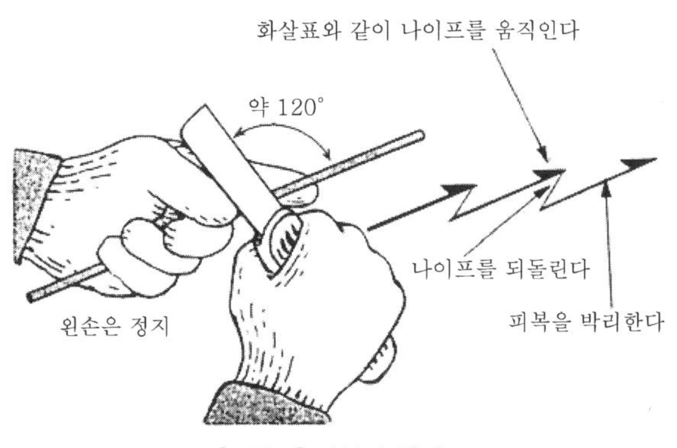

[그림 1] 피복의 박리

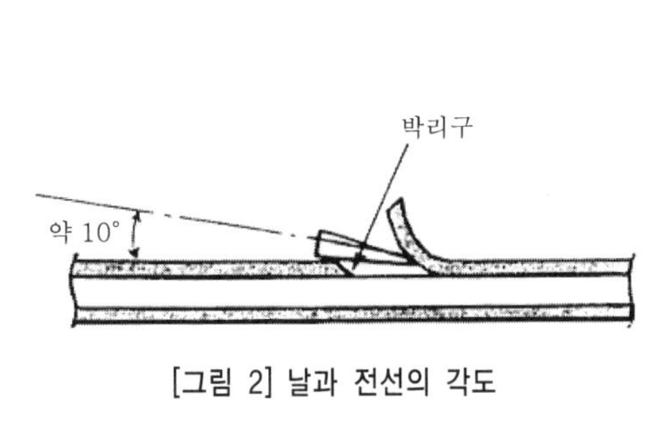

[그림 2] 날과 전선의 각도

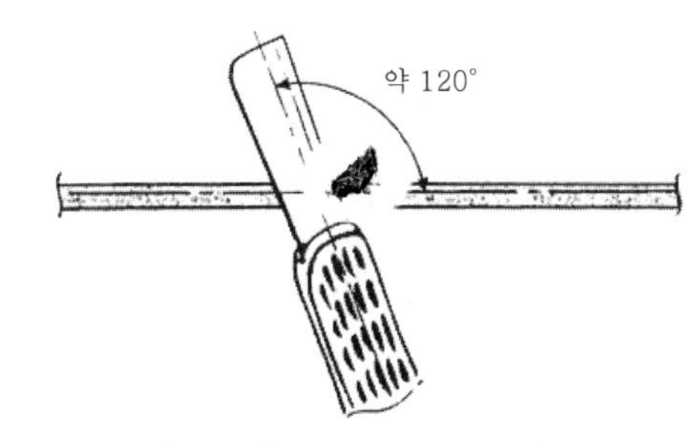

[그림 3] 전선과 나이프의 각도

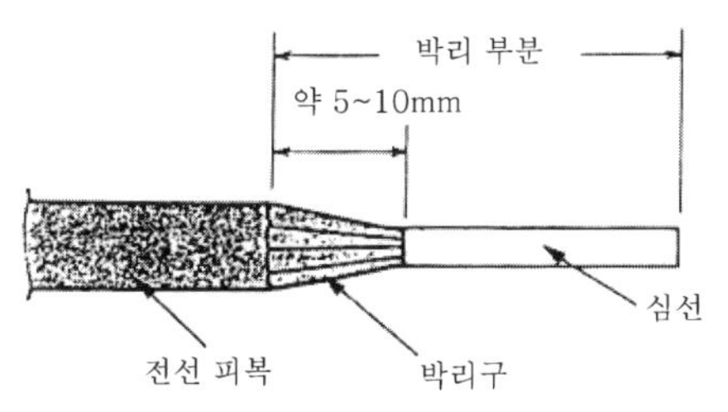

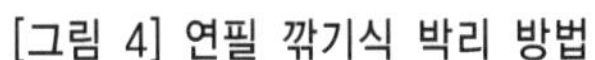

[그림 4] 연필 깎기식 박리 방법

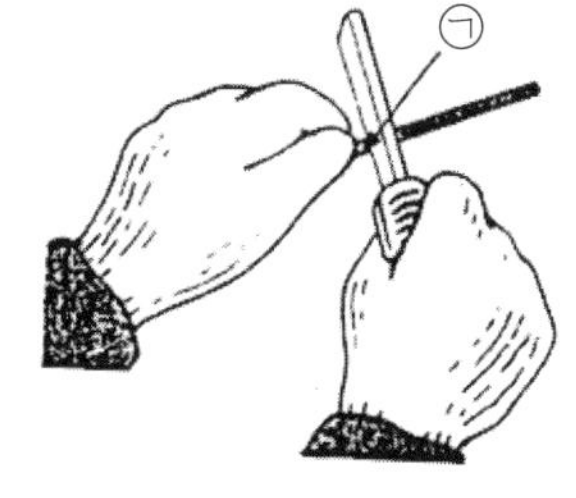

[그림 5] 피복 박리도

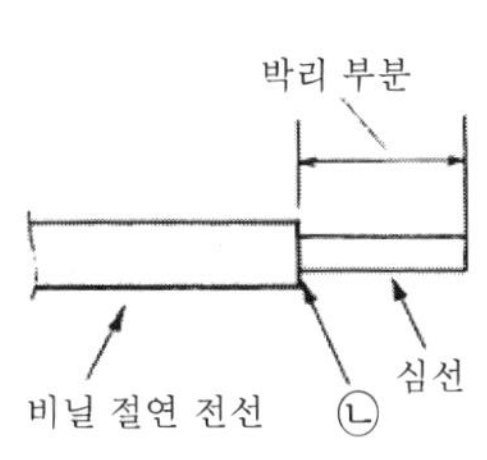

[그림 6] 박리 마무리도

한다. 그 이상(이외)의 각도로 하면 심선이 다치며 접속시에 그 부분이 절단되는 경우가 있다.

③ 피복의 박리는 연필을 깎는 요령으로 전체 둘레에 걸쳐 박리한다(그림 4).

④ 연필식 박리의 길이는 약 5~10m(전선의 굵기에 따라 다르다)(그림 4).

(2) 직각 박리(단박리)

① 박리 부분의 구부러진 것을 바르게 하여 전체 둘레에 걸쳐 피복 두께의 약 1/2을 커팅한다(화살표㉠)(그림 5).

② 커팅 장소(화살표㉡)를 펜치 선단에 물리고 전방으로 밀듯이 하면서 피복을 박리하며 심선이 다치지 않았는지 확인한다(그림 6).

2. 직선 접속

❖ 가는 단선의 직선 접속(트위스트 조인트)

① 전선의 피복을 박리한다.
1.6mm … 약 130mm, 2.0mm … 약 160mm

② 우측 선을 위로 하여 교차시킨다.

③ 교차시킨 우측에 펜치를 끼운다(펜치 날 방향을 반드시 안쪽으로 한다)(그림 7).

④ 왼손으로 좌측 선이 잘 접촉되도록 하면서 한번 비튼다(그림 8).

⑤ 감겨지는 선은 중심선과 평행이 되도록 올린다(그림 8).

⑥ 감은 선을 중심선과 직각이 되도록 일으킨다(그림 8).

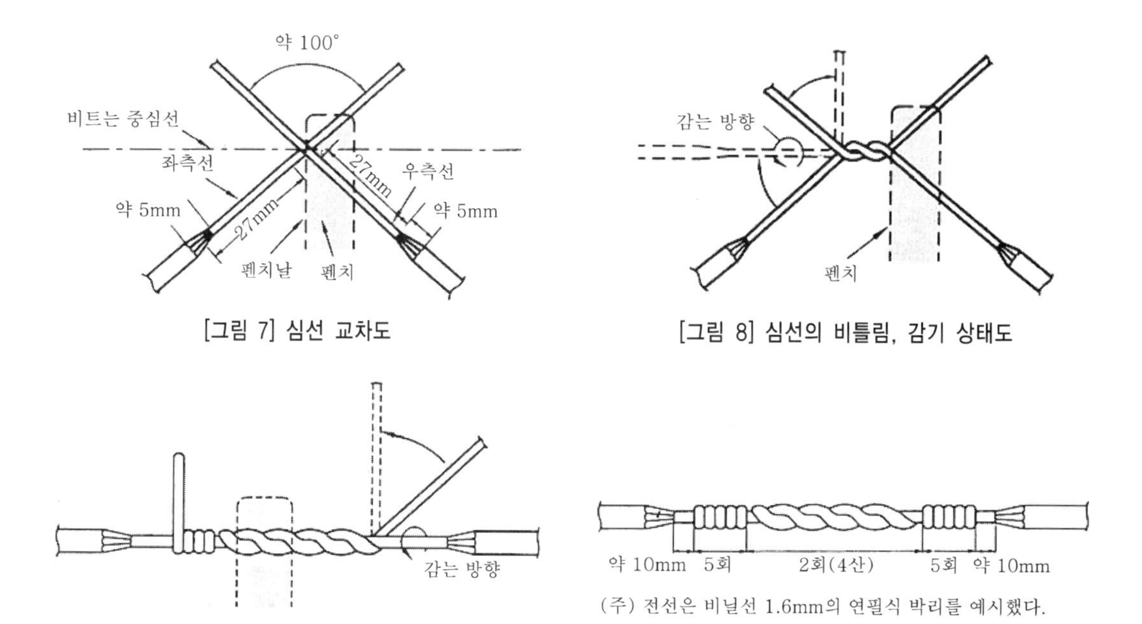

[그림 7] 심선 교차도

[그림 8] 심선의 비틀림, 감기 상태도

[그림 9] 감는 상태

[그림 10] 완성도

⑦ 왼손으로 심선에 5회 감는다(감은 선과 선 사이에 빈 틈이 없도록 하며, 또한 권선 종료와 심선 피복과의 사이는 약 10mm로 한다)(그림 9).

⑧ 감은 선의 끝은 펜치로 레버식으로 죄면서 선단을 절단한다.

⑨ 절단한 선단은 펜치의 선단에 끼우고, 감는 방향으로 회전시키면서 돌기가 없도록 누른다.

⑩ 펜치를 다시 끼워 우측의 심선을 비틀고 좌측과 같이 감는다(그림 9).

⑪ 접속 부분이 구부러진 것을 바르게 하여 그림과 같이 되어 있는지 점검한다(그림 10).

3. 분기 접속

2선의 피복 선단을 맞추어 가볍게 펜치에 끼우고(그림 11) 분기선 45°로 세워 1회 감은 후, 그 선을 직각으로 세워 2~3회 감고 펜치의 선단에 물려 빈 틈이 없도록 레버식으로 죄면서 5회 감는다(그림 12).

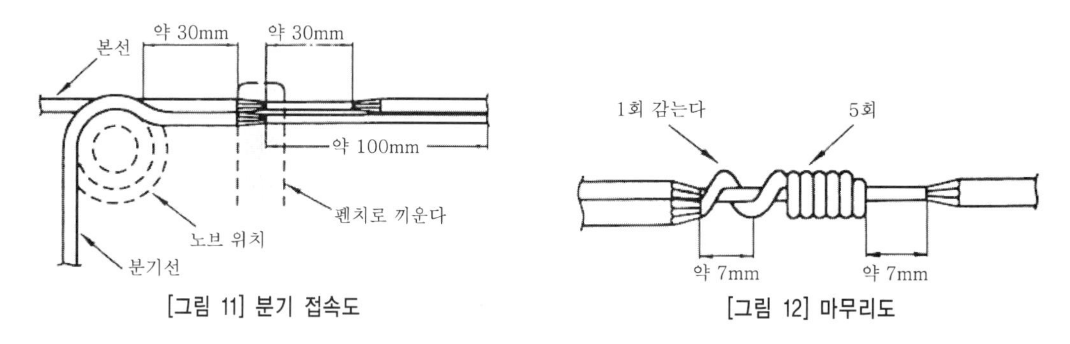

[그림 11] 분기 접속도

[그림 12] 마무리도

4. 종단 접속

(1) 단선에 의한 종단 접속(되접어 꺾는 방법)

심선을 바르게 해서 피복의 선단을 맞춰 가볍게 펜치에 끼우고 오른손 인지와 엄지로 심선을 약 90~100°로 교차시켜 2회 비틀고 선단을 되접어 꺾어 펜치로 누른다(그림 13).

(2) 단선에 의한 종단 접속(선단 절단 방법)

심선의 끝을 되접어 꺾지 않는 경우에는 한번 더 비틀고 그림 14와 같이 5산으로 하여 나머지는 절단하며 절단면을 펜치로 가볍게 두들겨 돌기를 없앤다.

(3) 단선에 의한 종단 접속(3선 접속 방법)

왼손으로 3개 피복의 선단을 맞춘 전선을 잡고 감는 선을 45°로 세워 1회 감은 후, 직각으로 세워 감고 그 선을 펜치 끝에 끼워 레버식으로 죄면서 그림 15와 같이 필요한 횟수만큼 감아 선단을 2mm 남긴 뒤 절단하여 그 선단의 돌기를 없앤다.

(4) 단선과 기구선과의 종단 접속

피복의 선단을 맞추고 감는 심선을 가볍게 비틀어 빈틈이 없도록 5회 감는다. 단선의 선단은 감는 부분을 덮어 씌우듯이 되접어 꺾어 펜치로 누른다(그림 16).

(5) 단선과 연선과의 종단 접속

연선의 꼬임을 되풀어 바르게 하고 피복의 끝을 맞추어 잡는다. 감는 단선(1.6mm)은 45°로 세워 1회 감고 그 선을 직각으로 세워 손으로 1~2회 감는다. 이후 펜치 끝에 끼우고 레버식으로 죄면서 빈틈이 없도록 그림의 횟수만큼 감고 선단을 절단한다(그림 17).

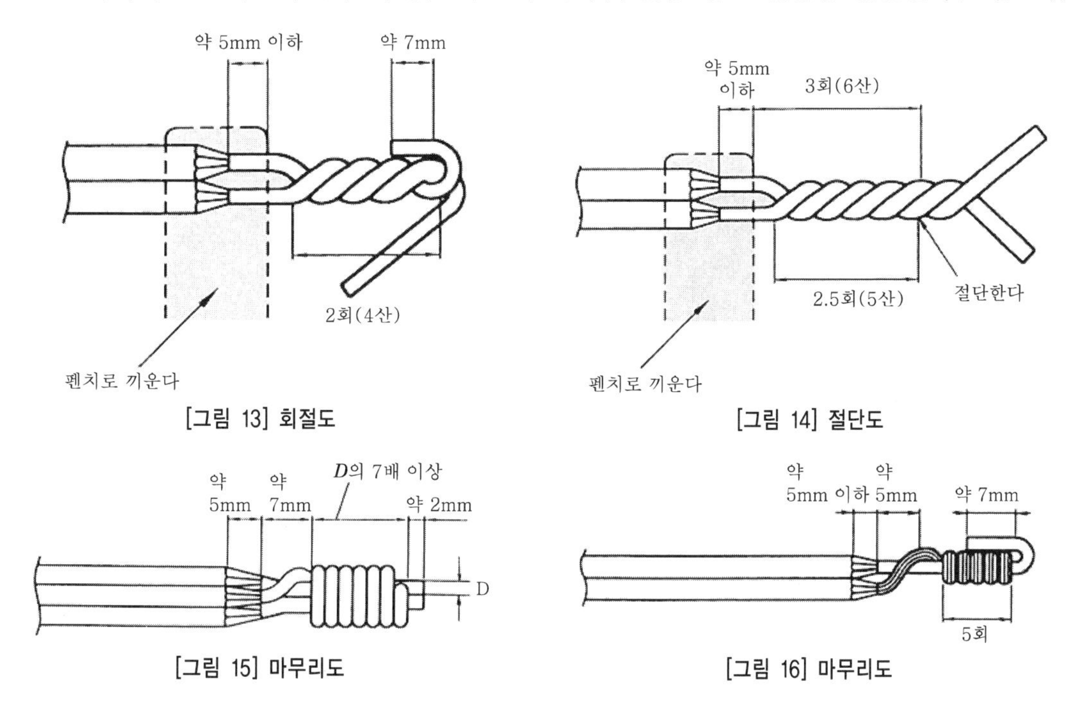

[그림 13] 회절도

[그림 14] 절단도

[그림 15] 마무리도

[그림 16] 마무리도

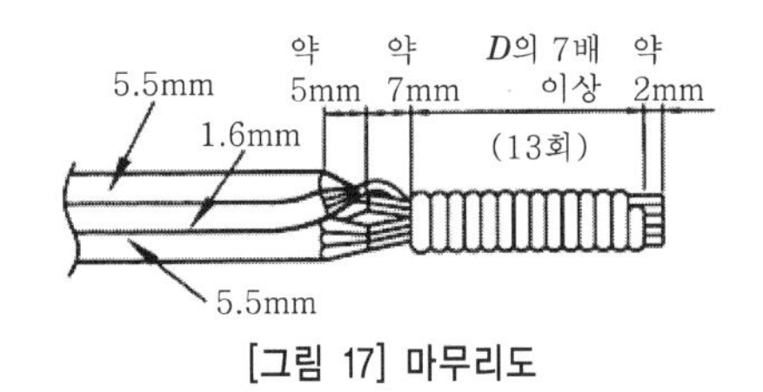

[그림 17] 마무리도

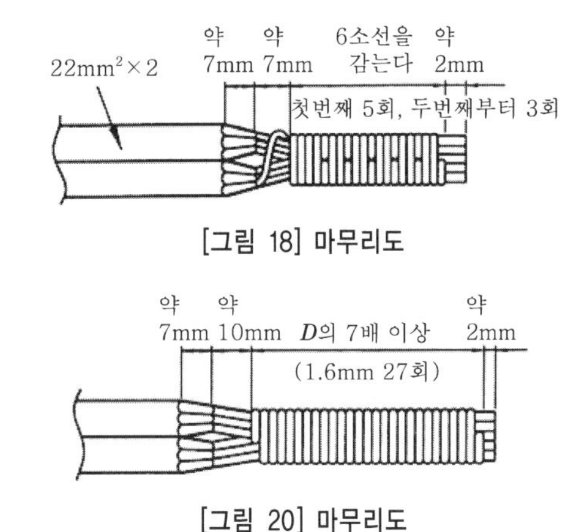

[그림 18] 마무리도

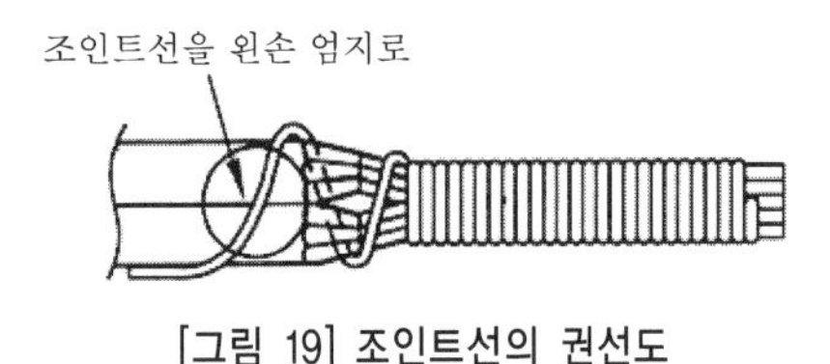

[그림 19] 조인트선의 권선도

[그림 20] 마무리도

(6) 연선의 종단 접속(소선을 사용한 경우)

연선의 꼬임을 되풀고 바르게 하여 피복의 선단을 맞추어 잡는다. 감는 소선의 1개를 45°로 일으켜 손으로 1회 감은 후, 직각으로 일으켜 그 선을 펜치로 레버식으로 죄면서 5회 감는다. 2개째부터 6소선을 사용하여 각각 3회 감고 그림 18과 같이 마무리하여 선단을 절단하고 돌기가 없도록 펜치로 가볍게 두들겨 마무리한다.

(7) 연선의 종단 접속(조인트 와이어에 의한 접속)

연선의 꼬임을 되풀고 바르게 하여 피복의 선단을 맞춘다. 감을 조인트선을 그림 19와 같이 소선 사이에 통과시켜 엄지로 누르면서 손으로 2회 감은 뒤 펜치 끝에 권선을 물려 레버식으로 죄면서 그림 20과 같이 필요한 횟수만큼 감고 선단과 감기 시작 부분을 절단하여 돌기가 없도록 펜치로 가볍게 두들겨 마무리한다.

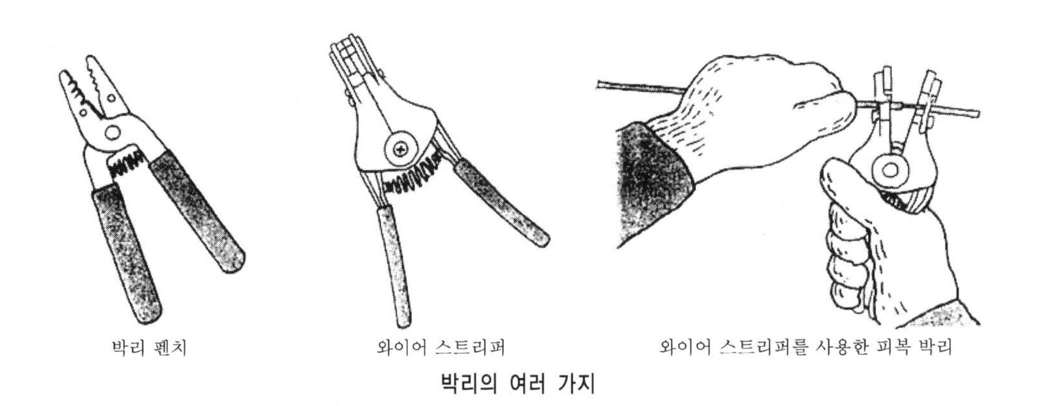

박리의 여러 가지

전선의 접속(2) | 접속기 및 공구에 의한 접속

1. 접속기에 의한 접속

(1) 삽입 커넥터에 의한 접속(원 터치법)

• 작업 순서

① 전선 피복의 박리는 커넥터의 스트립 게이지에 맞추어 피복을 박리한다(그림 2).

② 커넥터에 삽입하는 것은 심선이 보이지 않을 때까지, 안으로 1개씩 당을 때까지 삽입한다(그림 3).

(2) 와이어 커넥터에 의한 접속

• 작업 순서

① 전선의 피복을 박리하여 피복의 선단을 맞춘다(그림 4).

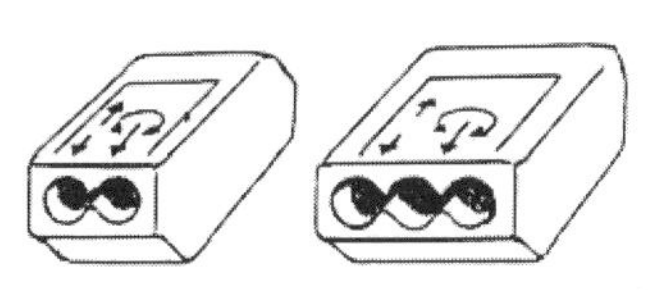

[그림 1] 커넥터의 종류 예(사용 예 : 와고재팬(주))

(주)삽입형 커넥터는 동선(단선) 전용으로 주로 가는 전선의 박스 내 등의 접속에 사용한다.

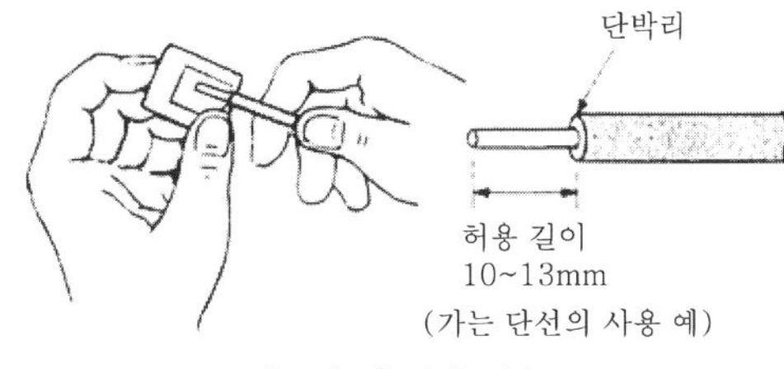

[그림 2] 박리 치수

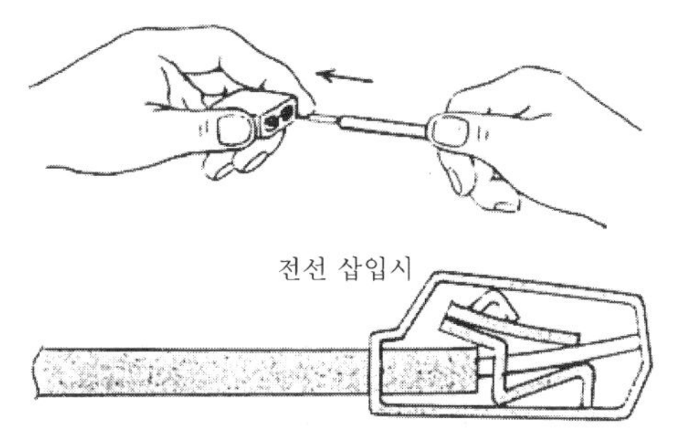

[그림 3] 심선의 삽입 상태

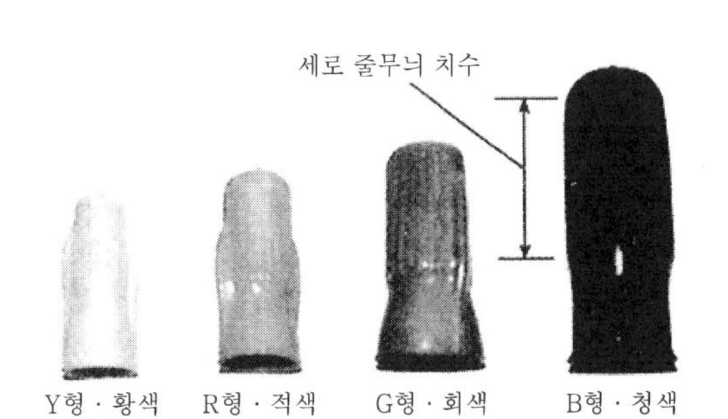

[사진 1] 커넥터의 종류 예

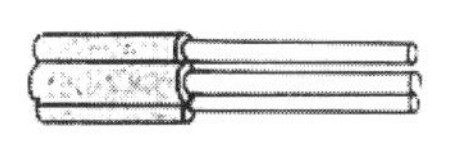

[그림 4] 피복의 박리

[그림 5] 심선의 비틀림

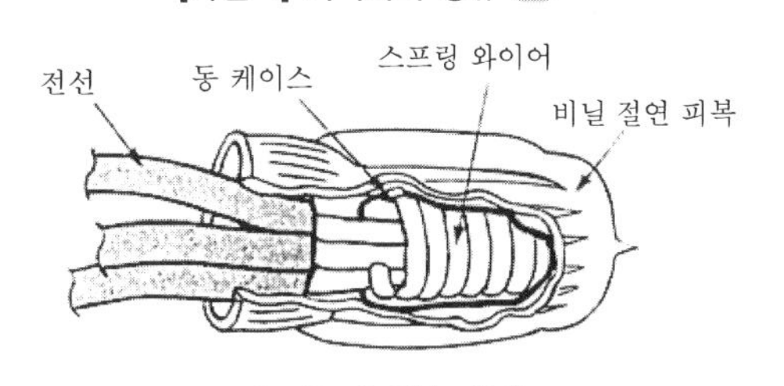

[그림 6] 접속 상태

▶S형 슬리브에 의한 분기 접속

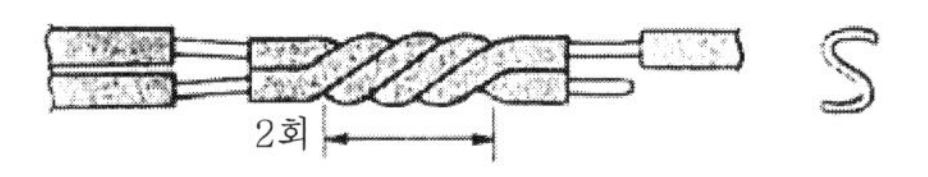

S형 슬리브는 직선 및 분기 접속하는 경우에 사용하는 슬리브로 펜치, 플라이어를 사용하여 비틀어 접속한다.

▶접속기의 공통 주의사항

사용하는 접속기는 전기용품 단속법의 적용을 받으므로 (▽)마크 표시가 있는 것을 사용한다.

[표 1] 적용표

형 번	단선의 조합 예		형 번	단선의 조합 예	
Y (황색)	φ1.6	2~3선	R (적색)	φ1.6 φ2.0	2~5선 2~4선
G (회색)	φ1.6 φ2.0 5.5 8	4~6선 3~5선 2~4선 2선	B (청색)	5.5 8 14	3~5선 2~3선 2선

피복의 박리 치수는 커넥터의 형에 따라 다르다. 또한 심선의 절단 치수는 세로 무늬의 길이에 맞춘다(사진 1).

② 맞춘 전선을 가볍게 오른쪽으로 비튼 후(그림 5) 커넥터에 삽입하여 커넥터가 공전하거나 움직이지 않을 때까지 죈다(그림 6).

2. 압착 공구(수동식)를 사용한 접속

(1) 종단 중첩용 슬리브(E형)를 사용한 방법

• 작업 순서

① 전선의 피복을 박리한다(단박리).
② 전선의 구부러진 것을 바르게 한다.
③ 슬리브를 압착 펜치에 끼운다.
④ 심선을 슬리브에 삽입한다.
⑤ 압착한다.
⑥ 심선의 선단을 절단한다.
⑦ 선단을 매끄럽게 한다.
⑧ 점검한다.

• 작업 요점

① 사용하는 링 슬리브의 길이보다 약 10mm 길게 피복을 박리한다(그림 8(a)).
② 심선을 바르게 하여 링 슬리브에 용이하게 삽입할 수 있도록 한다(그림 8(b)).
③ 심선을 평행으로 밀착시킨다(그림 8(b)).

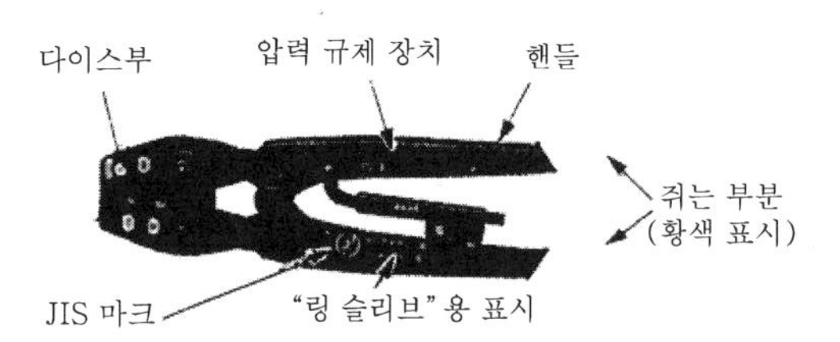

[사진 2] 압착 펜치(E형)의 외관과 각부 기구

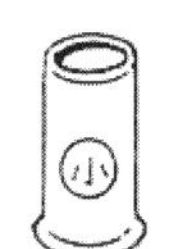

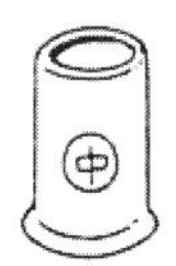

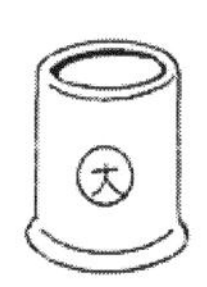

소…20A
중…30A
대…40A

[그림 7] 슬리브(E형)의 종류와 최대 사용 전류

④ 압착 펜치는 링 슬리브용인지를 확인한다(사진 2).
⑤ 압착 펜치를 꽉 쥐어 입을 연다.
⑥ 열린 펜치의 다이스부와 슬리브의 중심을 맞추어 물리고 가볍게 쥔다(강하게 쥐면 슬리브가 압착되므로 주의한다).
⑦ 피복의 선단을 맞추어 슬리브에 심선을 삽입한다(그림 8(c)㉠).
⑧ 피복과 링 슬리브의 간격은 2~5mm만큼 이격시킨다(그림 8(c)㉡).
⑨ 피복 부분이 슬리브 속에 들어가지 않도록 주의한다(그림8(d)㉠).
⑩ 압착 펜치의 핸들이 자연스럽게 열릴 때까지 강력하게 쥔다.
⑪ 심선을 슬리브 선단에서 절단한다(그림 8(e)).

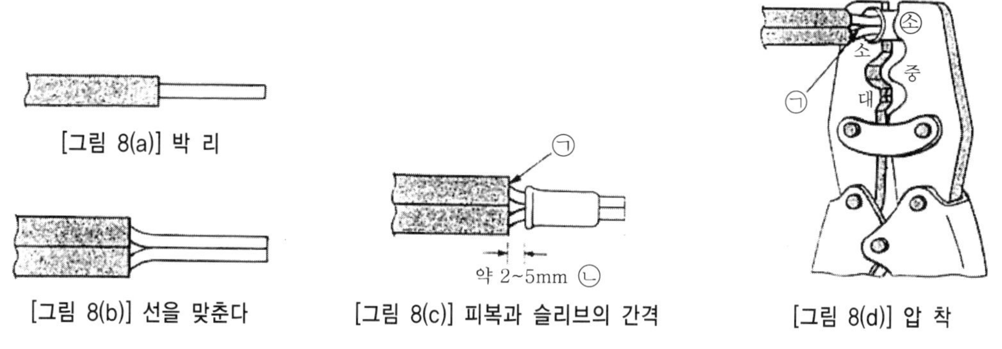

[그림 8(a)] 박 리

[그림 8(b)] 선을 맞춘다

[그림 8(c)] 피복과 슬리브의 간격

[그림 8(d)] 압 착

[표 2] 링 슬리브(E형)의 최대 사용 가능한 전선 조합(예시)

호칭	전선 조합				사 용 다이스
	동일한 경우			다른 경우	
	1.6mm 또는 2.0mm²	2.0mm 또는 3.5mm²	2.6mm 또는 5.5mm²		
소	2선	–	–	1.6mm 1선과 0.75mm 1선 1.6mm 2선과 0.75mm 1선	㉦
	3~4선	2선	–	2.0mm 1선과 1.6mm 1~2선	소
중	5~6선	3~4선	2선	2.0mm 1선과 1.6mm 3~5선 2.0mm 2선과 1.6mm 1~3선 2.0mm 3선과 1.6mm 1선 2.6mm 1선과 1.6mm 1~3선 2.6mm 1선과 1.6mm 1~2선 2.6mm 2선과 1.6mm 1선 2.6mm 1선과 2.0mm 1선과 1.6mm 1~2선	중
대	7선	5선	3선	2.0mm 1선과 1.6mm 6선 2.0mm 2선과 1.6mm 4선 2.0mm 3선과 1.6mm 2선 2.0mm 4선과 1.6mm 1선 2.6mm 1선과 2.0mm 3선 2.6mm 2선과 1.6mm 2선 2.6mm 2선과 2.0mm 1선 2.6mm 1선과 2.0mm 2선과 1.6mm 1선	대

(비고) 링 슬리브(KS C 2621)와 압착 펜치(KS C 9323)는 KS 적합품을 사용하고 링 슬리브와 조합은 메이커 시방에 의하여 적정한 것을 선정한다.

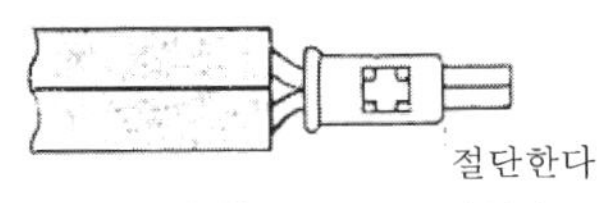

[그림 8(e)] 선단을 절단한다

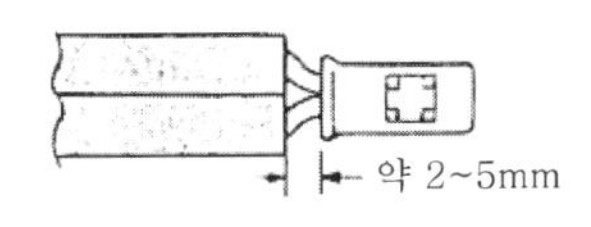

[그림 8(f)] 선단 처리

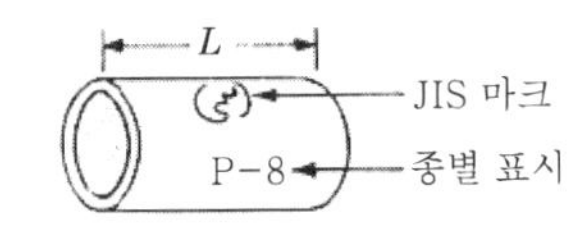

[그림 9] 슬리브(P형)

⑫ 절단면을 줄 등으로 마무리하거나 펜치로 가볍게 두들겨 돌기물을 없앤다(그림 8(f)).

⑬ 슬리브를 손가락으로 당기거나 회전시켜 점검한다.

(2) 직선 중첩용 슬리브(P형)를 사용한 방법

• 작업 순서

작업 순서는 (E형)과 같은 요령으로 반복한다(그림 10(a)~(f)).

(3) 직접 맞대기용(B형)을 사용한 방법

• 작업 순서

① 전선의 피복을 박리한다.

② 전선이 구부러진 것을 바르게 한다.

③ 슬리브를 압착 펜치에 끼운다.

④ 심선을 슬리브에 삽입한다.

⑤ 압착한다.

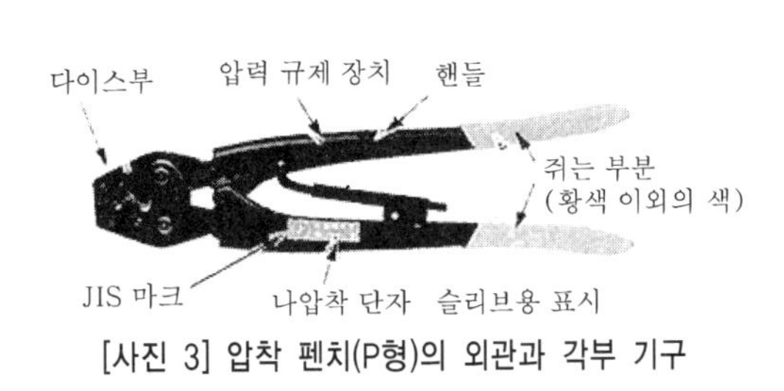

[사진 3] 압착 펜치(P형)의 외관과 각부 기구

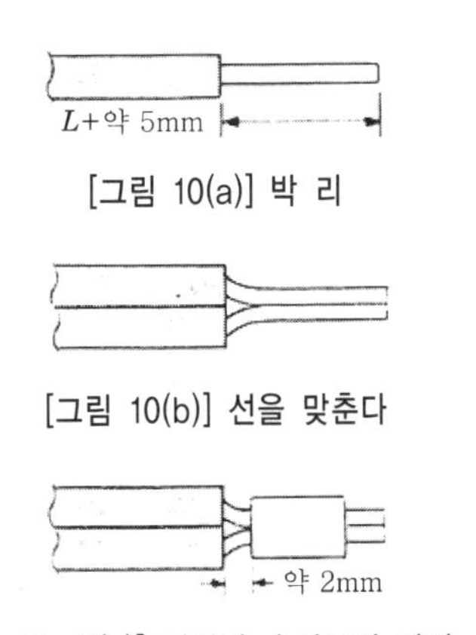

[그림 10(a)] 박 리

[그림 10(b)] 선을 맞춘다

[그림 10(c)] 피복과 슬리브의 간격

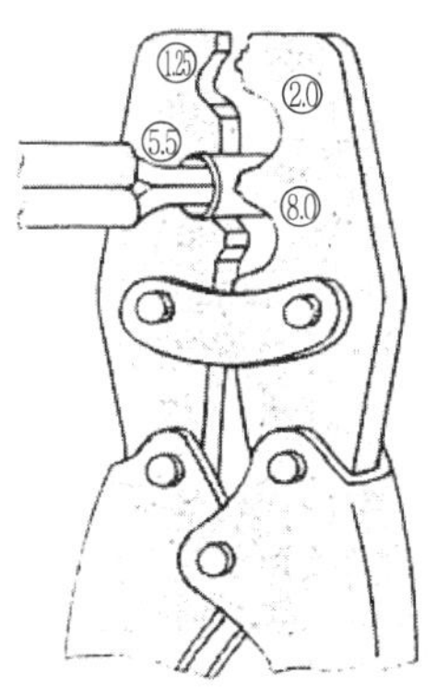

[그림 10(d)] 압 착

[표 3] 접속하는 전선 수용 용량과 사용 슬리브(P형)와의 종류(예시)

슬리브 호칭	전선 수용 용량[mm]	전선 굵기		계산 단면적
		단선 지름[mm]	연선 공칭 단면적[mm]	[mm]
2	1.04~2.63			
5.5	2.63~6.64	1.6		2.011
		2.0		3.142
8	6.64~10.52	2.6		5.309
			5.5	5.498
14	10.52~16.78	3.2		8.042
			8	7.917
	(KS C 2621 참조)		14	14.08

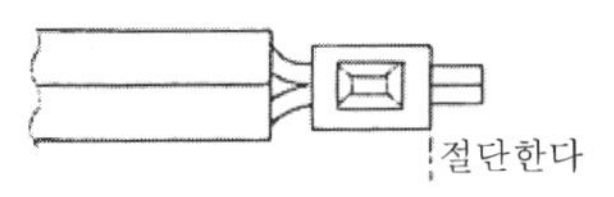

[그림 10(e)] 선단을 절단한다

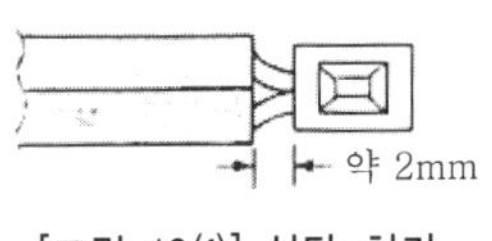

[그림 10(f)] 선단 처리

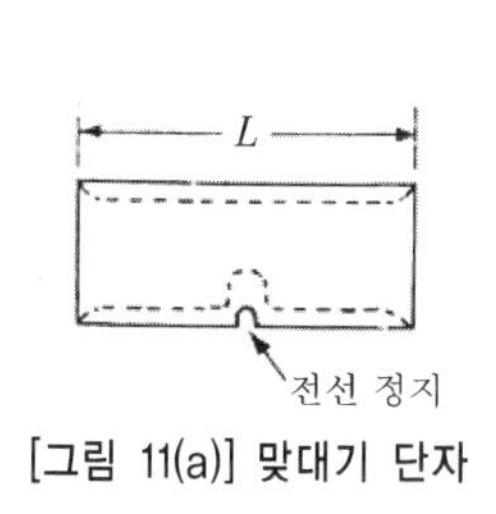

[그림 11(a)] 맞대기 단자

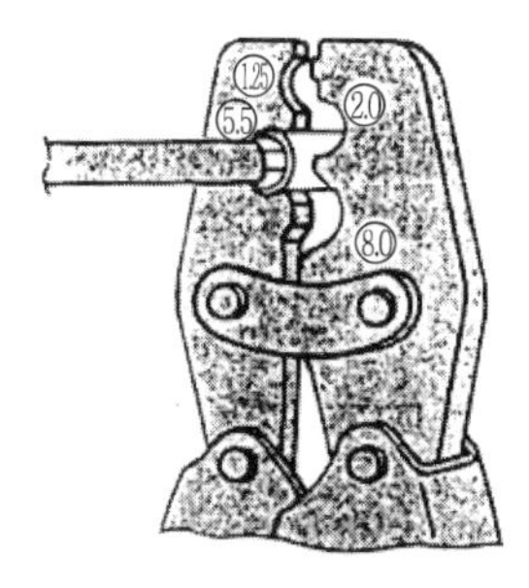

[그림 11(b)] 압 착

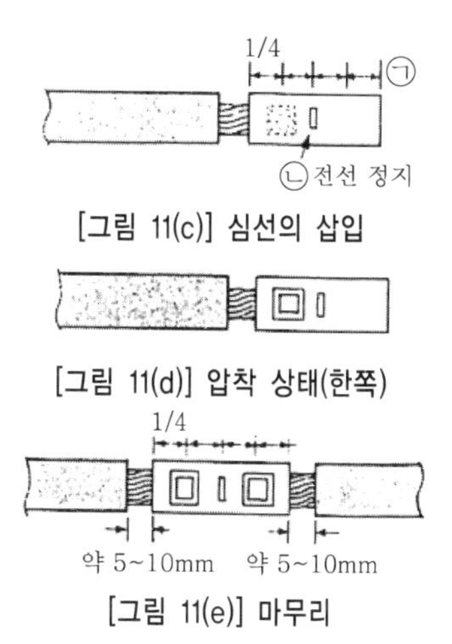

[그림 11(c)] 심선의 삽입

[그림 11(d)] 압착 상태(한쪽)

[그림 11(e)] 마무리

⑥ 상대측의 전선을 압착한다.

⑦ 점검한다.

• 작업 요점

① 그림 11(a) L의 1/2보다 약 5~10mm 길게 피복을 박리한다.

② 심선을 바르게 하여 슬리브에 쉽게 들어가도록 한다.

③ 압착 펜치는 나압착 단자 슬리브용인지를 확인한다(사진 3).

④ 열린 압착 펜치의 다이스에 슬리브 길이의 1/4의 점(그림 11(c)㉠)을 물리고 펜치를 가볍게 잡고 단자를 누른다.

⑤ 전선을 한손으로 잡고 심선의 선단이 전선 정지점에 닿을 때까지 삽입한다(그림 11(c)㉡).

⑥ 압착 펜치의 핸들이 자연스럽게 열릴 때까지 강하게 쥔다.

⑦ 반대측도 ①~⑥까지와 같은 요령으로 반복한다(그림11(e)).

⑧ 심선이 이완되어 있는지 않은지 당겨 본다.

3. 수동 유압식 압착 공구를 사용한 종단 접속

[나압착 슬리브에 의한 접속]

• 작업 순서

① 전선이 구부러진 것을 바르게 하여 선단을 맞추어 절단한다(그림 12(a)㉠).

② 피복을 박리한다(그림 12(a)㉡).

③ 심선을 정비한다(전선 수가 많을 때 굵어지면 가결속한다(그림 12(a)㉢).

④ 압착기에 슬리브를 가볍게 끼운다(슬리브에 맞는 다이스를 선택한다).

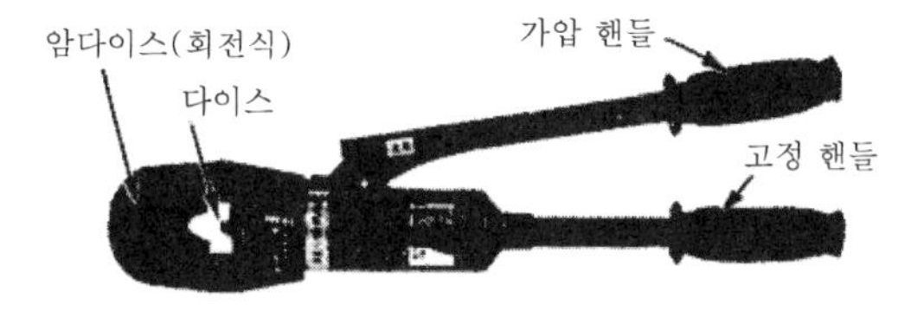

[사진 4] 수동 유압식 압착 공구의 외관과 각부 기구

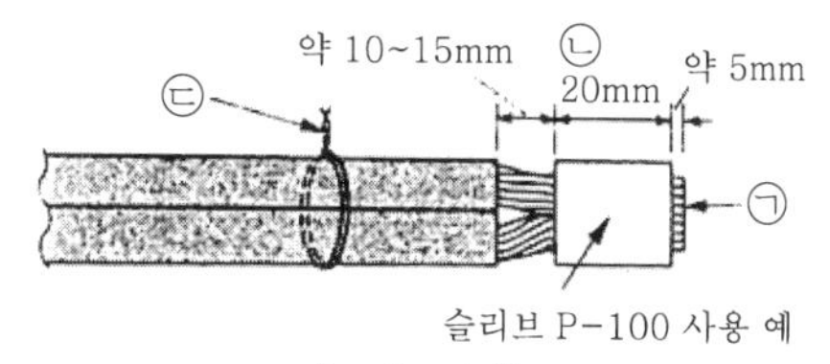

[그림 12(a)]

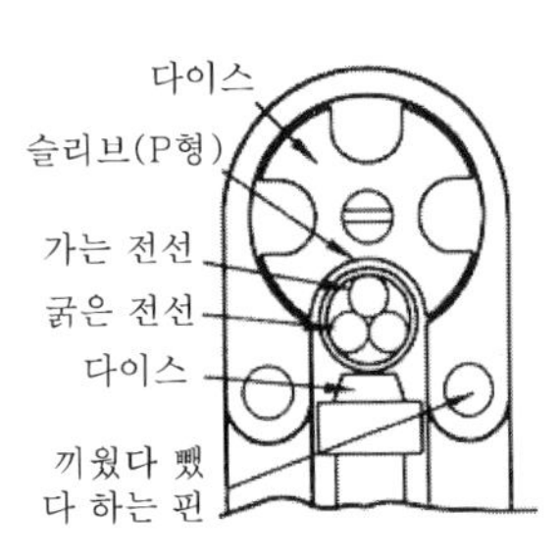

[그림 12(b)] 심선의 삽입

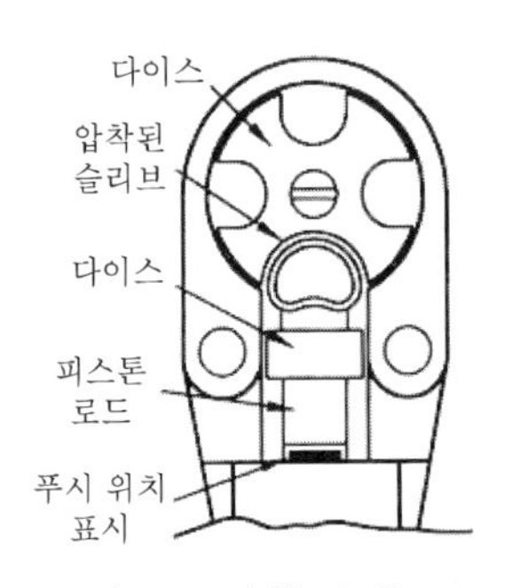

[그림 12(c)] 압 착

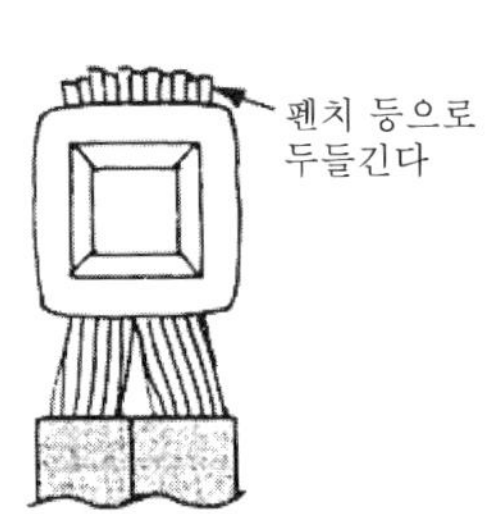

[그림 12(d)] 선단 처리

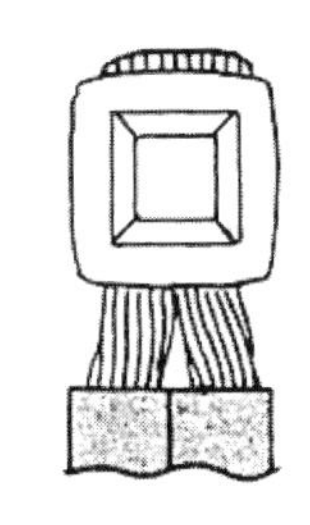
[그림 12(e)] 마무리도

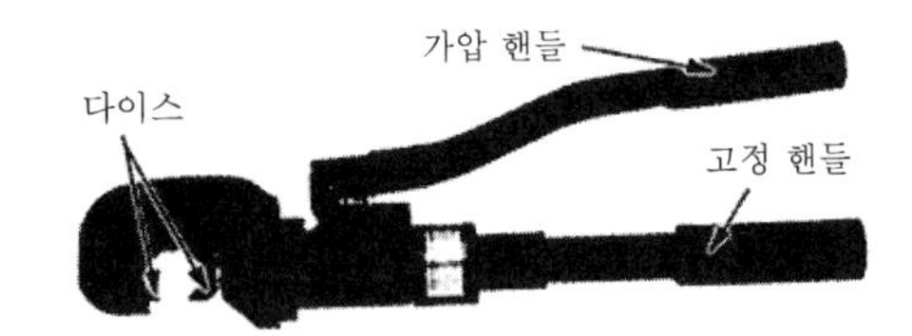

[사진 5] 수동 유압식 압축 공구의 외관과 각부 기구

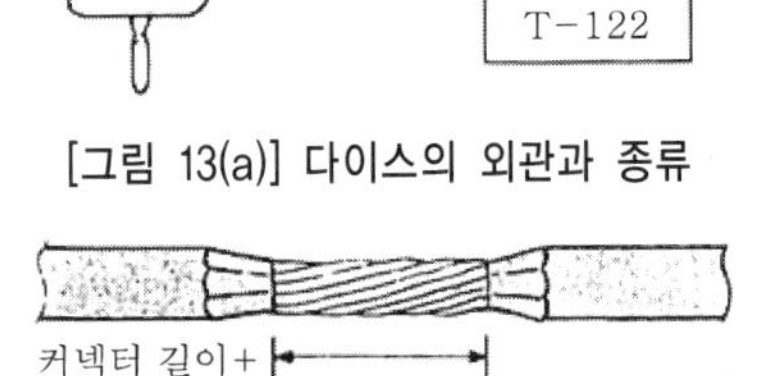

[그림 13(a)] 다이스의 외관과 종류

커넥터 길이+
약 20~30mm

[그림 13(b)] 피복의 박리

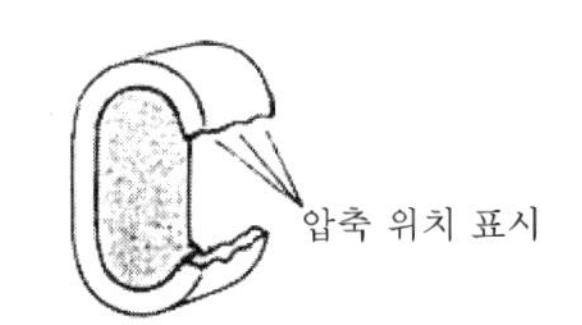

[그림 13(c)] T형 커넥터의 외관

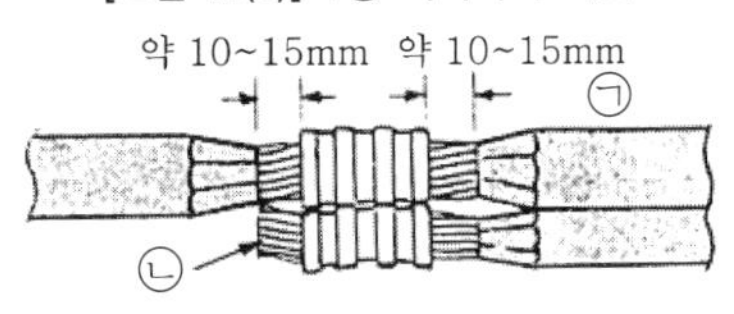

[그림 13(d)] 마무리도

⑤ 심선을 슬리브에 삽입한다(그림 12(b)).
⑥ 압착한다(압력 규제 장치가 작동될 때까지)(그림 12(c)).
⑦ 선단을 처리한다(테이프를 찢지 않도록 돌기를 없앤다)(그림 12(d)).
⑧ 손가락을 접촉시켜 점검한다(그림 12(e)).

4. 수동 유압식 압축 공구를 사용한 분기 접속

[T형 커넥터에 의한 접속]

- 작업 순서

① 압축 공구에 다이스를 세트한다(접속 단면적과 커넥터에 적합한 다이스를 사용한다(사진 5㉠).
② 전선이 구부러진 것을 바르게 하여 피복을 박리한다(그림 13(b)).
③ 커넥터를 압축기에 가볍게 끼운다.
④ 커넥터에 심선을 삽입한다(커넥터의 끝과 피복의 선단이 각각 약 10mm~15mm가 되도록 한다(그림 13(d)㉠)).
⑤ 압축한다(다이스 양단이 완전히 붙고 압력 규제 장치가 작동할 때까지 한다).
(주) 압축하는 장소는 커넥터의 크기에 따라 다르다(그림 13(c)).
⑥ 단말 상태의 심선은 돌기가 생기지 않도록 선단 처리를 한다(그림 13(d)㉡).
⑦ 압축 장소, 돌기 등을 점검한다.

전선의 접속(3) | 전선과 압착 단자와의 접속

압착 단자에는 절연 피복이 되어 있는 것도 있는데 여기서는 KS C 2620(동선용 나압착 단자)에 대하여 설명한다.

1. 압착 펜치에 의한 가는 전선과 압착 단자와의 접속(1.25~14mm^2)

(1) 공구와 재료

① 「압착 펜치」 KS C 9323(수동 편수식 공구) 나단자, P 슬리브용의 규격 적합품을 사용한다. 1.25~8mm^2 또는 5.5~14mm^{2}용으로 잡는 부분의 색깔이 황색 이외인 압착 펜치를 사용한다(전선의 접속(2)의 사진 3).

피복의 박리에는 나이프 또는 와이어 스트리퍼를 사용한다.

[표 1] 동선용 나압착 단자 규격(KS C 2620) R형

단위[mm]

호 칭	호칭 단면적 (mm^2)	사용 나사 지름	B	D	d_1	E	F	L	d_2	T	전선수용용량 (mm^2)	참 고
			기본 치수		기본 치수	최소	최소	최대	기본 치수			압착공구 다이스에 표시하는 기호
1.25-3	1.25	3	5.5	3.4	1.7	4.1	4	12.5	3.2	0.7	0.25~1.65	1.25
1.25-4		4	8				6	16	4.3			
1.25-5		5					7		5.3			
2-4	2	4	8.5	4.2	2.3		6	17	4.3	0.8	1.04~2.63	2
2-5		5	9.5				7	17.5	5.3			
2-6		6	12				7	22	6.4			
2-8		8					9		8.4			
5.5-4	5.5	4	9.5	5.6	3.4	6	5	20	4.3	0.9	2.63~6.64	5.5
5.5-5		5					7		5.3			
5.5-6		6	12				7	26	6.4			
5.5-8		8	15				9	28.5	8.4			
5.5-10		10					13.5		10.5			
8-5	8	5	12	7.1	4.5	7.9	6	24	5.3	1.15	6.64~10.52	8
8-6		6					7		6.4			
8-8		8	15				9	30	8.4			
8-10		10					13.5		10.5			
14-5	14	5	12	9	5.8	9.5	9.5		5.3	1.45	10.52~16.78	14
14-6		6					10		6.4			
14-8		8	16				13	33	8.4			
14-10		10					14.5		10.5			
14-12		12	22				17.5	42	13			
(14-14)		14	30					50	15			

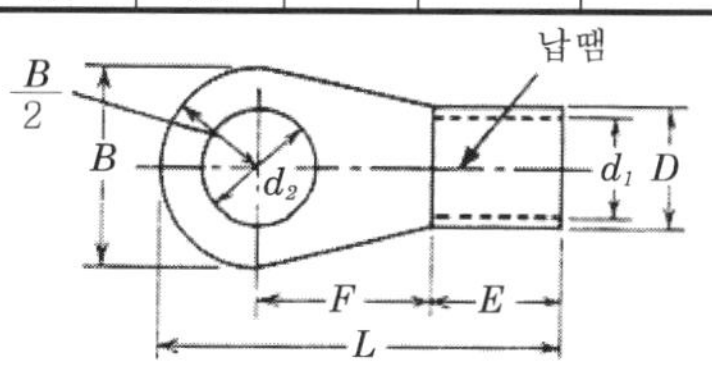

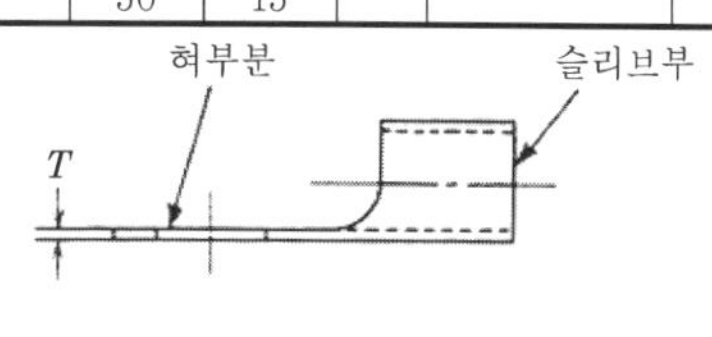

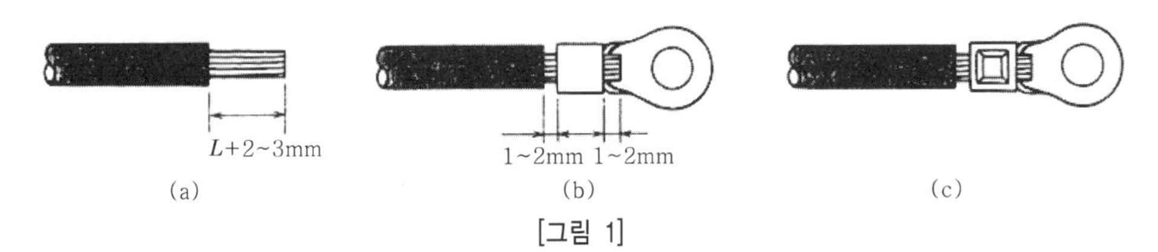

[그림 1]

② 「압착 단자」(동선용 나압착 단자) KS C 2620의 R형을 사용한다(표 1).

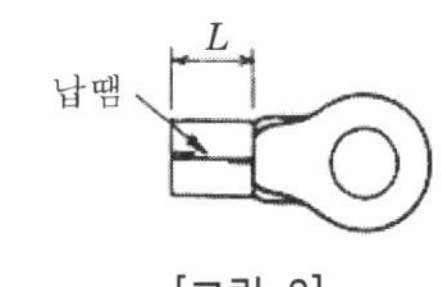

[그림 2]

(2) 작업 순서

① 전선의 절연 피복 박리(전선의 접속(1)의 그림 5,6)의 직각 (단)박리 항을 참조하여 길이는 압착 단자의 슬리브부보다 2~3mm 길게 박리한다(그림 1(a)). 종단 접속과는 달리 압착 단자의 접속 후에는 선단을 절단, 정비할 수 없으므로 피복의 박리는 정확하게 한다. 나이프에 의하여 피복을 박리하는 경우에는 심선에 상처가 생기지 않도록 충분히 주의한다.

② 압착 단자를 압착 펜치에 끼운다 : 열린 압착 펜치를 단자의 사이즈에 적합한 다이스에 끼운다. 단자의 경납땜 부분의 중심에 압착 펜치 수다이스의 중심이 되도록 하여 단자가 이동하지 않을 정도로 가볍게 끼운다(그림 2, 3). 너무 강하게 끼워 슬리브부를 변형시키지 않도록 주의한다.

[그림 3]

③ 심선을 단자에 삽입한다 : 심선이 단자에 들어가기 쉽도록 전선이 구부러진 것을 바르게 한다. 심선의 표면이 오염되어 있는 경우에는 나이프 또는 샌드페이퍼로 연마한다. 압착 단자와 절연 피복 사이를 1~2mm 정도 간격을 두고, 심선의 선단부는 단자의 슬리브부보다 1~2mm 돌출하도록 한다. 그대로 밀리지 않도록 손으로 누른다(그림 1(b)).

④ 압착한다 : 압착 펜치의 핸들을 압력 규제 장치가 작동할 때까지 강하게 쥔다.

⑤ 점검 : 압착 마크와 전선, 압착 단자의 사이즈가 적합한지, 심선이 이완되어 있지는 않은지, 혀부분(평판부)에 돌기나 변형이 없는지 등을 확인한다(그림 1(c)).

2. 유압식 압착 공구에 의한 굵은 전선과 압착 단자와의 접속(22~325mm^2)

전선의 접속은 양호한 접속 성능을 얻기 위한 공구의 규격으로서 KS C 9323에 규정되어 있다. 이들에 사용하는 동선용 나압착 단자는 KS C 2620에 정해져 있다. 전선과 단자의 올바른 조합과 적정 공구의 선정 사용 및 올바른 작업이 품질을 유지하기 위한 필요 불가결의 조건이다.

(1) 공구와 재료

압착 접속에 사용하는 공구 및 재료는 다음과 같다.

① 압착 공구의 종류

a. 수동 유압식(사진 1)

b. 유압 헤드 분리식(사진 2)과 이들에 조합하여 사용하는 전동 유압 펌프(사진 3), 수동 유압 펌프(사진 4), 푸트 유압 펌프(사진 5)

c. 충전 유압식(사진 6)

② 전선, 케이블 커터의 종류

a. 수동식 커터(사진 7)

b. 수동 유압식 커터(사진 8)

c. 분리식 커터(사진 9)

d. 충전 유압식 또는 충전 기계식(사진 10)

이외에 철제 절단용 톱이나 전동 밴드소가 전선의 절단용으로 사용되고 있다.

③ 전선의 피복 박리에는 전공 나이프 및 수동식이나 충전 드릴용의 전선 피복 박리

[사진 1] 수동 유압식

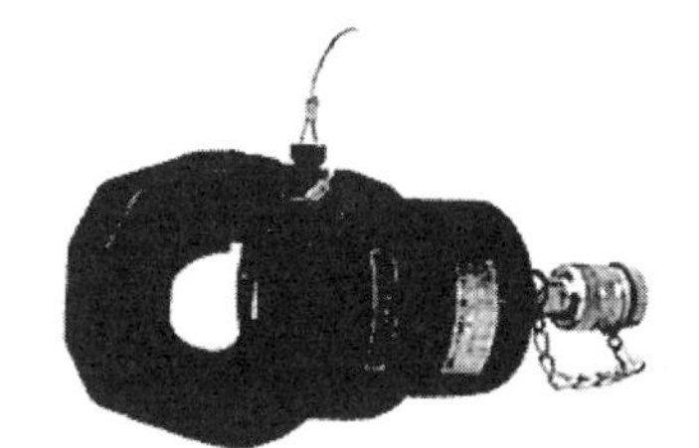

[사진 2] 유압 헤드 분리식

[사진 3] 전동 유압 펌프

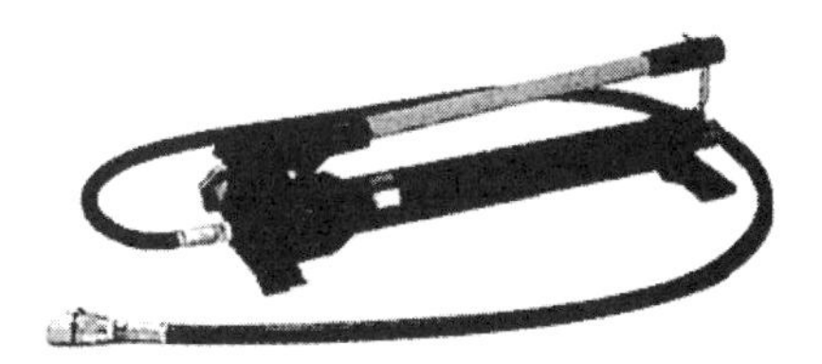

[사진 4] 수동 유압 펌프

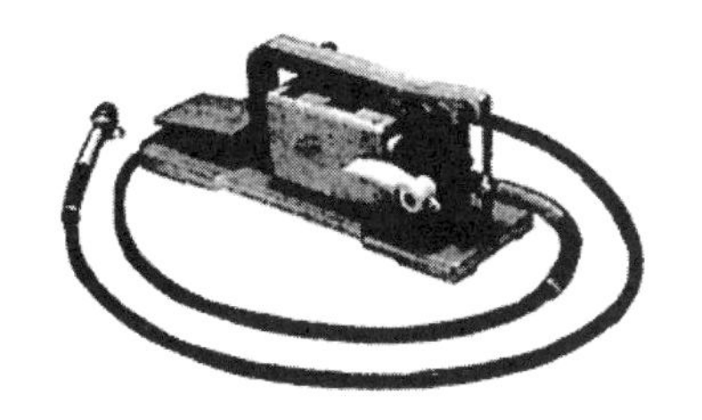

[사진 5] 푸트 유압 펌프

[사진 6] 충전 유압식

기가 있다(사진 11).

④ 동선용 나압착 단자(R형)

(2) 작업 순서

① 전선이 구부러진 것을 바르게 하여 정선(整線)한다. 전선을 단자대에 맞추어 벤딩 가공한다. 접속 시에 단자대에 무리한 힘이 가해지지 않도록 구부러진 것을 바르게 하고 절단 장소를 표시한다.

② 전선을 절단한다. 표시 장소를 커터 등을 사용하여 직각으로 절단한다.

③ 피복을 박리한다. 박리하는 길이는 단자 슬리이부(L) +3~7mm로 한다(그림 4).

④ 심선을 정비한다. 심선의 확산이나 구부러진 것을 바르게 한다. 표면이 오염되어 있는 경우에는 나이프 또는 샌드페이퍼로 심선을 닦는다.

⑤ 압착기에 단자를 끼운다. 접속하는 전선에 적합한 단자를 다이스에 끼운다. 수다

[사진 7] 수동식 커터

[사진 9] 분리식 커터

[사진 10] 충전 유압식

[사진 8] 수동식 유압 커터

[사진 11] 전선 피복 박리기

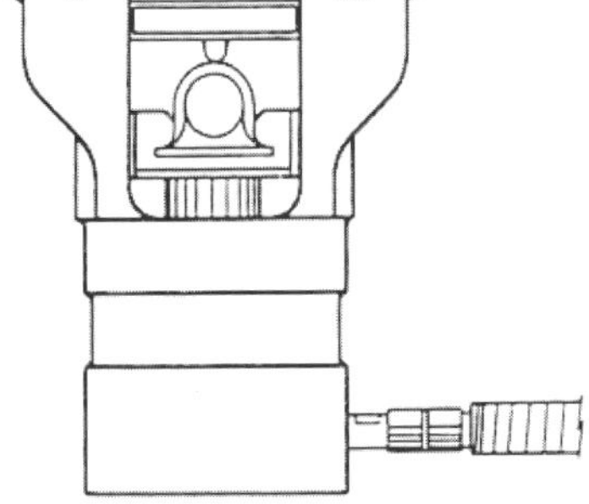

[그림 5] 압착기에 단자를 끼운다

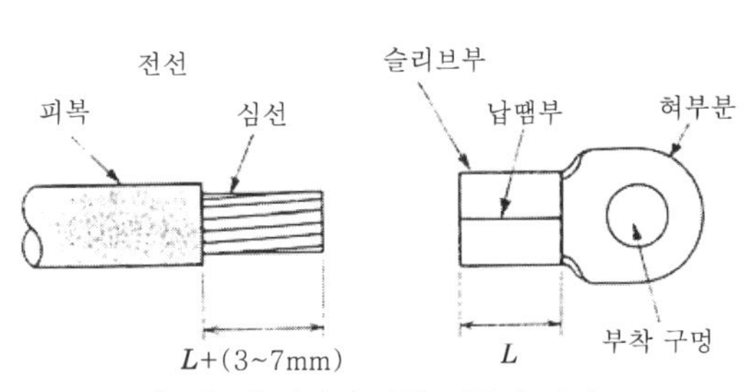

[그림 4] 단자에 맞춘 피복의 박리

이스측이 슬리브부 납땜 부분의 중심이 되도록 맞추어 이동하지 않을 정도로 끼운다. 너무 강하게 끼워 변형되지 않도록 주의한다(그림 5, 사진 12).

⑥ 심선을 단자에 삽입한다. 단자와 전선 피복 사이를 2~5mm 정도 이격시킨다. 선단부는 1~2mm 돌출하는 정도로 하며 너무 많이 돌출하지 않도록 주의한다(그림 6).

⑦ 압착한다. 압력 규제 장치가 작동할 때까지 유압 조작을 한다. 유압 조작 중에 심선에 편차가 생기거나 탈락하지 않도록 주의한다. 압력 규제 장치의 작동 후 피스톤 로드의 위치 표시가 정확하게 되어 있는지 육안으로 확인한다(그림 7).

⑧ 점 검

a. 압착 장소의 수다이스측의 압착 마크와 전선, 단자 등의 사이즈가 적합한가(그림 8)?

b. 압착부는 슬리브부의 거의 중심에 있는가?

c. 단자의 혀부분에 상처나 버 등의 돌기나 변형 비틀림, 오염이 없는가?

d. 단자대에 접속하는 경우에는 무리한 힘을 가하지 않고 단자대에 접속할 수 있는지의 여부, 구부러짐을 확인하여 단자대에 적합한 나사 또는 볼트로 단자를 체결한다. 체결 공구에는 토크 렌치를 사용하여 체결 불량이나 과체결이 되지 않도록 주의한다.

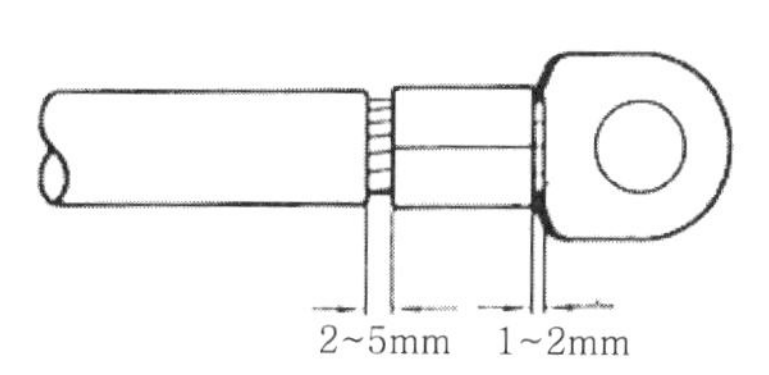

[그림 6] 심선을 단자에 끼워 넣는다

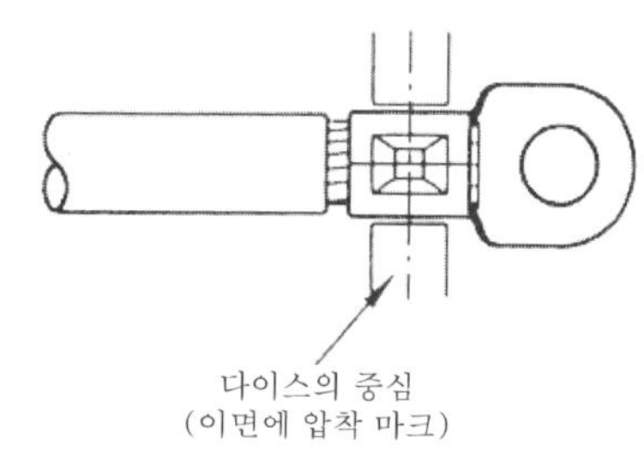

[그림 8] 점검한다

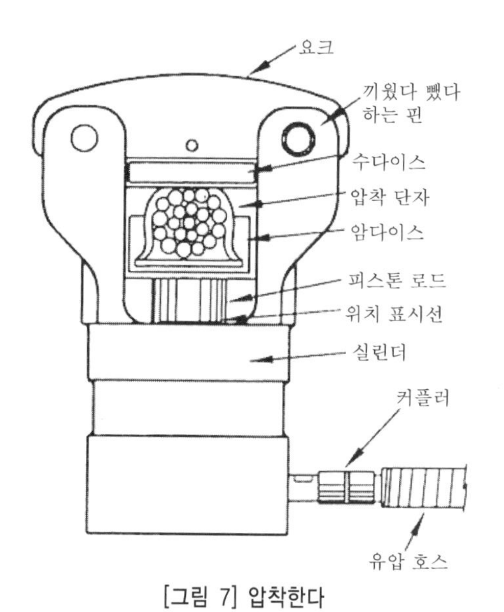

[그림 7] 압착한다

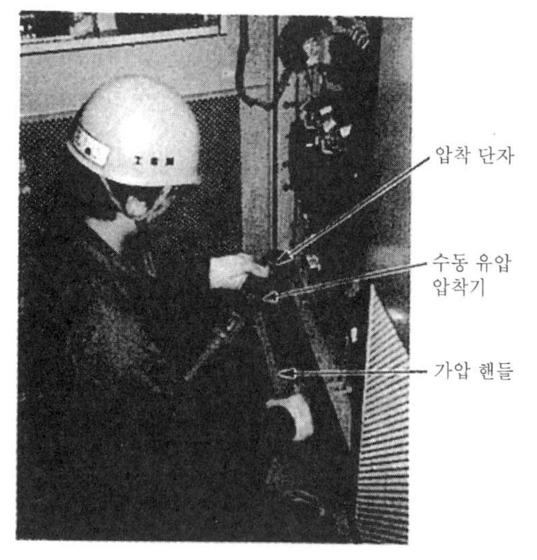

[사진 12] 압착작업(압착 단자의 납땜 장소를 찌부러지지 않을 정도로 가볍게 끼운다)

먹줄치기 작업

먹줄치기 작업은 시공의 첫걸음이며 머신, 기기의 가대(베이스) 및 박스 등의 장착은 먹줄치기를 기준으로 시공하므로 매우 중요한 작업이며 정확성이 요구된다.

먹줄치기란 건축, 구제 시공에 필요한 중심선(심, 기둥·벽심), 마무리선 등, 또한 전기설비 공사에서는 머신·기기의 베이스, 분전반, 조명기구, 아우트렛·콘크리트 박스 등의 장착 위치를 먹으로 직접 건물의 기둥, 벽, 바닥(콘크리트 타설 전의 철골, 철근, 거푸집) 등에 표시함으로서 표시된 점과 점을 선으로 연결하는 것이다.

1. 먹의 종류

건축에 있어서 먹의 종류는 심묵, 오프셋 라인, 마무리 먹 등이 있으며 다음과 같다.

(1) 심 묵

심묵은 주심(柱心), 벽심(壁心)을 표시하는 먹이다(그림 1).

(2) 오프셋 라인

오프셋 라인은 콘크리트 바닥 또는 벽에 현장의 실정에 따라 1~2m 정도 심에서 평행으로 이격시켜 표시하는 먹이다.

(3) 마무리 먹

마무리 먹은 기둥, 벽의 마무리 면을 표시하는 먹으로 통상 오프셋 라인으로 기둥 마무리 100mm 오프셋 등으로 표시되어 있는 먹이다.

(4) 수묵(水墨)

수묵은 입체적인 기준선으로 바닥(FL) 마무리면을 표시한 기준 먹이며 바닥(FL) 마무리면에서 통상 1m 위쪽 위치에 수평으로 표시한 먹이다(그림 2).

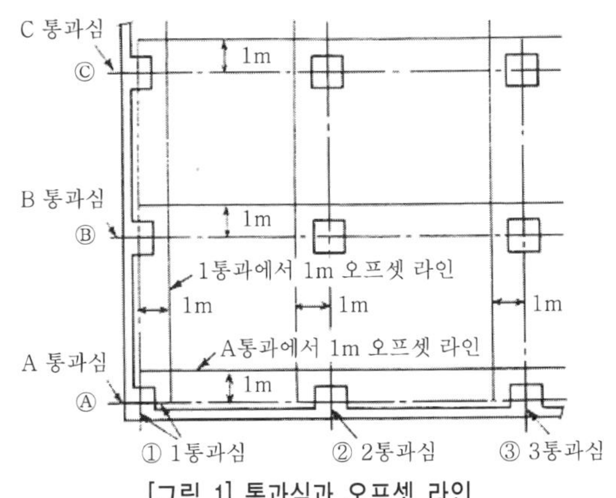

[그림 1] 통과심과 오프셋 라인

Ⓐ는 바닥 마무리에서 1,000mm 위로 표시한다.
이 먹에서 1,000mm 내려간 곳이 바닥의 마무리 면이다.
Ⓑ는 이 먹에서 벽측으로 300mm 오프셋된 점이 벽의 마무리 면이다.
Ⓒ는 기둥의 심묵으로 기둥의 중심을 표시한다.( )
Ⓓ는 이 먹에서 100mm인 곳이 기둥의 마무리 면이다.

• 수정먹에 대하여

A도 ═══════V═══════

B도 ═══════Λ═══════

(V 기호는 열려 있는 것이 바른 것이다)
A도는 윗 먹이 바르고 B도는 아랫 먹이 바르다.

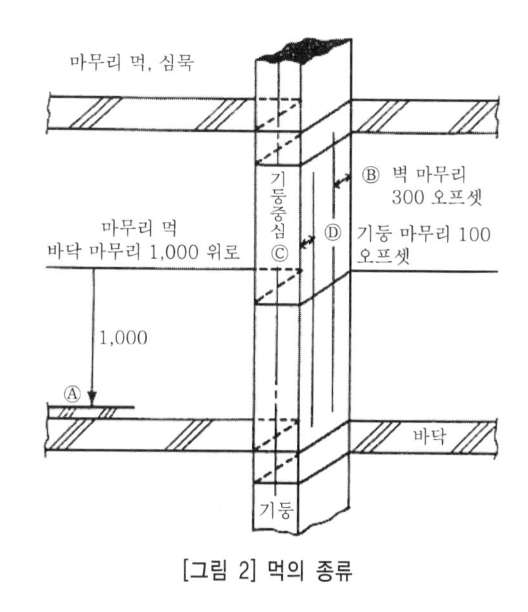

[그림 2] 먹의 종류

2. 먹줄치기 작업의 요점

(1) 기준 먹

먹줄치기의 기준 먹은 건축의 먹을 기준으로 또는 철골심(기둥, 들보)을 이용하여 시공도에 표시된 분전반, 전등의 위치 박스, 스위치·콘센트 박스의 장착 위치, 전선관의 설치 위치 등에 먹줄치기를 한다.

(2) 오차를 없애기 위해 신중하게

기기의 가대(베이스), 플로어 덕트, 플로어 박스 등의 장착 기준과 중심이 되는 먹줄치기를 하는 경우 좌우 쌍방(건축 기준 먹)에서 측정하여 오차가 없도록 한다.

3. 먹줄치기 공구의 종류 및 용도

• 먹줄치기 공구의 종류 및 용도

(1) 종류(명칭)

① 레벨, 트랜싯, 연직(鉛直) 먹줄치기(레이저 포인트)
② 스케일(강제 줄자), 접자, 곡자
③ 수평기, 측량추
④ 먹통, 마크 라인(초크 라인), 수평실, 연필(펜류), 비 등이다(사진 1).

(2) 용 도

① 레벨 : 레벨은 3각대에 장착하여 기둥, 벽 등에서 수평의 먹줄치기용에 사용한다. 또한 전기 공사에서는 전기실 등의 기기 베이스를 설치하여 플로어 덕트, 플로어

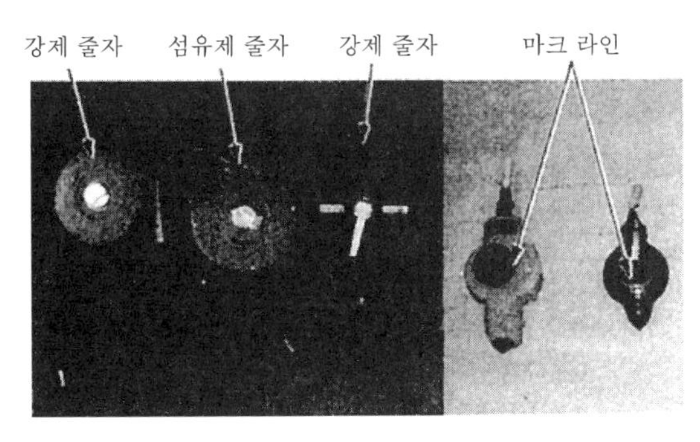

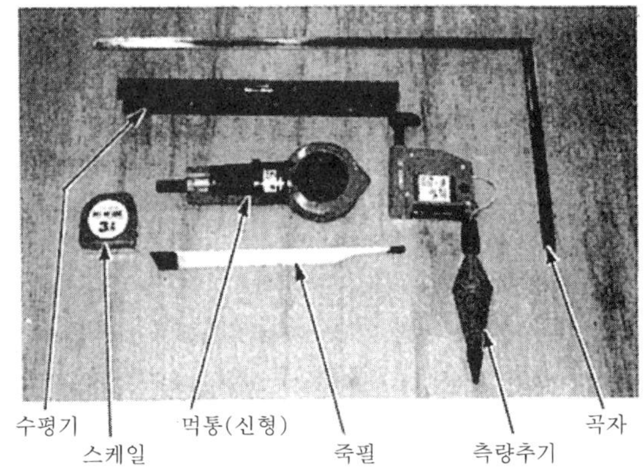

[사진 1] 먹줄치기 공구의 종류

(a) 레벨을 사용한 수평 먹줄치기 작업

(b) 레이저 포인트를 사용한 먹줄치기 작업

[사진 2] 먹줄치기 작업 예

박스 등의 높낮이 조정에 사용된다(사진 2(a)).

② 트랜싯 : 트랜싯은 수직(기둥・벽), 직선(바닥)의 먹줄치기용으로 사용한다.

③ 연직 먹줄치기기(레이저 포인트) : 레이저 포인트는 빛을 이용한 수직의 먹줄치기기이며 바닥면에 표시한 현수 볼트의 앵커 위치, 조명 기구의 장착위치 먹을 천장으로 이행하는 경우에 사용한다(사진 2(b)).

④ 스케일 : 줄자와 접자는 건물의 기둥, 들보, 벽의 치수 및 기기의 치수 측정 및 기기의 베이스, 스위치, 콘센트 박스, 플로어 덕트 등의 장착 위치의 먹줄치기용으로 사용한다.

(주) 섬유제 줄자는 전선, 케이블의 실측 및 외부 구조물의 측정에 사용한다.

⑤ 곡자 : 곡자는 직자를 L형(90°)으로 한 것으로 곱자라고도 한다.
머신, 풀 박스 등 전선관 노크 구멍의 위치 및 강재 가공의 먹출치기용으로 사용한다. 또한 작업판 등의 수직 먹과 수평 먹이 90°로 교차하고 있는지의 여부를 확인하기 위해 사용한다.

⑥ 수평기 : 수평기는 수평, 수직을 보는(측정) 것으로 베이스, 반(머신)의 장착 및 프레임 파이프를 조립하는 경우에 수평, 수직 조정에 사용한다.

⑦ 측량추(그림 3) : 수직을 보는 것으로 전기실의 프레임 파이프의 조립, 머신의 장착 및 바닥의 먹을 천장, 기둥, 벽 등으로 이동하는 경우에 사용한다.

⑧ 먹통 : 먹통은 본체(먹통, 실감개)와 부속품(먹면, 먹실, 망사 백, 먹, 죽필)으로 구성되어 있다. 신제품에서는 자동적으로 먹통실을 감는 것도 있다. 먹에는 흑묵, 주묵, 백묵이 있는데 주로 흑묵이 사용되고 있다. 베이스, 기기, 머신 및 박스, 덕트 등의 장착 먹(표시를 하여 점과 점을 연결하는 선)을 기둥, 벽, 바닥 등에 표시하기 위해 사용한다.

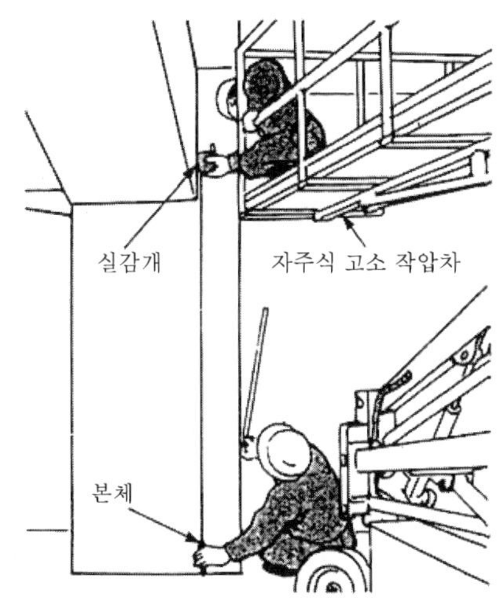

[그림 3] 측량추를 사용한 먹줄치기 작업도

⑨ 마크 라인(초크 라인) : 마크 라인은 초크라인이라고도 한다.
마무리 완료 부분(바닥, 벽 등) 및 작업판 등에 먹줄치기를 하는 경우에 사용한다.

4. 먹줄치기 방법

(1) 기둥, 벽(거푸집)에 대하여

건축 기준 먹에서 스위치, 콘센트 박스 등의 장착 위치를 바닥에 표시하고 측량추, 곡자를 사용하여 바닥의 먹을 철근 및 거푸집면에 표시한다. 바닥면에서의 박스 장착 위치, 수평 먹은 수사, 레벨을 사용하여 먹줄치기를 한다.

철근에 먹줄치기를 하는 경우에는 표시로 비닐 테이프를 사용하는 경우도 있다.

(2) 바닥(거푸집)에 대하여

가령 플로어 덕트의 장착 먹과 같이 긴 스팬의 먹줄치기를 하는 경우의 순서는 다음과 같다.

① 건축 기준 먹에서 A~B 간에 피아노선 등을 사용하여 횡묵을 친다.

② 횡묵을 기준(거리가 긴 쪽을 기준으로 한다)으로 하여 종묵을 3평방 정리(定理) 등을 응용하여 먹줄치기를 한다(그림 4).

③ 먹줄치기를 한 후에 횡묵에 대하여 종묵이 90°(직각)로 되어 있는지 여부를 확인한다.

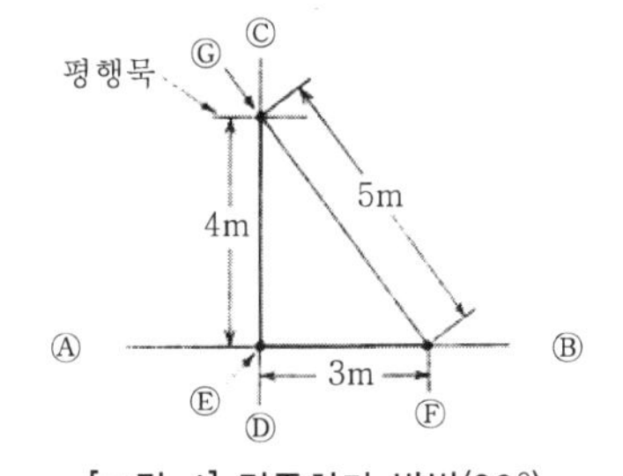

[그림 4] 먹줄치기 방법(90°)

1. A~B간의 먹줄을 친다(횡묵).
2. 횡묵(A~B간)을 기준으로 하여 C~D간, 종묵을 표시한다.

• C~D간 종묵의 표시 방법
  1. E점을 건축 기준 먹으로 표시한다.
  2. E점에서 3m F점을 표시한다.
  3. E점에서 4m 횡묵과 평행 묵을 표시한다.
  4. F점에서 5m G점을 표시하고 C~D간의 먹줄을 친다.

④ 긴 거리를 측정하는 경우에는 짧은 스케일(2m, 3m)로 여러 번 측정하지 않도록 30m 또는 50m의 스케일(스틸제)을 사용하여 중간의 장해물을 제거하고 바닥면을 청소하여 먹줄치기를 한다. 스케일은 팽팽히 당겨서 측정한다.

⑤ 표시, 먹(선)은 가는 선으로 한다. 전기 설비, 기타 설비의 먹줄치기는 건축 먹과의 혼합을 피하기 위해 주묵을 사용하는 경우도 있다.

(3) 먹통 사용 방법

종전부터 사용되고 있는 먹통은 부속품을 구성하여 사용한다. 신형에 대해서는 부속품이 구성되어 있으며 먹통실의 감기는 자동식이다.

① 부속품의 구성(사진 3) : 부속품은 먹통실, 먹면, 망사 백, 먹, 죽필이 있다.
구성은 실감개에 먹실(약 10m)을 감고 먹통 속을 통과하여 밖으로 인출, 실의 선단에 망사 백을 붙인다. 먹통 속에 먹실을 싸듯이 하여 먹통면을 넣는다.

② 사용 방법 : 흑묵 또는 주묵을 먹면에 먹여 먹실에 물을 가해서(실감개 부분에) 실에 먹이 잘 밴 후에 먹실을 인출하여 실에 먹을 충분히 침투시킨다.
죽필로 먹통면을 누르면서 실을 인출하여 먹줄치기를 한다.

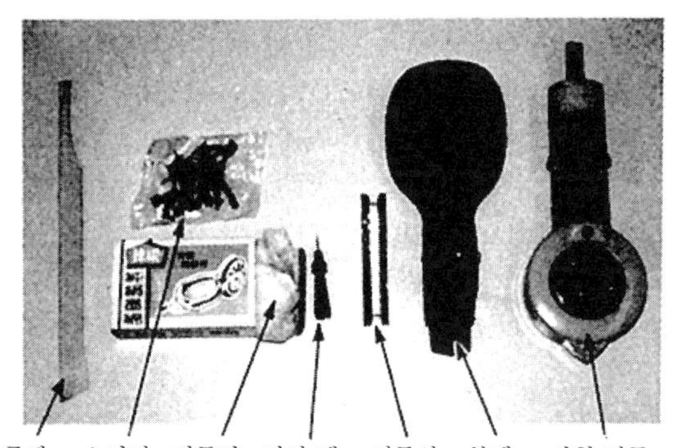

(a) 먹통과 부속품

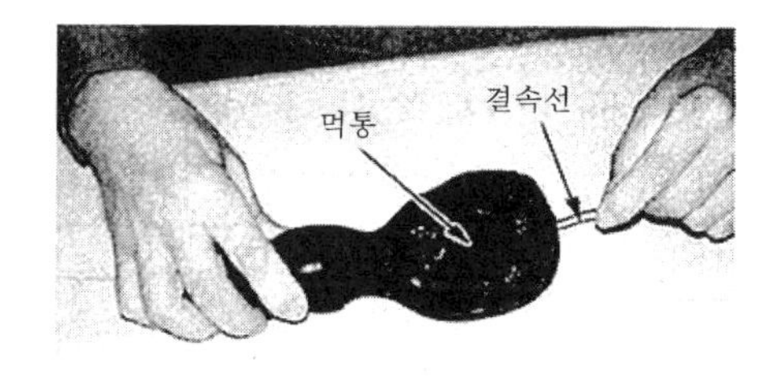

(b) 먹통실을 실감개에 감고 먹통실을 통과시킨다.

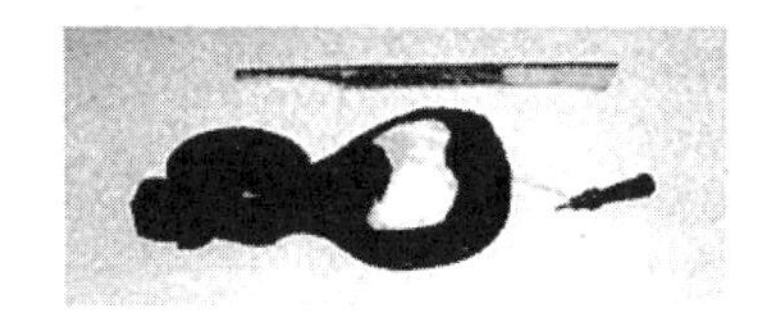
(d) 소거먹을 넣고 먹통실과 소거먹을 싸듯이 먹통면을 넣는다.

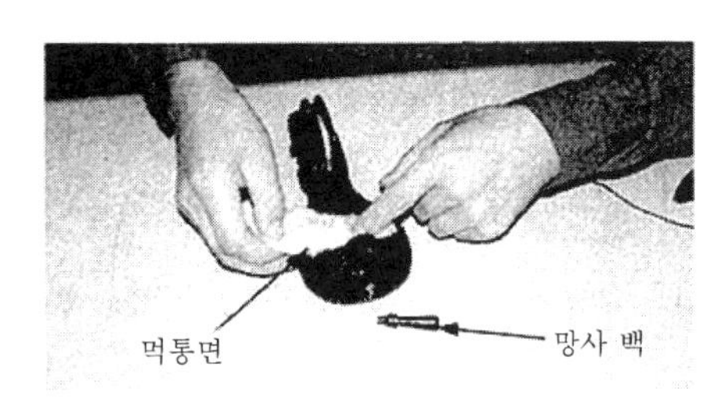

(c) 먹통실의 선단에 망사 백을 부착하여 먹통실을 싸듯이 넣는다.

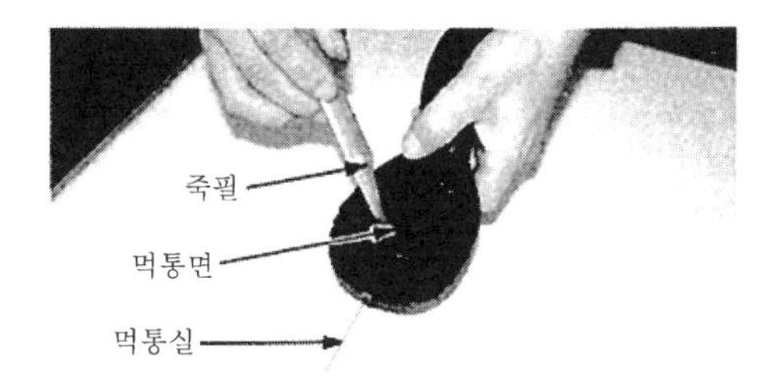

(e) 먹통실, 먹통면에 물을 침투시켜 죽필로 누르고 먹통실에 소거먹을 침투시킨다.

[사진 3] 먹통의 사용 방법

(4) 먹줄치기(예)

먹줄치기 작업은 콘크리트의 바닥, 기둥 등은 2명이, 목제 거푸집 등은 1명이 하는 경우도 있다(그림 5).

[그림 5] 기준 먹에서 치수를 측정한 후 콘크리트 바닥에서의 먹줄치기 작업도

5. 마크 라인

마크 라인은 초크 라인이라고도 하며 백묵과 같은 재질의 분말이 들어 있는 본체 속에 실(약 12m)이 감겨 있는 것이다. 신형은 실의 자동 감기식이다(사진 4).

(1) 용 도

마무리 완료 장소 및 작업판 등에 장착 먹을 치는 경우나 먹을 나중에 소거할 필요가 있는 경우에 사용한다.

(2) 사용 방법

① 본체에 분말을 넣는다.
② 본체 속에 감겨진 실을 인출하여 직선으로 당겨 먹통과 같은 요령으로 흰 선의 먹을 친다.
③ 작업 종료 후에 웨이스트 등으로 먹을 소거한다. 먹의 자리가 남지 않고 마무리가 미려하게 된다.

[사진 4] 마크 라인에 의한 작업판 먹줄치기

애자 사용 공사 | 해석 제175조

• 애자 사용 공사란 •

현재 실시되고 있는 전기공사의 시공 방법 중 애자 사용 공사는 특수한 건물을 제외하고는 새로 시공되는 예가 극히 적다. 그러나 적다고는 해도 민예풍으로 건축되는 건물에는 지금도 시공되고 있으며, 또한 기존의 낡은 건물 중에는 아직 애자 사용 공사가 남아 있으므로 그 보수 및 관리도 필요하다. 애자 사용 공사는 전기공사의 원점이며 기본 작업의 하나이다. 전선은 절연전선(옥외용 비닐 절연전선 및 인입용 비닐 절연전선은 제외)을 사용한다.

1. 저압 애자의 종류

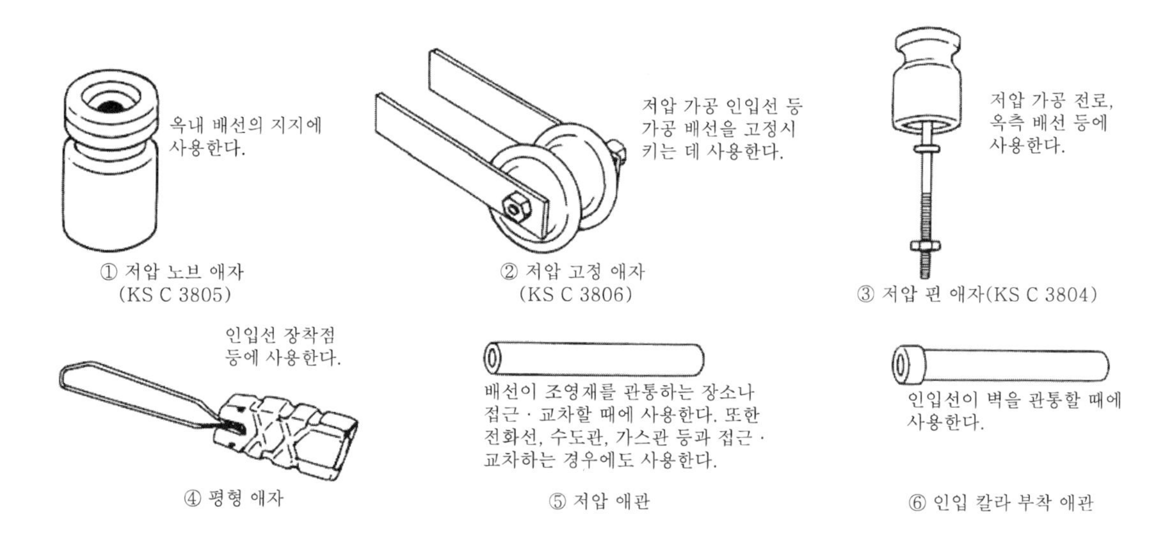

2. 노브 애자의 장착

• **작업 순서**

① 노브 애자를 잡고 애자에 적합한 나무 나사를 애자 구멍에 통과시킨다(그림 1(a)).

② 드라이버로 장착 나사를 누르면서 나사의 선단을 장착 위치에 댄다.

③ 장착면과 나사가 직각이 되도록 하여 드라이버의 머리를 손바닥으로 2~3회 두들긴다(그림 1(b)).

④ 드라이버로 나무 나사 홈을 강하게 누르면서 시계방향으로 돌린다(그림 1(c)).

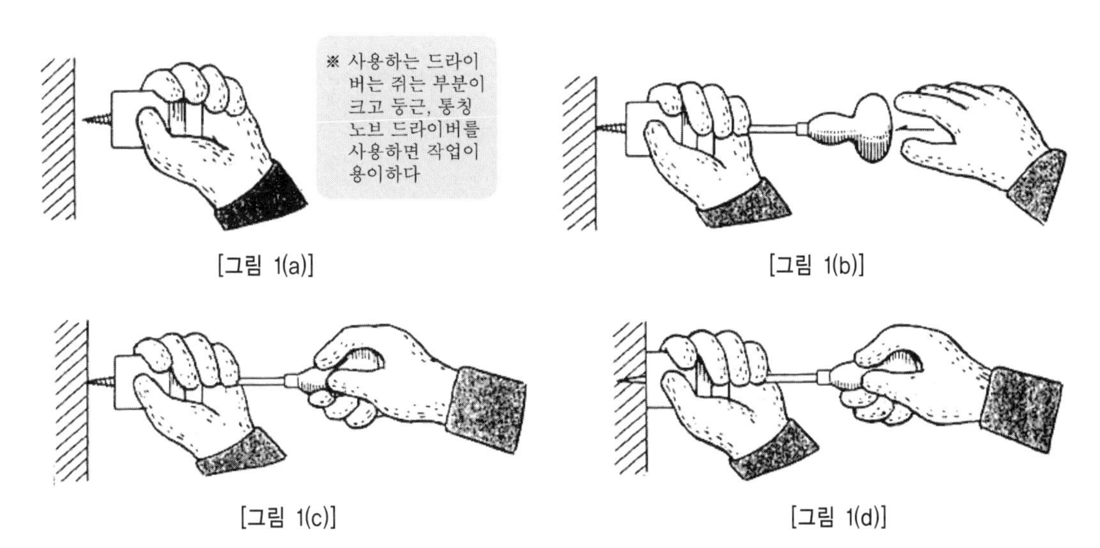

[그림 1(a)] [그림 1(b)]

[그림 1(c)] [그림 1(d)]

⑤ 애자의 면이 장착면에 평행하게 밀착되어 움직이지 않을 때까지 나사를 돌려 죈다(그림 1(d)).

3. 전선의 지지방법

(1) 바인드선을 거는 방법(가선전선의 사용 예)

[한쪽 띠인 경우]

• 작업 순서

① 전선을 연선 방향으로 당기면서 바인드선의 장착 위치를 정하여 전선에 바인드선을 2회 감고 2회 비튼다(그림 2(a)).

② 긴 쪽의 바인드선을 애자의 홈에 넣어 돌리고 전선 위에서 비스듬히 건다(그림 2(b)).

③ 바인드선을 펜치로 레버식으로 죄면서 애자의 홈에 넣어 돌린다(그림 2(c)).

④ 돌린 바인드선이 이완되지 않도록 하면서 전선에 2회, 직각으로 감고 앞으로 되돌린다(그림 2(d)).

⑤ 긴 쪽과 짧은 쪽의 바인드선을 애자의 홈에 따라 중앙에서 앞으로 당기면서 2회 이상 비틀고 비튼 부분을 2~3회분 남기고 절단하여 애자의 홈으로 눕힌다(그림 2(e)).

⑥ 점검한다.

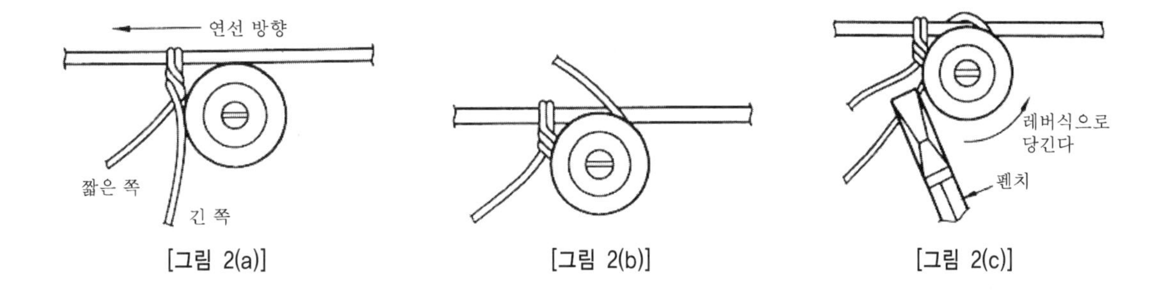

[그림 2(a)] [그림 2(b)] [그림 2(c)]

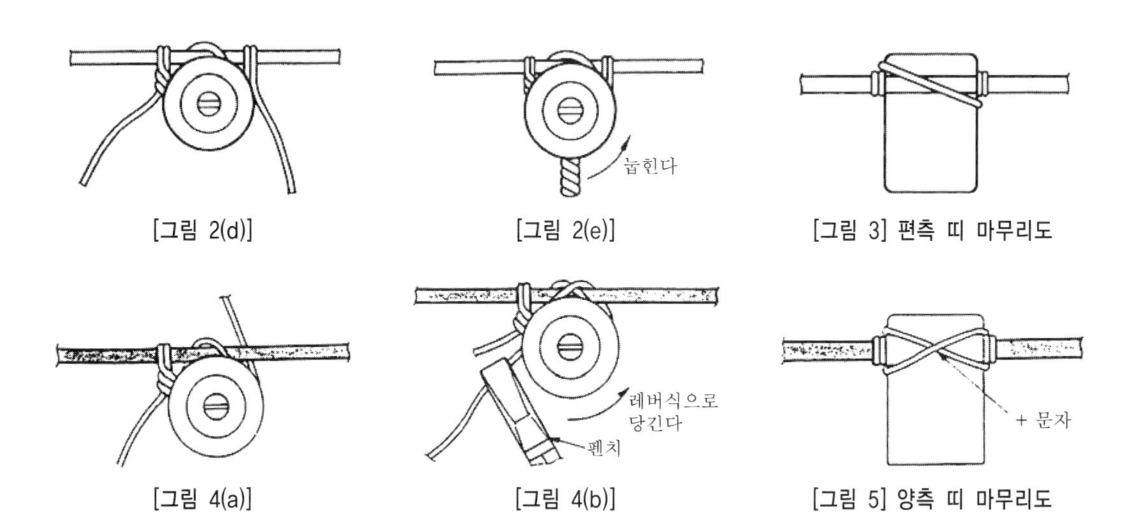

[그림 2(d)] [그림 2(e)] [그림 3] 편측 띠 마무리도

[그림 4(a)] [그림 4(b)] [그림 5] 양측 띠 마무리도

[표 1] 애자와 전선 굵기의 관계

애자의 종류	사용할 수 있는 전선의 최대 굵기[mm²]	나무 나사		비 고(KS에 의거)	
		지름 [mm]	길이 [mm]	애자의 높이 [mm]	전선 홈 하단까지의 높이 [mm]
소 노브	14	5.5	58	42	27
중 노브	50	5.5	65	50	27
대 노브	100	6.2	70	57	27

[표 2] 바인드선의 감는 횟수

전선의 굵기	A의 권수	B의 권수
1.6~5.5mm²	8	6
8~22mm²	12	8
30mm² 이상	16	10

[양쪽 띠인 경우]

• 작업 순서

①~③까지는 한쪽 띠인 경우와 같은 요령으로 한다.

④ 돌린 바인드선을 다시 한번 1회째와는 반대로 전선의 밑에서 당겨 띠에 건다(그림 4(a)).

⑤ 띠를 걸기 위해 인출한 선을 펜치로 레버식으로 죄면서 애자의 홈에 넣어 돌린다(그림 4(b)).

⑥ 이후 한쪽 띠인 경우 ④, ⑤의 요령으로 하고 점검한다.

(2) 고정 바인드 걸기(가는 전선의 사용 예)

• 작업 순서

① 전선을 노브 애자의 홈에 넣는다(그림 6(a)).

② 짧은 쪽의 바인드선(첨선)을 60mm 앞에 남기고 긴 쪽의 바인드선(권선)을 애자의 홈에 넣어 중앙에서 편측 띠에 바인드선을 건다(그림 6(b)).

③ 권선을 애자의 가까운 곳부터 8회 이상 감고 마지막에 단말 전선의 끝을 외측으로 구부린다(그림 6(c)).

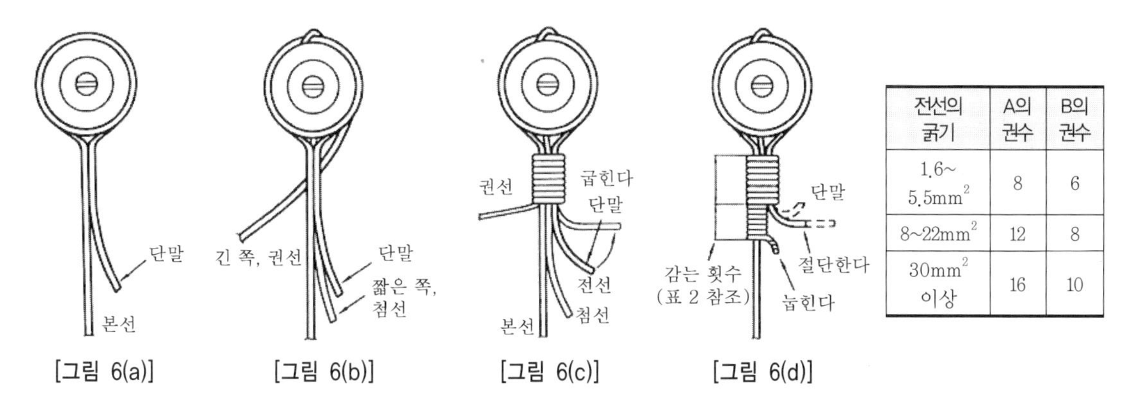

전선의 굵기	A의 권수	B의 권수
1.6~5.5mm²	8	6
8~22mm²	12	8
30mm² 이상	16	10

[그림 6(a)] [그림 6(b)] [그림 6(c)] [그림 6(d)]

④ 남은 본선과 첨선을 함께 하여 그 위에서 권선을 6회 이상 감은 후 첨선을 사용하여 2회 이상 비틀고 절단하여 눕힌다.

⑤ 단말 전선의 선단을 절단하고 테이프 처리하여 구부리고 점검한다(그림 6(d)).

(3) 고정 애자에 의한 바인드 걸기(가는 전선의 사용 예)

• 작업 순서

① 전선을 애자의 홈에 넣고 구부러진 것을 바르게 하여 애자에서 80mm인 곳에서 전선을 합친다(그림 7(a)).

② 바인드선(첨선)을 합친 전선과 애자와의 사이에 아래쪽에서 통과시켜 약 130mm의 길이로 한다(그림 7(a)).

③ 인출한 첨선을 양쪽 전선의 합친 곳에서 끼워 권선으로 가볍게 전선을 누른 후 손으로 2회 감는다(그림 7(b)).

④ 손으로 감은 후에는 펜치 선단에 물려 레버식으로 죄면서 5회 감는다. 감은 권선 위로 양쪽의 전선에 첨선을 따르게 한다(그림 7(c)).

⑤ 다시 권선을 사용하여 합친 전선과 첨선을 펜치의 선단에서 레버식으로 죄면서 20회 이상 감는다(그림 7(c)).

⑥ 전선의 단말을 권선의 끝에서 외측으로 구부린다(그림 7(c)).

⑦ 외측으로 구부러진 전선의 끝에서 본선과 첨선을 합친 것을 권선으로 4회 이상 펜

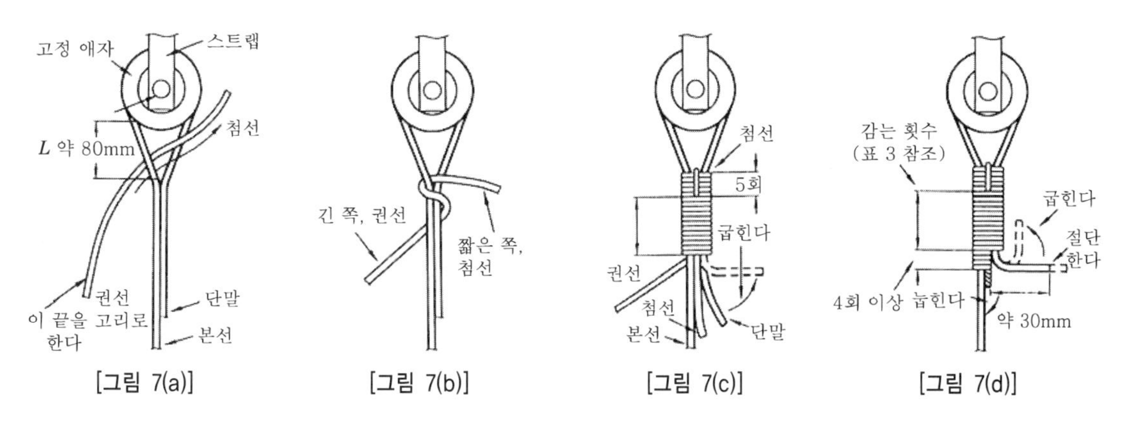

[그림 7(a)] [그림 7(b)] [그림 7(c)] [그림 7(d)]

치로 감는다(그림 7(d)).

⑧ 권선과 침선을 손으로 1회 비튼 후에 펜치로 앞으로 당기면서 2회 이상 비틀고, 2회 이상 비튼 부분을 남기고 절단한다(그림 7(d)).

⑨ 굽혀 둔 전선을 본선에서 약 30mm 남기고 절단하여 테이프로 단말 처리한 후 애자 방향으로 구부린다(그림 7(d)).

⑩ 점검한다.

(4) 분기선의 바인드 걸기

• 작업 순서

① 바인드선을 준비한다.

② 분기선을 본선 위에 놓는다(그림 9(a)).

③ 본선과 분기선을 일체로 하여 바인드선을 양쪽 띠에 건다(그림 9(b)).

④ 분기하는 방향으로 분기선을 구부린다(그림 9(c)).

⑤ 전선이 애자의 홈에 들어 있는지, 바인드선에 이완은 없는지 점검한다.

4. 절연관(애관, 합성수지관 등)의 사용 예

• 배선상의 주의 사항

① 배선하는 전선에 미리 절연관을 삽입해 둔다.

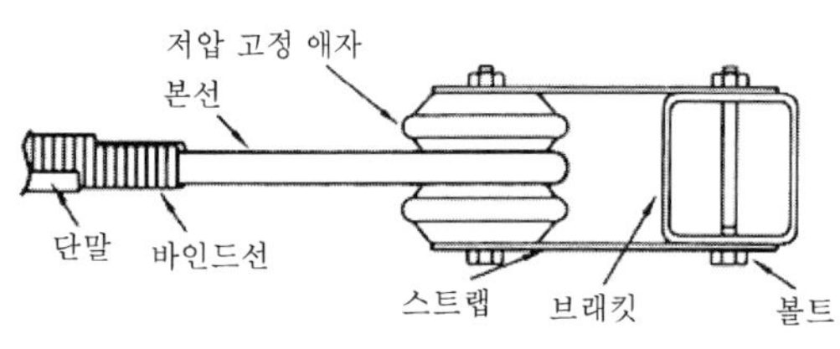

[그림 8] 고정 애자

[표 3] 바인드선의 감는 횟수

전선의 굵기	감는 횟수 A [회]	애자에서의 거리 L[mm]
2.0~14mm²	20	80
22~38mm²	30	100
50~100mm²	30	150

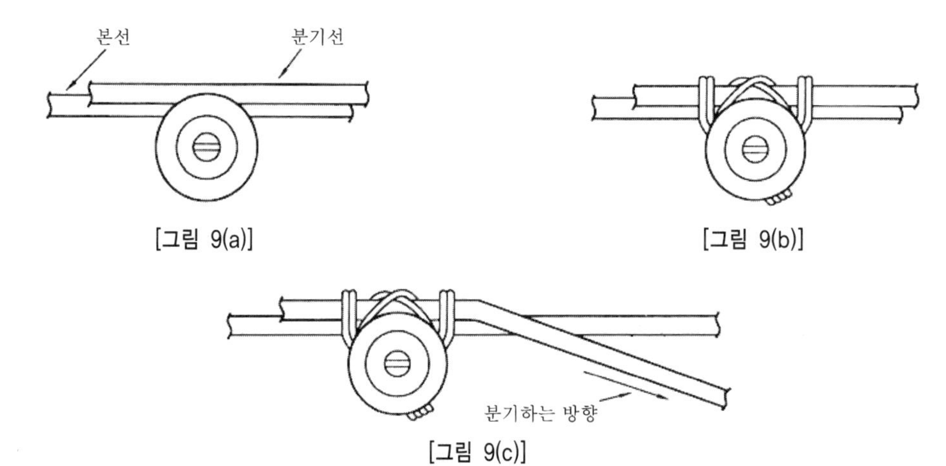

[그림 9(a)]

[그림 9(b)]

[그림 9(c)]

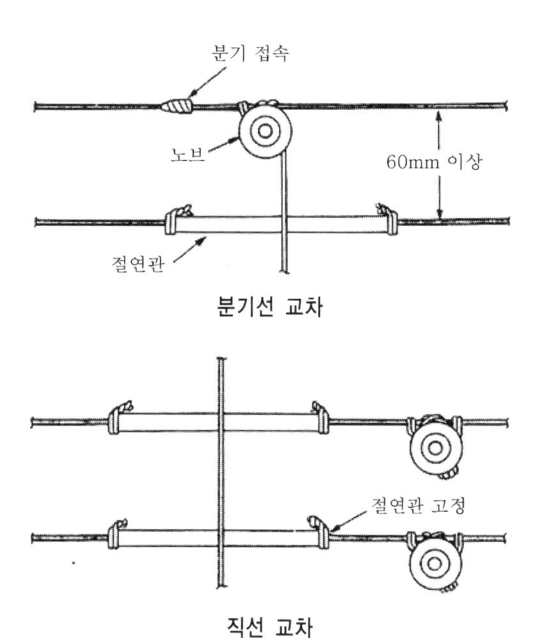

분기선 교차

직선 교차

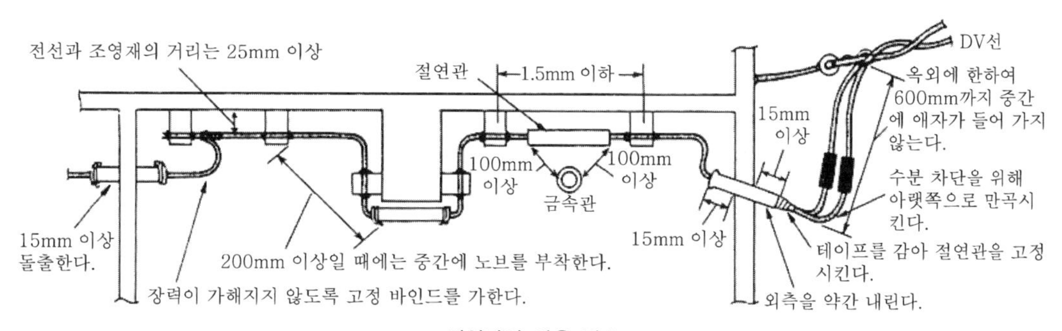

절연관의 사용 장소

② 배선과 배선이 교차되는 경우에는 조영재(造營材)측 전선에 절연관을 넣는다.
③ 절연관 양단 절단 부분의 전선에 바인드선을 2회 감고 비튼다.
④ 비튼 부분의 선단을 맞추어 절단하고 절연관 방향으로 눕혀 절연관을 고정시킨다.
⑤ 절연관을 2개 이상 이어 사용할 때에는 절연관의 이음매에 테이프를 감아 접속한다.

금속관 공사 | 해석 제178조(1) 기본 작업①

• 금속관 공사란 •

금속관 공사란 케이블 공사와 함께 모든 장소의 공사에 채용할 수 있는 방법으로 각종 매뉴얼서 등을 통해 이해할 수 있는 것만으로는 불충분하며, 평소부터 기본 작업을 습관화하여 현장 작업시의 연구 등에 있어서 기본적 작업 순서를 기초로 실시함으로서 효과가 있으며 이를 위해 작업의 기본을 인식하여 배울 필요가 있다.

금속관 공사에 사용하는 전선은 절연전선(옥외용 비닐 절연전선은 제외)으로 연선이라야 된다. 단, 지름 3.2mm(알루미늄선은 4mm) 이하의 단선을 사용한다.

1. 관의 절단

• 작업 순서

① 작업이 용이한 장소를 선택하여 양생 시트를 깔고 공구대(바이스 부속)를 설치한다.

② 절단 장소를 바이스에서 약 150mm 떨어진 곳에서 관에 흠이 생기지 않을 정도로 단단하게 죈다.

③ 톱날을 절단 장소에 직각으로 대고 절단 장소에 홈을 만든다(그림 1(a)).

④ 톱날과 관은 항상 직각을 유지하여 날의 전체 길이를 사용하여 그림 1(b)와 같이 ① → ② → ③ → ④의 순서로 절단한다(톱이 가로 방향으로 흔들리면 날이 부러지기 쉽고 또한 직각으로 절단되지 않는다).

⑤ 관이 절단되어 떨어지기 바로 전에 밑으로 떨어지지 않도록 왼손으로 잡고 오른손의 힘을 서서히 빼서 작은 동작으로 움직인다(끝까지 절단하지 않으면 관단이 평활하게 되지 않는다).

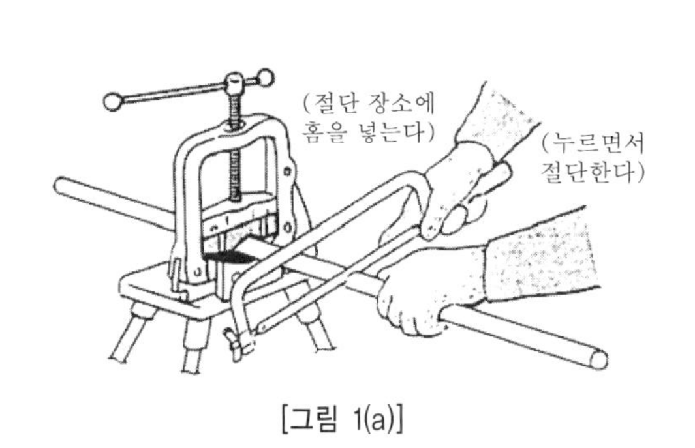

[그림 1(a)]

좋은 예　　나쁜 예(톱니가 빠지기 쉽다)

[그림 1(b)] 절단 순서

나비나사　프레임(손잡이)　손잡이　날의 방향　톱날(블레이드)

[그림 1(c)] 금속 톱의 외관과 각부 명칭

⑥ 절단면을 줄로 다듬어 관축에 직각이 되도록 관단을 정비한다.

2. 관의 나사 절삭

• 작업 순서

① 스크롤(가이드)을 이완시켜 나사 절삭기를 관단에 삽입하여 체이서의 날을 관에 직각으로 대고 스크롤을 죈다(확실하게 하지 않으면 나사가 관축과 평행으로 절삭되지 않는다).

② 래칫을 우측으로 돌리고 왼손 손바닥으로 나사 절삭기를 강력하게 관의 방향으로 누르면서 오른손은 핸들 가까이를 잡고 관에 나사를 절삭한다.

③ 체이서가 물리기 시작하기까지 4~5회 상하로 움직인다(체이서의 물림이 충분하지 않으면 나사 절삭기의 복귀 나사산이 불량하게 된다)(그림 2(b)).

④ 체이서의 절삭날 끝에 오일을 주유하면서 핸들을 상하로 움직여 필요한 길이까지 절삭한다(나사의 길이는 접속하는 것에 따라 다르므로 과도하게 절삭하지 않도록 한다)(그림 2(c)).

⑤ 래칫을 좌측으로 돌려 나사 절삭기를 복귀시켜 이탈시킨다(반동을 부여하여 손을 놓고 돌리면 불의의 사고가 발생할 수가 있다).

⑥ 줄로 절단면의 주위를 교정하고 리머를 바르게 넣어 전방으로 밀면서 우회전시켜 관 두께의 약 1/2까지 제거하여 관구를 다듬질한다(리머는 바르게 넣지 않으면 고르게 모떼기를 할 수 없다)(그림 2(d)).

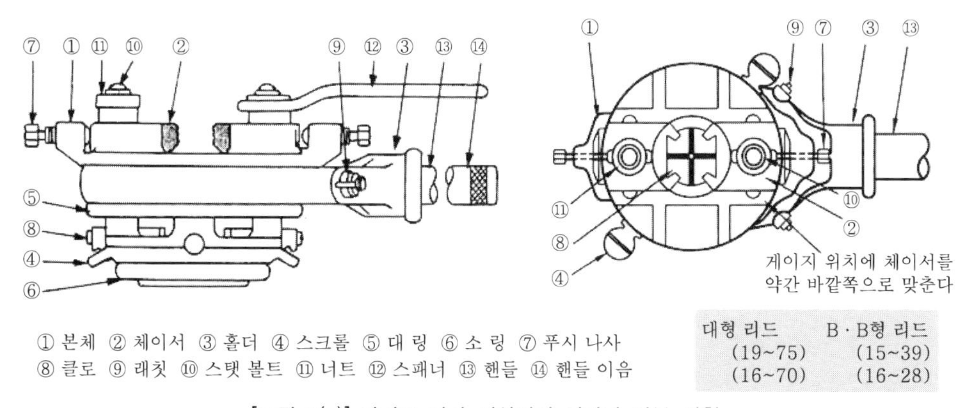

[그림 2(a)] 파이프 나사 절삭기의 외관과 각부 명칭

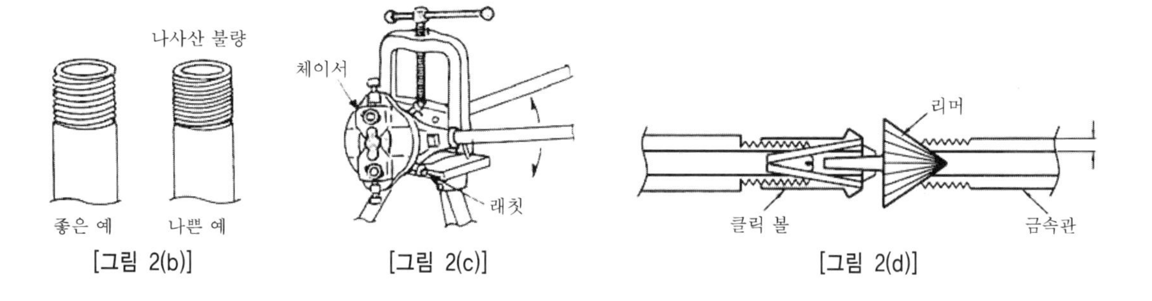

[그림 2(b)] [그림 2(c)] [그림 2(d)]

3. 관의 벤딩

(1) 직각 벤딩(관을 바닥에 놓고 구부리는 방법)

• **작업 순서**

① 관의 벤딩 시작점 A와 벤딩 종료점 B에 표시를 하여 A,B점을 통과하는 직선을 초크로 표시한다(그림 3(a)).

② 관에 맞는 벤더의 히키를 아래로 하여 S점에 관의 벤딩 시작점 A를 댄다.
또한 파이프 사이에 약 20mm의 라이너를 넣는다(초크 표시는 위로 향하게 한다)(그림 3(b)).

③ 관과 벤더를 직선상에 맞춘 다음 양손으로 벤더를 잡고 체중을 실어 조용히 앞으로 당긴다(그림 3(c)).

④ 벤더를 복귀시키면서 다음 위치로 보낸다. 이 동작을 반복하여 벤딩 종료점 B까지 계속한다(초크 표시가 언제나 위로 향하도록 하며 관이 좌우로 돌면 비틀려 구부러진다)(그림 3(D)).

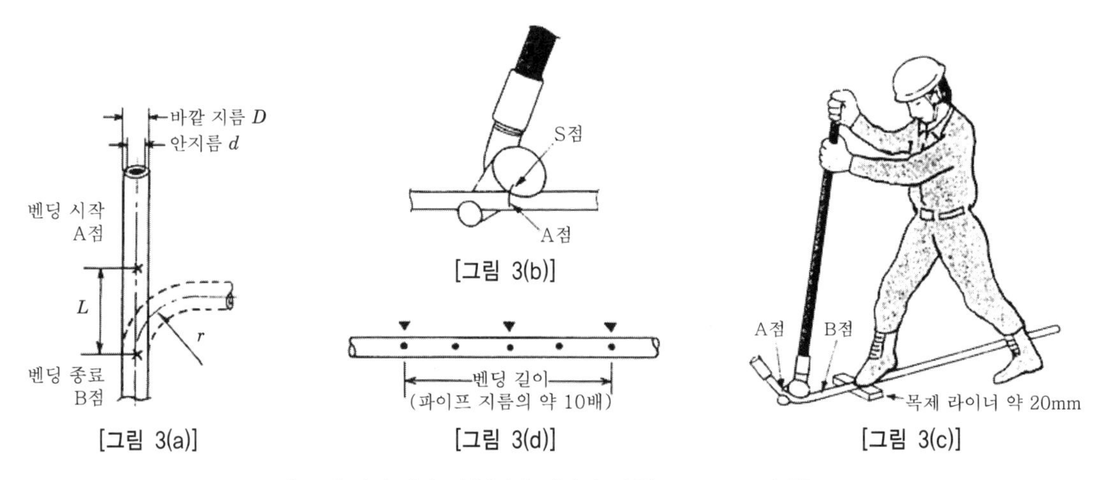

[그림 3(a)] [그림 3(b)] [그림 3(d)] [그림 3(c)]

[표 1] 관의 벤딩 치수(직각 벤딩인 경우) 19, 25, 31의 예

파이프 사이즈	나사산에서 벤딩 시작의 최소치수 [mm]	1회마다 보내는 치수 [mm]	1회마다 구부러지는 각도[도]	벤딩 반지름[mm] / 벤딩 길이[mm]		비 고
19	70	약 28	약 18	r	110	벤딩횟수 5회 이상
				L	175	
25	95	약 39	약 18	r	150	벤딩횟수 5회 이상
				L	230	
31	110	약 46	약 18	r	190	벤딩횟수 5회 이상
				L	300	

(2) 지각 벤딩(관을 손으로 잡고 구부리는 방법)

- 작업 순서

① 벤더의 히키를 위로 하여 바닥에 세워 벤더를 눕히는 힘과 관을 아래로 누르는 힘을 이용하여 구부린다(그림 4(a)).

② 벤딩 시작과 종료점 A · B의 표시는 (1) 표준방법과 같다(그림 4(b)).

③ 관에 벤더를 대고 초크의 표시를 위로 향하게 하여 벤더를 왼손으로 잡고 관의 벤딩 시작점 A와 히키의 S점에 댄다(그림 4(c)).

④ 왼손은 벤더의 머리를 잡고 오른손으로 관의 A점에서 약 60cm 떨어진 곳을 위에서 잡고 벤더와 관을 앞쪽으로 밀어 눕히는 기분으로 체중을 살며시 가하여 오른손으로 관을 아래쪽으로 누른다.

⑤ 한번 밀 때마다 관을 앞쪽으로 송출하여 밀어 구부리기 시작한다.

⑥ 이 동작을 반복하여 벤딩 종료점 B까지 계속한다. 관을 송입했을 때에 선단이 좌우로 돌지 않도록 주의한다.

⑦ 관이 비틀려 구부러지지 않도록 초크의 표시가 언제나 위로 향하도록 주의한다.

(주) 송출 치수는 ①과 같다(표1).

(3) S 벤딩(박스 접속이 작은 S 벤딩)

- 작업 순서

① 관의 벤딩 시작점과 S의 높이를 정하고 A · B점을 통과하는 직선을 초크로 표시한다(아우트렛 박스(얕음)의 경우에는 S의 높이 10mm, 각도는 약 7~8°)(그림 5(a)).

② 초크의 표시를 위로 향하게 하고 관에 맞는 벤더를 왼손으로 잡고 히키를 위로 하여 손잡이의 선단을 바닥에 대고 관의 벤딩 시작점 A를 히키의 S점에 댄다(그림5(b)).

(주) 벤딩 시작부가 역 S자가 되지 않도록 주의한다.

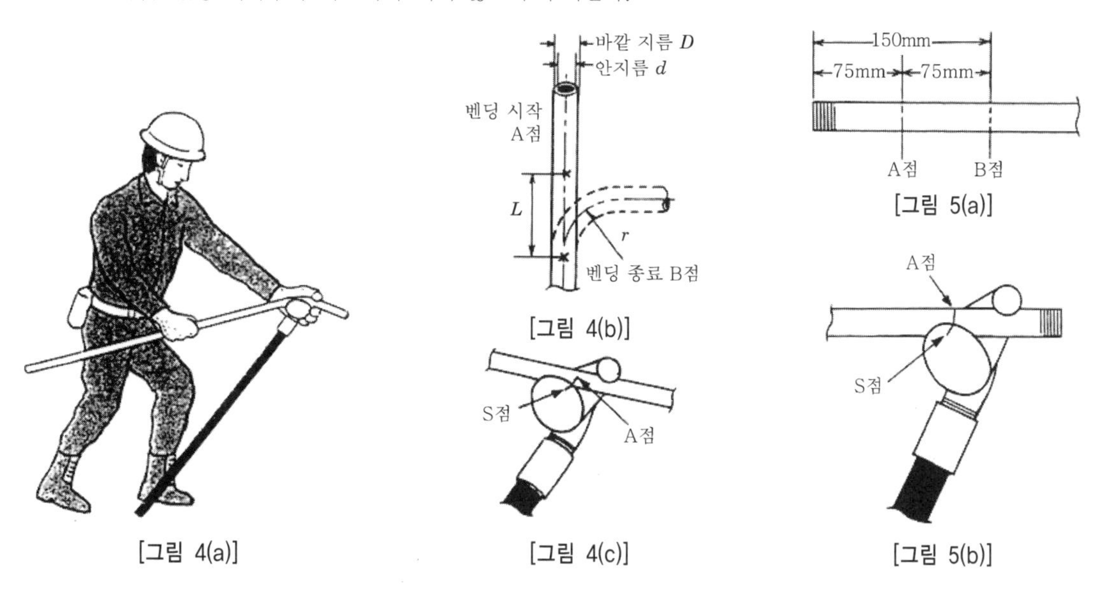

[그림 4(a)] [그림 4(b)] [그림 4(c)] [그림 5(a)] [그림 5(b)]

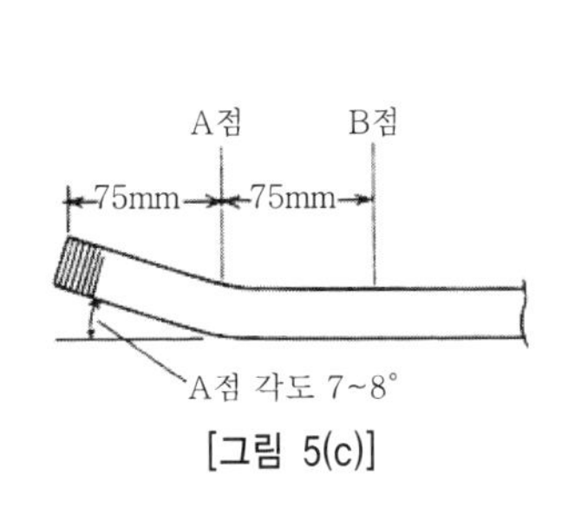

[그림 5(c)]

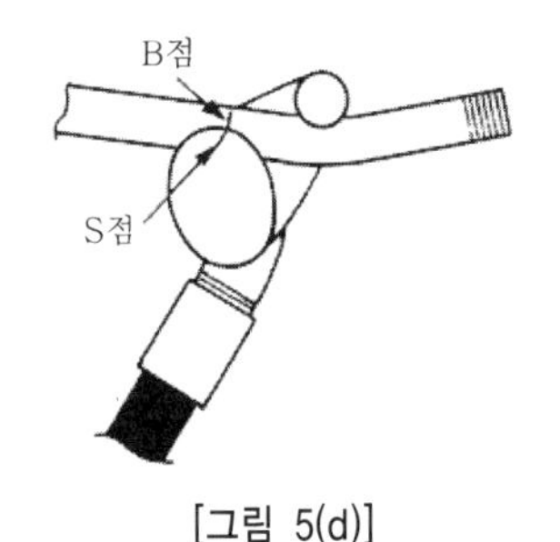

[그림 5(d)]

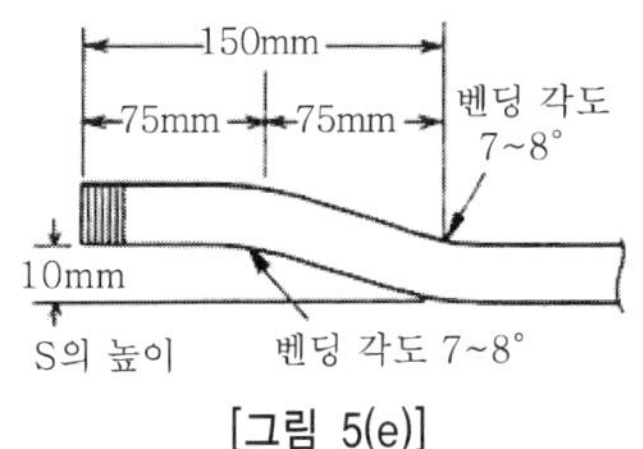

[그림 5(e)]

(수치는 아우트렛 박스의 깊이가 얕은 경우를 예로 들었다)

[표 2] 금속제 전선관의 주요 치수

후강 전선관			박강 전선관			나사없는 전선관		
굵기관의 호칭 방법	바깥지름	두께	굵기관의 호칭 방법	바깥지름	두께	굵기관의 호칭 방법	바깥지름	두께
16	21.0	2.3	19	19.1	1.6	E19	19.1	1.2
22	26.5	2.3	25	25.4	1.6	E25	25.4	1.2
28	33.3	2.5	31	31.8	1.6	E31	31.8	1.4
36	41.9	2.5	39	38.1	1.6	E39	38.1	1.4
42	47.8	2.5	51	50.8	1.6	E51	50.8	1.4
54	59.6	2.8	63	63.5	2.0	E63	63.5	1.6
70	75.2	2.8	75	76.2	2.0	E75	76.2	1.8
82	87.9	2.8						
92	100.7	3.5						
104	113.4	3.5						

③ 왼손은 벤더의 머리를 잡고 오른손은 관의 A점에서 약 60cm 떨어진 곳을 위쪽에서 잡고 벤더와 관을 앞쪽으로 밀어 눕히는 기분으로 체중을 살며시 가하여 오른손으로 관을 아래쪽으로 눌러 구부린다. 약 7~8°로 벤딩(그림 5(c))

④ 관을 180°반전시켜 관의 벤딩 시작점 B를 히키의 S점에 맞춘다. 벤딩은 ③과 같은 방법으로 한다. 처음의 벤딩과 평행하게 되지 않으면 박스에 직각으로 들어가지 않는다(그림 5(d),(e)).

(4) 롤 벤더에 의한 직각 벤딩

금속관의 벤딩 가공은 숙련이 필요하며 또한 공수가 소요되기 때문에 이에 대한 대응으로 개발된 것이 롤 벤더이다. 그 특징은 다음과 같다.

① 모든 벤딩 가공을 균일하게 할 수 있다.
② 1회의 동작으로 벤딩 가공을 용이하게 할 수 있다.
③ 임의의 벤딩 반지름을 가공할 수 없기 때문에 적응 장소가 대폭적으로 제한된다.

• 작업 순서

① 관의 전체 길이를 산출한다(그림 6(a)의 예 : (13+500+400+15)−67=861[mm]).
표 3에서 전체 길이 861mm를 산출한다. 또한 박스와 유니버설의 S는 2개소분을 합쳐 약 0.8mm이므로 S의 높이분은 전체 길이에서 특별히 빼지 않아도 된다.

② 관을 절단한다. 산출한 길이인 861mm로 절단한다.

③ 관에 나사를 절삭한다.

• 박스에 들어가는 길이(13mm)

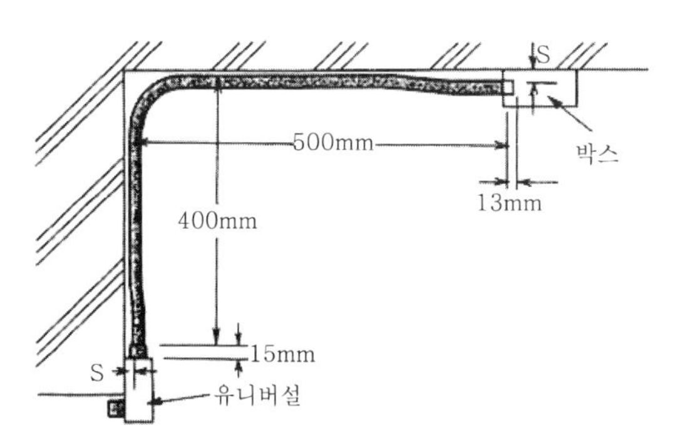

[그림 6(a)]

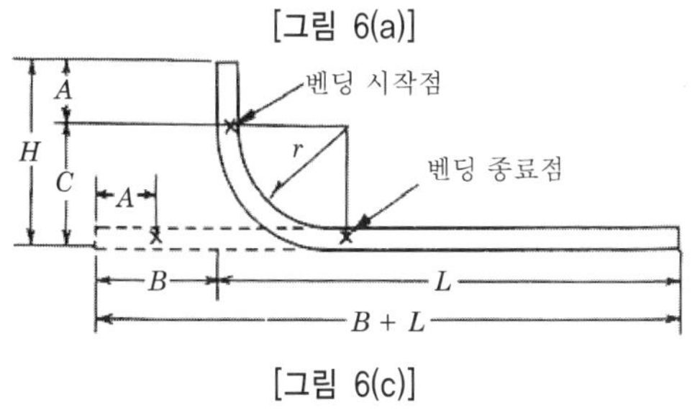

[그림 6(c)]

[표 3] 그림 6(b)의 벤더를 사용한 경우(mm)

파이프 사이즈	A	B	C	H	r	H−B
19	65	117	119	184	100	67
25	65	142	170	235	145	93

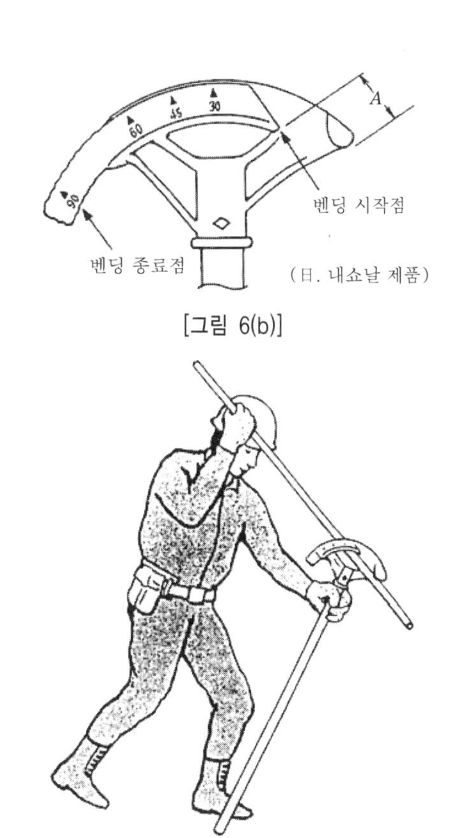

[그림 6(b)]

[그림 6(d)]

- 유니버설에 들어가는 길이(15mm)

④ S 벤딩을 한다.
- 박스의 S 높이로
- 유니버설의 S 높이로

⑤ 벤딩 시작점을 결정한다.
- 벤딩 시작점을 산출한다(13+500)−119=394[mm]).
  119mm는 그림 6(b), (c), 표 3에 의거한 것이다.
- 올바르게 벤딩하기 위해 벤딩 시작점에 가늘게 표시한다.

⑥ 벤더를 댄다.
- 관의 벤딩 시작점을 롤 벤더의 벤딩 시작점에 정확하게 댄다. 정확하지 않으면 길이가 달라진다.

⑦ 관을 구부린다(그림 6(d)).
- 왼발을 반보 앞으로, 왼손으로 롤 벤더의 밑을 잡고 오른손으로 관을 둘러메듯이 하여 롤 벤더와 관을 아래쪽으로 밀어 쓰러뜨리는 기분으로 한다.
- 그대로 관을 아래로 당기듯이 하여 구부리고 이어서 오른손으로 관 위를 다시 잡고 체중을 가하여 벤딩 종료점까지 구부린다. 관이 짧을 때에는 한번에 구부려도 된다.

금속관 공사 | 해석 제178조(2) 기본 작업②

1. 관 상호간의 접속

(1) 커플링 접속(스크루 접속)

• 작업 순서

① 금속관의 나사 절삭은 접속하는 관 상호의 관단을 커플링 길이의 1/2보다 1산 정도 많이 나사를 절삭한다.

② 한쪽의 금속관에 커플링을(길이의 1/2까지) 돌려 끼운다.

③ 다른 한쪽의 관을 커플링에 스크루한다.

④ 플라이어 등을 사용하여 커플링의 중앙에서 관이 서로 닿을 때까지 견고하게 돌려 끼운다(그림 1(a)).

⑤ 커플링의 양단에 나사산이 1산 정도 남아 있는지를 점검한다.

(2) 나사가 없는 커플링 접속

• 작업 순서

① 사용하는 금속관 단구의 수정과 모떼기를 한다(줄, 리머를 사용한다).

② 나사가 없는 커플링의 체결 나사를 이완시킨다(그림 2(a)).

③ 금속관에, 커플링을 스토퍼에 닿을 때까지 삽입한다(연필 등으로 커플링 길이의 1/2치수를 미리 관에 표시해 둔다).

④ 체결 나사를 드라이버, 펜치 등을 사용하여 견고하게 체결한다(메이커에 따라 나사 체결 방법이 다르므로 메이커 시방에 의거하여 확실하게 고정시킨다).

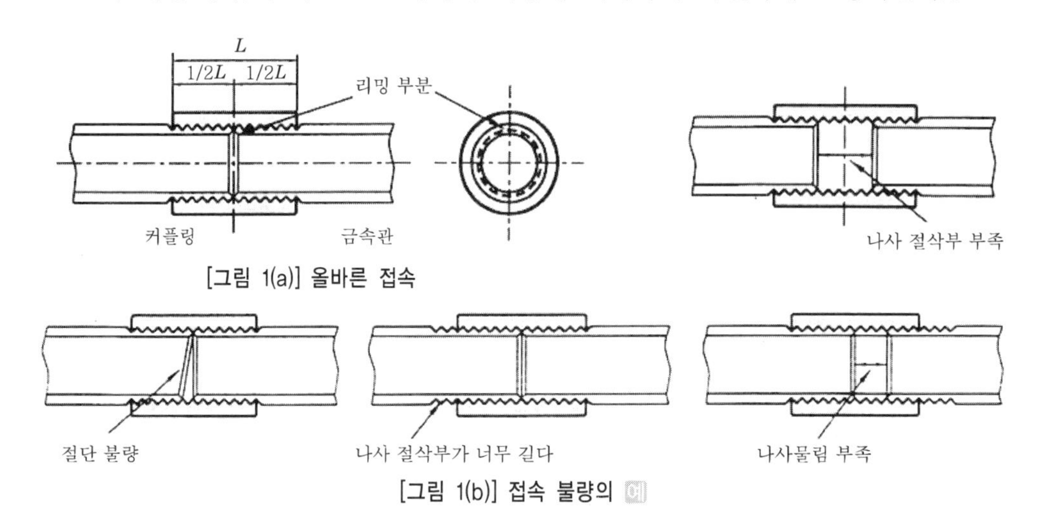

[그림 1(a)] 올바른 접속

[그림 1(b)] 접속 불량의 예

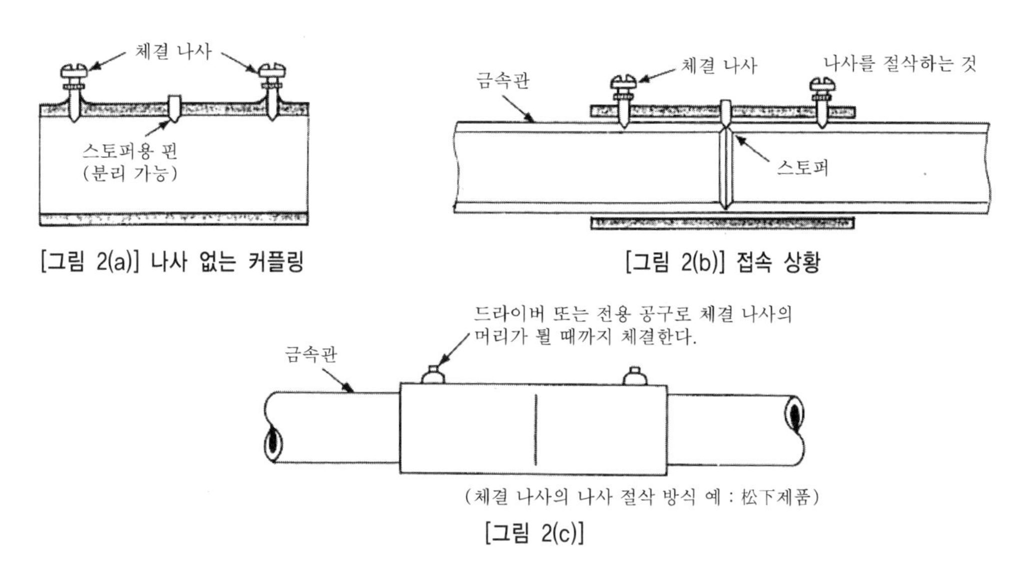

[그림 2(a)] 나사 없는 커플링

[그림 2(b)] 접속 상황

[그림 2(c)]

⑤ 다른 한쪽 관을 커플링의 스토퍼에 닿을 때까지 삽입한다(그림 2(b)).

⑥ ④의 요령으로 체결하여 관에 표시가 되어 있는 곳까지 삽입되어 있는지 등을 확인한다(그림 2(c)).

(3) 이송 접속(나사식 커플링)

이 공법은 일반적으로 나사식 커플링을 사용하여 금속관을 접속하는 경우, 관이 벤딩 가공 등이 되어 있으며 어느 한쪽도 돌릴 수 없을 때에 사용하는 접속 방법이다.

- **작업 순서**

① 커플링을 송출하는 쪽의 금속관을 커플링의 길이와 로크 너트 1개분의 두께를 가한 치수의 나사를 절삭한다(그림 3(a) ㉠).

② 커플링을 받는 측의 금속관은 커플링 길이의 1/2치수만큼 나사를 절삭한다(그림 3(a)㉡).

③ 길게 나사를 절삭한 금속관에 로크너트, 커플링의 순서로 부착한다(그림 3(a)).

④ 쌍방 금속관의 접속부를 바르게 하여 관구를 맞추고 커플링을 상대측 관에 송입한다(그림 3(b)).

⑤ 플라이어 등을 사용하여 커플링을 견고하게 체결한 후에 로크 너트도 동일한 방법으로 체결한다(그림 3(b)). 또한 커플링을 받는 측 금속관의 나사 절삭 부분이 길어진 경우에는 그 관에도 로크 너트를 넣어 쌍방의 로크 너트를 체결, 접속의 이

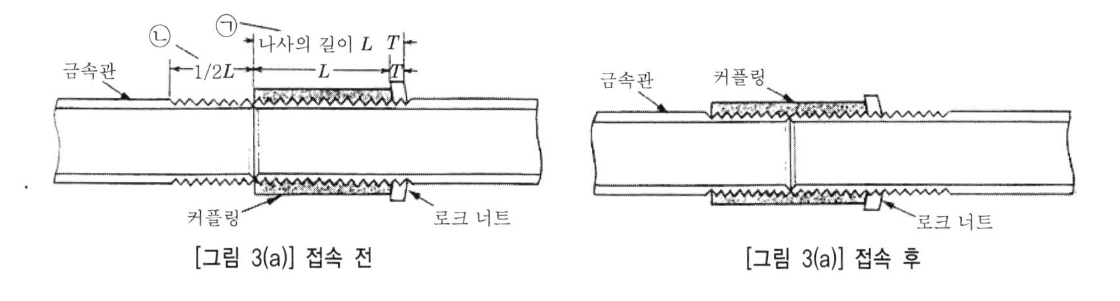

[그림 3(a)] 접속 전

[그림 3(a)] 접속 후

완을 방지하는 방법도 있다(그림 3(c)).

(4) 나사가 없는 커플링에 의한 이송 접속

• **작업 순서**

① 금속관 단구의 수정과 모떼기를 한다.

② 나사가 없는 커플링의 체결 나사를 이완시킨다.

③ 쌍방의 금속관에 커플링 길이 1/2의 치수를 연필 등으로 표시한다(그림 4(a)).

④ 한쪽의 금속관에 커플링을 스토퍼에 닿을 때까지 삽입하고 또한 선단을 펜치 등으로 두들겨 스토퍼를 제거한다(그림 4(b)㉠).

⑤ 쌍방의 관 접속부를 바르게 하여 관구를 맞추고 커플링을 상대측 관의 표시 위치까지 이동시킨다.

⑥ 쌍방의 관이 커플링의 중앙에서 맞닿아 있는지를 관에 부착된 표시로 확인하고 체결 나사를 견고하게 체결한다(그림 4(c)).

2. 관과 박스의 접속

(1) 은폐 박스와의 접속(아우트렛 박스, 스위치 박스, 콘크리트 박스 등)

• **작업 순서**

① 사용 금속관의 사이즈에 맞추어 박스의 녹아웃을 펜치 등을 사용하여 빼낸다.

② 금속관을 로크 너트 2개분과 부싱분의 나사산에 박스의 두께를 가한 치수보다 다시 1산 정도 많이 나사를 절삭한다(또한 링레듀서를 사용하는 경우에는 2개분 두께의 치수를 다시 가한다).

③ 관이 박스면에 직각으로 들어가지 않는 경우에는 S자 벤딩을 한다.

④ 관에 로크 너트를 장착하여 박스에 넣고 안쪽에서 로크 너트를 스크루하여 플라이

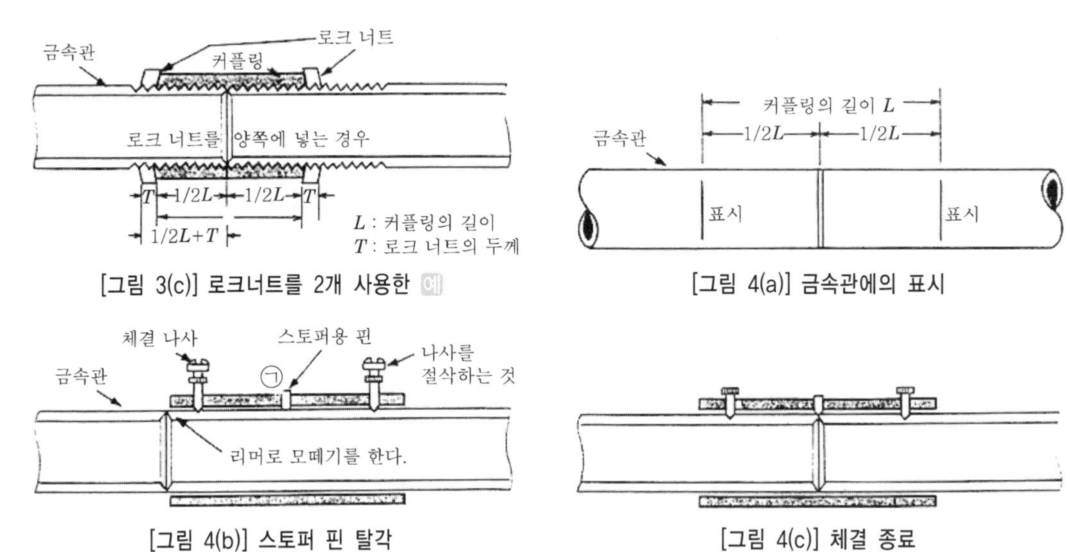

[그림 3(c)] 로크너트를 2개 사용한 예

[그림 4(a)] 금속관에의 표시

[그림 4(b)] 스토퍼 핀 탈각

[그림 4(c)] 체결 종료

어를 사용, 견고하게 체결한다.

⑤ 부싱을 장착하여 플라이어로 체결한다(그림 5(a)~(c)).

(주 1) 로크 너트, 링리듀서에는 각각 안팎이 있으므로 주의한다.

로크 너트는 오목면을, 링리듀서는 돌기가 있는 면을 각각 박스면을 향하게 하여 사용한다(그림 5(d), (e)).

(주 2) 나사가 없는 전선관에 대해서는 박스 커넥터를 박스의 녹 구멍에 장착하여 커넥터에 관이 닿을 때까지 삽입하고 고정 나사를 체결하여 접속한다(그림 5(f)).

(2) 노출 박스와의 접속

① 나사 접속

노출 박스에는 환형 노출 박스와 스위치 박스가 있으며 금속관을 접속하는 부분에 허브(암나사)가 설치되어 있다(그림 6).

접속할 때에는 허브의 치수에 맞추어 나사를 절삭하고 금속관을 S자 벤딩하여 박스의 허브에 스크루 접속한다.

② 나사가 없는 접속

나사가 없는 전선관용 노출 박스의 허브에 관의 단구를 모떼기한 금속관을 삽입하여 허브의 고정 나사를 드라이버 등으로 견고하게 체결하여 접속한다.

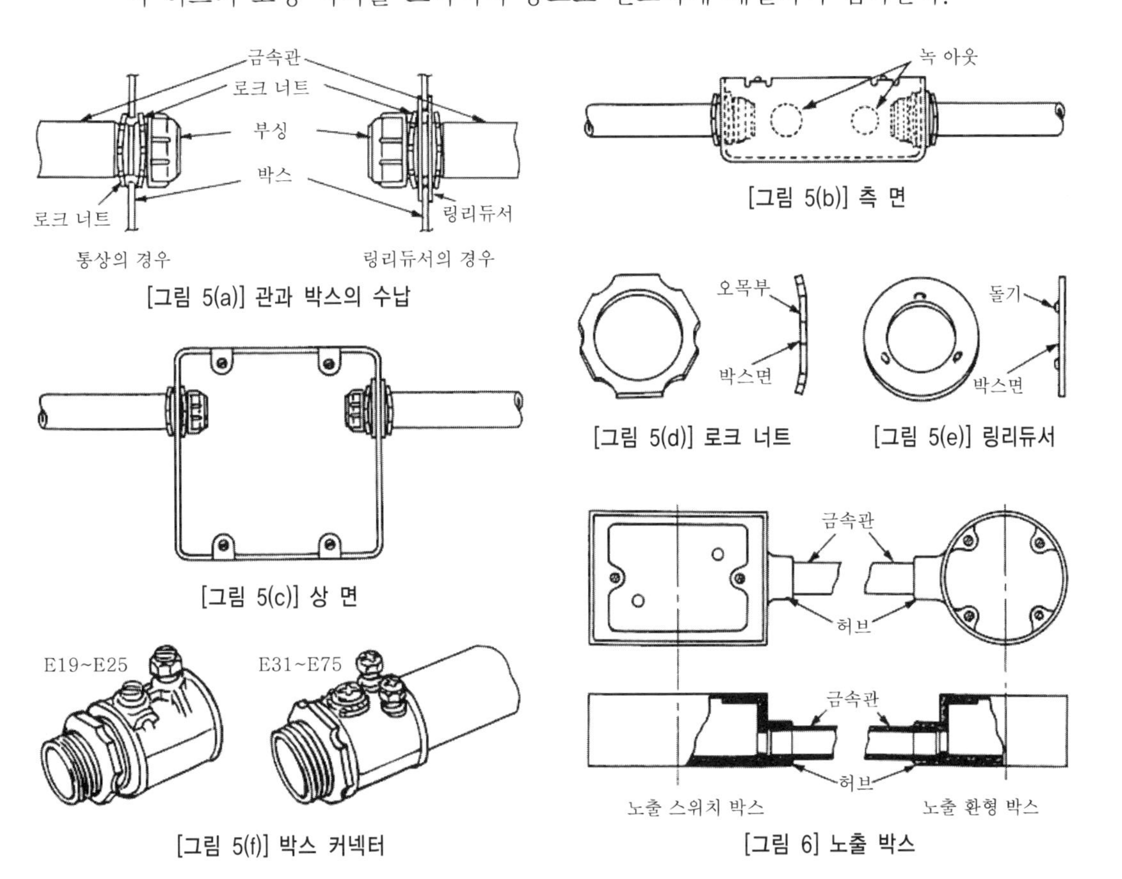

[그림 5(a)] 관과 박스의 수납

[그림 5(b)] 측 면

[그림 5(c)] 상 면

[그림 5(d)] 로크 너트

[그림 5(e)] 링리듀서

[그림 5(f)] 박스 커넥터

[그림 6] 노출 박스

3. 금속관의 접지 공사(어스 본드의 접속 방법)

(1) 레이디어스 클램프를 사용하는 경우

•작업 순서

① 금속관의 사이즈에 맞는 레이디어스 클램프를 금속관에 감고 클램프의 홈에 굽힘 가공한 본드선을 넣는다.

(주) 본드선이 단선일 때에는 선의 끝을 2~4개로 굽힘 가공하여 홈에 넣지 않으면 체결한 후에 이완되는 수가 있다(그림 7(a)).

② 클램프의 양단을 모아 손으로 서로 물리게 하고(그림 7(b)) 본드선을 클램프의 양단에서 약 5mm 정도 돌출시켜 플라이어나 펜치로 물린 부분을 끼워(그림 7(c)) 선단을 압착한다.

③ 플라이어나 펜치를 물린 부분에 깊이 삽입하여 강하게 죄며, 죄는 방향으로 경사지게해 물린 부분의 선단을 접어 눕힌다(그림 7(d)).

(주) 접어 구부린 부분은 두들겨도 되는데 접어 눕힌 산 부분을 두들기면 이완되므로 주의한다(그림 7(e)).

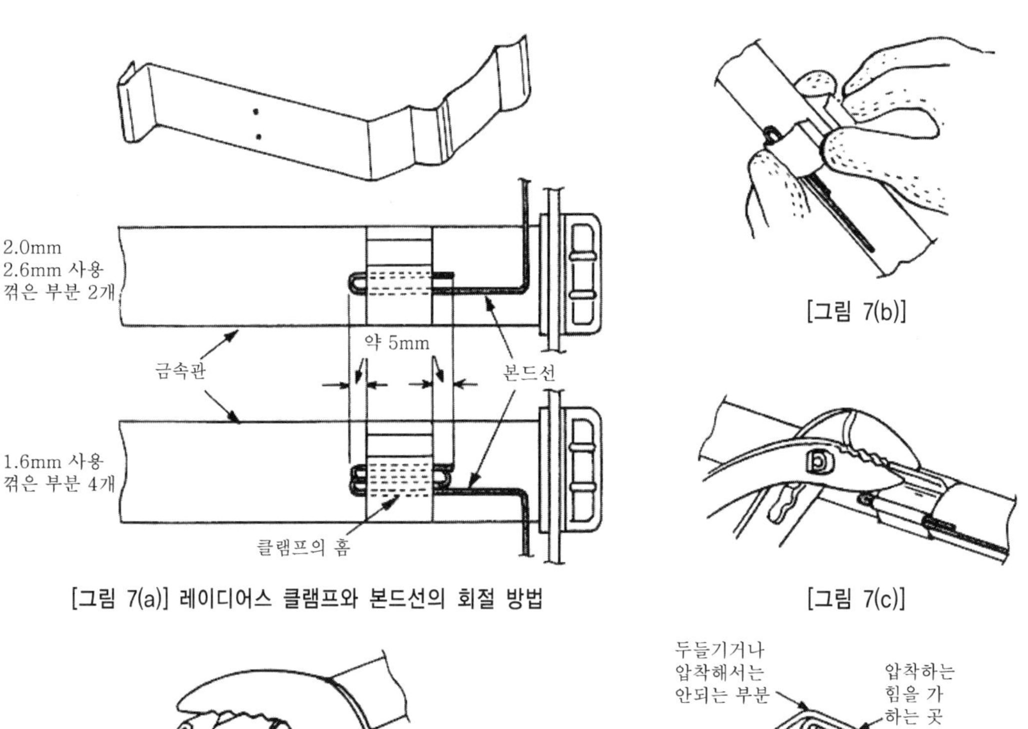

[그림 7(a)] 레이디어스 클램프와 본드선의 회절 방법

[그림 7(b)]

[그림 7(c)]

[그림 7(d)]

[그림 7(e)]

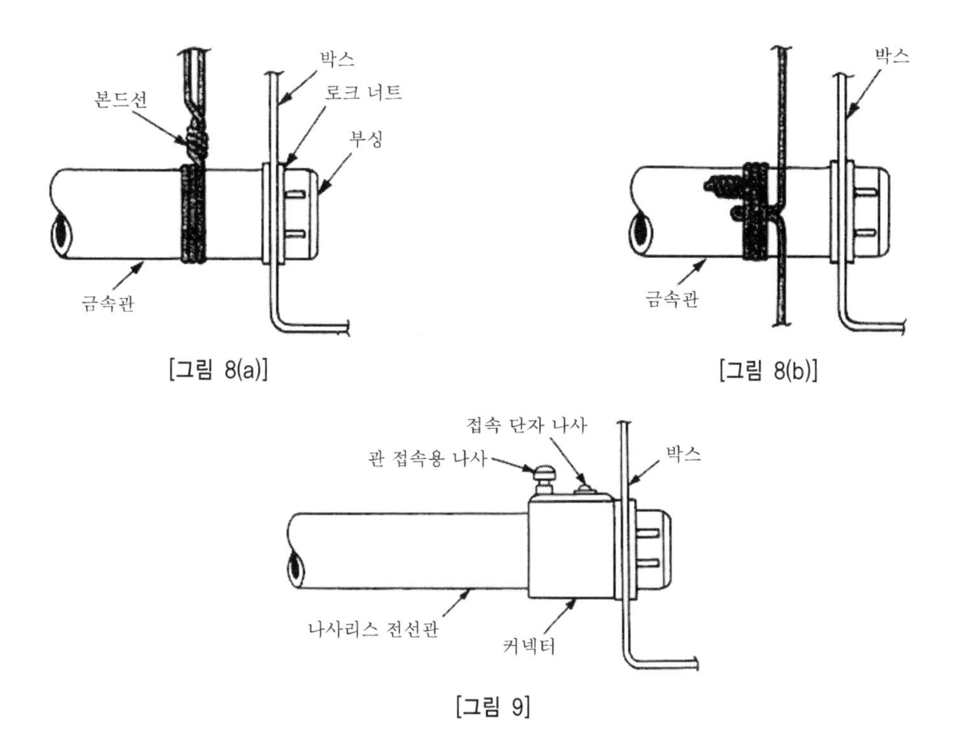

[그림 8(a)] [그림 8(b)]

[그림 9]

(2) 나동선(裸銅線)을 납땜하는 경우

• 작업 순서

① 본드선을 접속하는 장소의 금속관의 표면 약 20mm 평방을 줄이나 샌드페이퍼로 연마한다.

② 본드선을 관의 연마 부분에 밀착시켜 빈틈없이 3회 감고 펜치로 죈다.

③ 죈 본드선을 펜치 끝으로 2회 비튼다(그림 8(a)).

④ 박스 등의 면에 따라 본드선의 형을 정비하고(그림 8(b)) 페이스트를 도포, 토치 램프로 납땜한다.

⑤ 페이스트를 닦아 내고 발청 억제 도료를 도포한다.

(주) 입선 후의 납땜은 절대로 안 된다.

(3) 나사가 없는 전선관의 경우

커넥터의 접지 단자용 나사를 드라이버로 죄고 본드선의 선단을 단자의 홈에 삽입하여 드라이버로 나사를 죈다(그림 9).

(4) 접지선과 금속관의 접속

관로는 사용 전압에 따라 접지 공사(해석 제178조 제3항 4~5호)를 한다. 따라서 관로 전체가 전기적으로 접속되어 있어야 된다. 어스 클램프 본드선 등을 사용하여 금속관 상호 및 금속관과 박스 등 접지선과의 접속을 한다.

금속관 공사 | 해석 제178조(3) 은폐 배관

작업성이 좋은 합성수지제 가요 전선관의 등장 이래로 금속관에 의한 콘크리트 매설 배관 공사는 전반적으로 감소하는 추세이다. 그러나 장기간에 걸친 실적과 신뢰성은 지금도 높고 또한 모든 시공 장소에 적합하므로 앞으로도 각 현장에서 채용될 것으로 생각된다. 또한 은폐 배관은 옥내에서 점검할 수 있는 장소(2중 천장 내)와 점검할 수 없는 장소(콘크리트 매설 등)가 있다.

1. 콘크리트 바닥 매설 배관(슬래브 배관)

• 시공 순서와 주의 사항

(1) 먹줄치기

① 먹줄치기 작업에서 중요한 것은 심에 미스가 없어야 된다는 점이다. 기둥, 들보의 중심과 통과심은 반드시 일치하지 않으므로 구체도를 잘 보고 작업한다.

② 먹줄치기를 할 때에는 일반적으로 먹통을 사용하는데 먹의 색에 따라 주묵과 흑묵이 있다. 설비업자는 건축 관계와 구분하기 위해 주묵을 사용하도록 한다(착오가 없도록).

③ 먹줄치기를 하는 것으로서 위치 박스, 칸막이부 상승 배관, 관통부, 인서트 등이 있는데 다른 작업을 위해 자재 등을 놓기 전에 먹줄치기를 종료하도록 한다.

(2) 기둥, 벽상승 배관의 처리

슬래브(바닥 거푸집)가 완성되고 철근의 조립 전에 기둥, 벽에서의 상승 배관을 슬래브에 벤딩 가공한 관을 이어 둔다(그림 1).

(3) 박스, 관통 프레임, 인서트의 장착

① 박스, 관통 프레임, 인서트 등의 장착은 바닥이 거푸집 공법(합판)인지, 덱 플레이

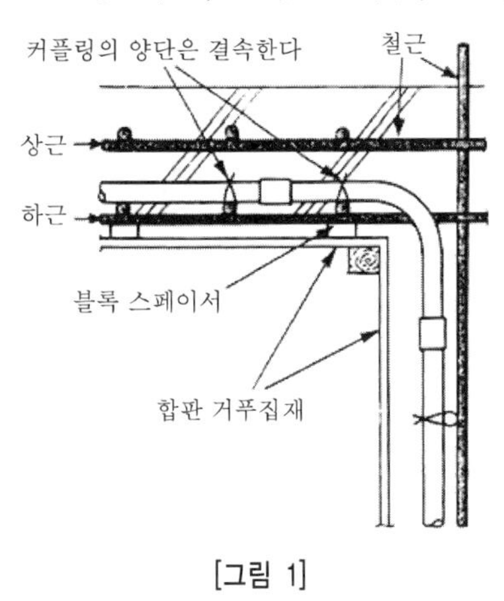

[그림 1]

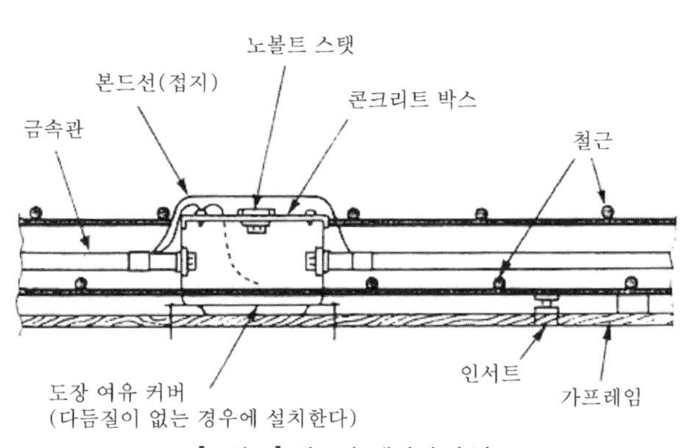

[그림 2] 박스와 배관의 수납

트(철판)인지에 따라 작업 방법과 순서가 달라진다. 거푸집 공법은 못으로 장착하고, 덱플레이트는 가스, 전기 용접기, 전기 드릴 등을 사용한다(노동안전위생법에 의거한 특별 교육을 받을 필요가 있다).

② 천장 마무리가 없는 경우에는 도포 여유 커버를 설치한다(그림 2).

③ 박스가 철근에 닿을 때에는 철근을 두들겨 피하거나 또한 절단한 경우에는 보강을 한다.

(4) 배 관

① 배관을 하는 순서로서 전기 샤프트와 같이 배관수가 많은 장소에서 말단을 향하여 시공한다. 또한 굵은 것과 가는 것이 함께 있을 때에는 굵은 것을 우선한다.

② 슬래브 철근이 2중인 경우에 배관은 상근과 하근 사이에 넣는다(그림 3(a)).

③ 금속관의 벤딩은 그 안쪽 반지름이 관 안지름의 6배 이상으로 정해져 있으므로 가급적 크게 구부리는 것이 중요하다.

④ 관과 관의 교차는 3중이 되지 않도록 시공한다.

⑤ 배관 1구간에서의 90°벤딩은 3개소까지로 하고 관의 긍장은 30m 정도를 기준으로 한다. 30m를 초과하는 경우 또는 굴곡 장소가 많아질 때에는 정크션 박스를 설치한다.

⑥ 관을 평행하게 배관하는 경우, 관 상호간의 간격은 원칙적으로 30mm 이상으로 한다(그림 3(a)).

(5) 접지와 콘크리트 박스의 뚜껑 장착

① 사용 전압이 300V 이하인 경우에 관에는 D종 접지 공사를 어스 클램프 등을 사용하여 실시한다. 또한 접지선은 D종 접지 공사의 경우에 1.6mm 이상으로 되어 있다(그림 2).

② 콘크리트 박스의 뚜껑은 나중에 조명 기구를 설치하는 경우에는 노볼트 스탯을 부착한다(그림 2).

③ 부싱에 비닐 캡이 있는지를 확인한다. 또한 뚜껑의 작은 구멍 부분은 고무테이프 등으로 덮어 콘크리트의 유입을 방지한다.

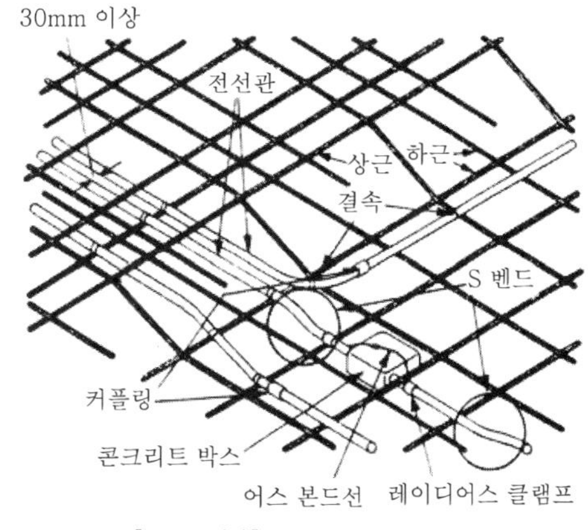

[그림 3(a)] 슬래브 배관 상황

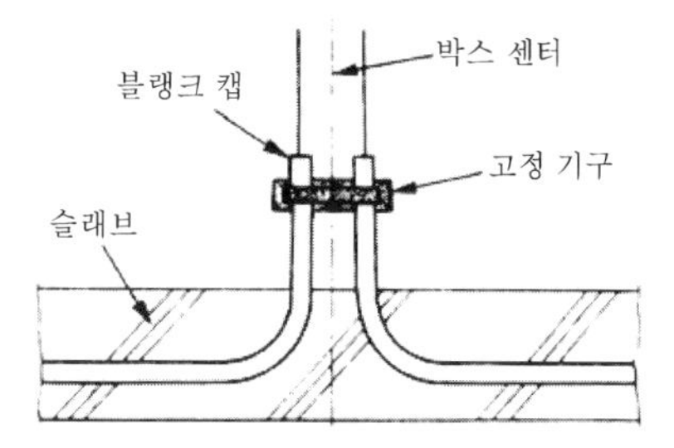

[그림 3(b)] 칸막이벽에의 관의 설치

(6) 관의 결속

① 철선을 사용하여 관을 결속한다. 지지 간격은 2m이하로 한다.

② 박스 둘레 및 관 상호간의 접속점에서는 300mm 이내의 장소에서 지지한다.

(7) 점 검

배관 종료 후에 적색 연필 등을 사용하여 다음 사항을 체크한다.

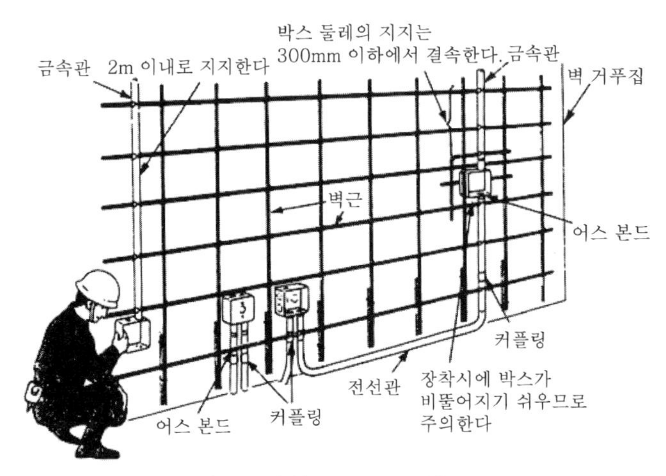

[그림 4(a)] 진입 배관 상황

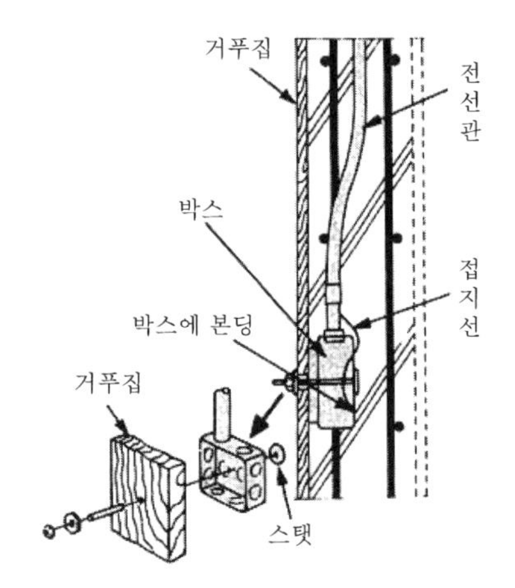

[그림 4(b)] 박스의 체결 상세

① 도면대로 배관이 되어 있는가?

② 관의 벤딩에는 무리가 없는가, 관의 결속, 관과 관의 간격은 적절한가?

③ 상승 배관의 위치가 어긋나 있지는 않는가, 견고하게 지지되어 있는가?

2. 콘크리트벽 매설 배관(건립 배관)

시공 순서와 주의 사항(슬래브 배관과 공통되는 주의 사항은 생략한다)

① 슬래브 배관에서 상승관은 칸막이벽의 중심에 들어 있는지를 확인하고 불량이면 수정한다.

② 최초의 거푸집이 세워졌으면 먹줄치기를 하고 못 또는 볼트로 박스를 설치한다.

③ 철근이 구성되었으면 리턴벽(거푸집)측의 박스 설치와 배관을 한다.

④ 박스는 벽근을 이용하여 견고하게 설치한다. 또한 볼트로 설치하는 경우에는 미리 박스에 스탯을 부착해 둔다(그림 4(b)).

⑤ 박스가 2개 이상 배치된 경우에는 중심이 맞도록 장착한다.

⑥ 외부 면에 박스가 설치된 경우에 배관되는 관의 단구는 빗물의 유입을 방지하기 위해 아래로 또는 옆으로 향하도록 시공한다.

⑦ 리턴벽이 리턴되었으면 박스를 체결한다.

3. 2중 천장 내 배관

천장 내 배관은 각 직종의 설비업자가 각각의 작업을 한정된 장소에서 시공하는 것이므로 작업 시에는 현장 상황과 도면을 잘 이해하여 배관 루트, 박스의 설치 위치 등을 잘 검토해야 한다.

• 시공 순서와 주의 사항

(1) 먹줄치기 작업

먹줄치기 작업을 할 때에는 기준이 필요하다. 현장에서는 바닥이나 벽에 통과심(기준묵)이 있는데 실제의 통과심에서는 떨어진 곳에 있다. 일반적으로는 1m 오프셋이 많은데 현장 상황의 사정으로 수치는 일정하지 않다. 충분히 주의하여 먹줄치기를 해야 한다.

(2) 박스의 설치

① 조인트 박스는 현수 볼트를 내려 설치해야 하는데 조영재 등에 그림 5(b), 그림 6(b)와 같은 지지재를 사용하여 견고하게 설치한다.

② 천장 내의 조인트 박스는 매설 기구 등을 이용하여 점검할 수 있도록 시공한다.

③ 간선용 박스는 점검구를 설치한다,

④ 조인트 박스의 크기는 통상 중형 4각 얕은 형(102×44)의 아우트렛 박스가 많이 사용되는데 전선이나 관의 종류, 개수에 따라 무리가 없는 크기를 선정한다.

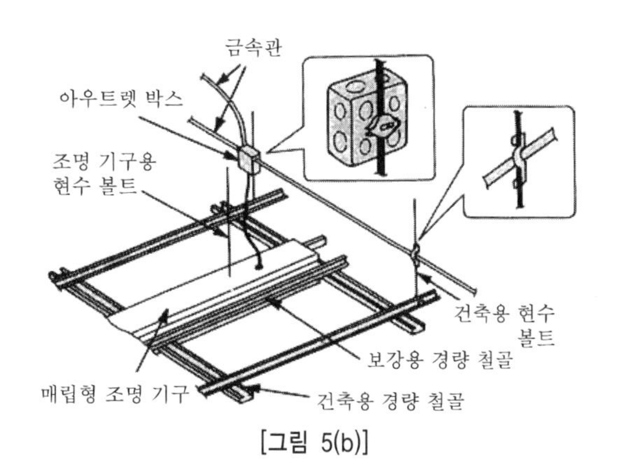

[그림 5(b)]

(3) 배 관

① 배관은 박스에 직각으로 넣는다. 또한 벤딩 가공하는 관은 무리없이 변형되지 않도록 가공한다.

② 전로용 배관은 가스관, 공조 덕트 등과 직접 접촉하지 않도록 시공한다.

③ 배관의 지지는 현수 볼트 또는 조영재 등에 그림 5(b), 그림 6(b)와 같은 지지재를 사용하여 견고하게 설치한다.

④ 배관의 지지 간격은 2m 이하로 하며 박스 둘레는 300mm 이내에서 지지한다(그림 6(a)).

⑤ 방화 구획을 관통하는 경우에는 모르타르 등으로 완전히 되메운다.

⑥ 접지를 한다.

조명 기구 노출의 경우
콘크리트 슬래브
인서트 스탯
2m 이하
현수 볼트
아우트렛 박스
(도장 여유 커버
부착)
300mm
이하
지지재
금속관
경량 천장
지하
조명 기구용 현수 볼트
천장 보드

[그림 6(a)]

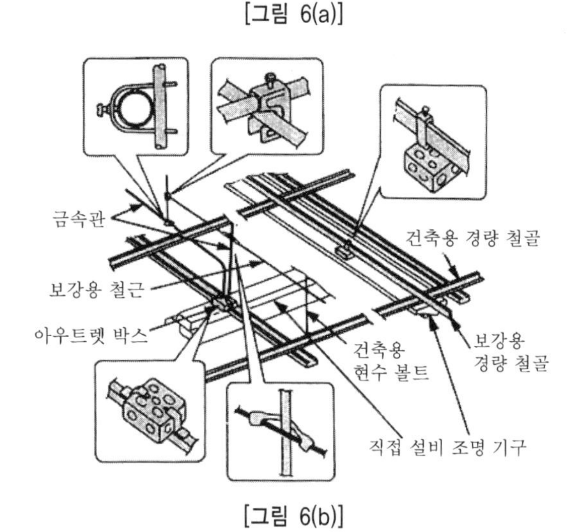

[그림 6(b)]

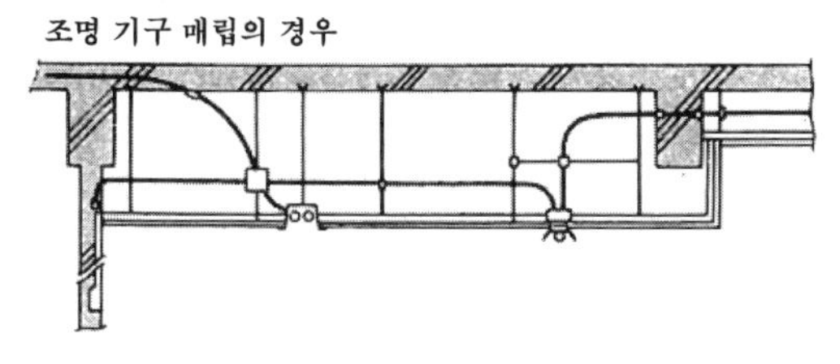

[그림 5(a)]

4. 칸막이 내 배관

최근의 칸막이는 경량 철골에 보드 설치 공법이 주류를 이루고 있으므로 경량 칸막이의 시공법에 대하여 설명한다.

• 시공상의 주의 사항

① 아우트렛 박스의 설치나 배관의 지지 방법은 최근, 여러 가지 지지재가 많이 개발되어 있다(그림 7).
그것들을 사용, 조영재나 지지재 등을 견고하게 설치한다.

② 방음 문제상 박스의 등을 맞대는 설치는 가급적 피한다. 부득이 설치해야 할 때에는 방음재를 박스와 박스 사이에 넣는다.

③ 배관의 지지 간격은 2m 이하로 하고 박스 둘레는 300mm 이내에서 지지한다.

④ 마무리재가 두꺼운 경우에는 이음 프레임을 넣는다.

⑤ 보드를 설치한 다음 위치 박스의 구멍을 뚫을 경우에 대비, 높이와 폭 치수를 매직 펜 등으로 바닥에 표시해 두는 것도 중요하다.

⑥ 접지를 한다.

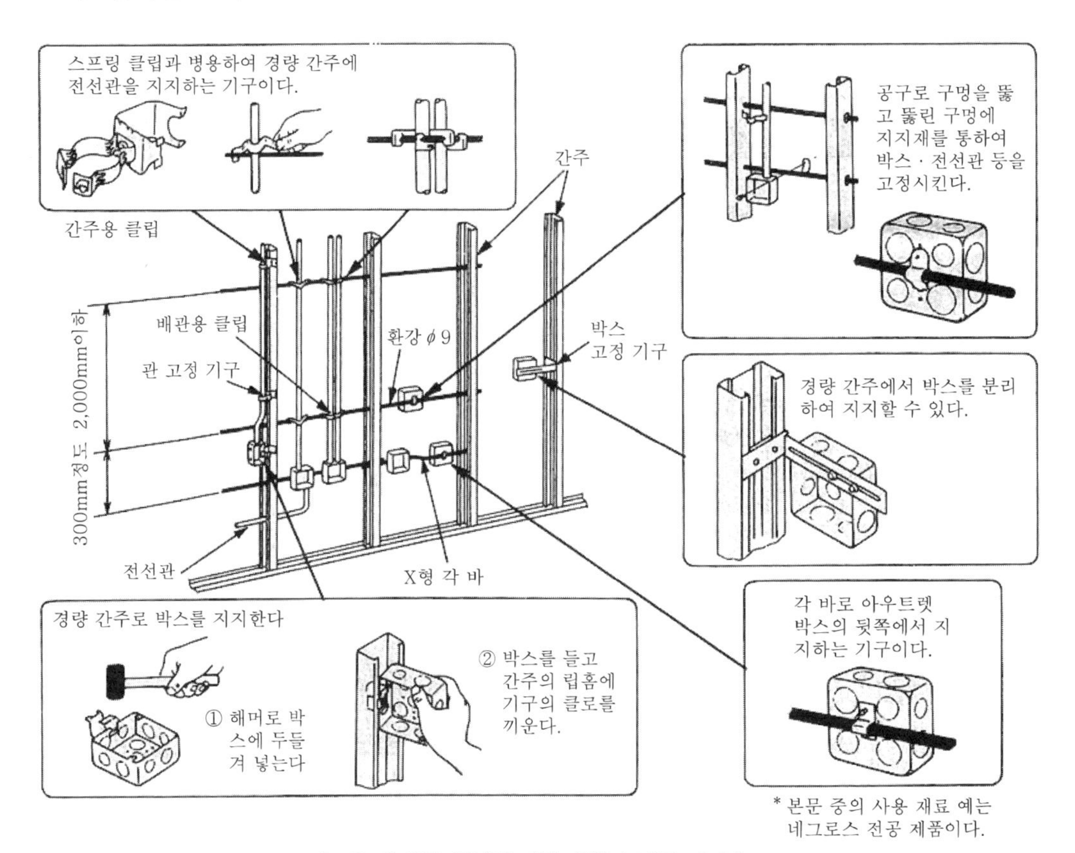

* 본문 중의 사용 재료 예는 네그로스 전공 제품이다.

[그림 7] 경량 칸막이 배관 상황과 각종 지지재

금속관 공사 | 해석 제178조(4) 노출 배관

노출 배관은 건축물의 구조상 은폐 배관으로 할 수 없는 경우에 부득이 시공되는 공법인데 그 중에는 전력 회사 등에서 건물의 일부를 쉽게 보수, 점검할 수 있다는 점 때문에 노출 배관을 하는 경우도 있다.

주의할 점은 작업 후의 시공 상태를 한눈에 알 수 있어야 하며, 시공 시에는 충분한 협의와 검토가 필요하다는 것이다. 얼마나 배관을 잘 하는지는 경험을 쌓고 몸으로 익히는 수밖에 없다. 또한 노출 배관은 옥내, 옥외, 그리고 간선 등에 설치하게 되며 사용 전선관에는 후강, 박강, 나사리스, 라이닝관 등이 있다.

여기서는 일반 빌딩의 창고, 기계실에서 가는 전선관을 사용한 경우의 기본적인 것에 대하여 설명한다.

1. 작업 준비

① 사용 공구, 사용 자재의 종류의 수량을 준비하여 점검한다. 특히 재료에 대해서는 미리 도면과 현장 상황을 잘 확인하여 작업 방법을 검토한 후에 확보한다. 작업 중에 재료가 부족하면 작업은 그 자리에서 중단되는 경우가 생기므로 주의한다.

② 작업 비계는 현장 상황에 따라 작업의 안전이 확보되는 것으로 준비한다(2m 이상은 높은 장소에서의 작업으로 이루어지기 때문에 고소 작업대 등을 준비한다).

2. 먹줄치기

① 먹줄치기 작업은 정해진 치수를 박스의 심에 맞추어 연필 등으로 명확히 표시한다. 또한 표시가 박스보다 필요 이상으로 나오지 않도록 주의한다.

② 벽이나 천장이 완성된 장소에서는 나중에 소거할 수 있는 마크 라인을 사용한다(사진1).

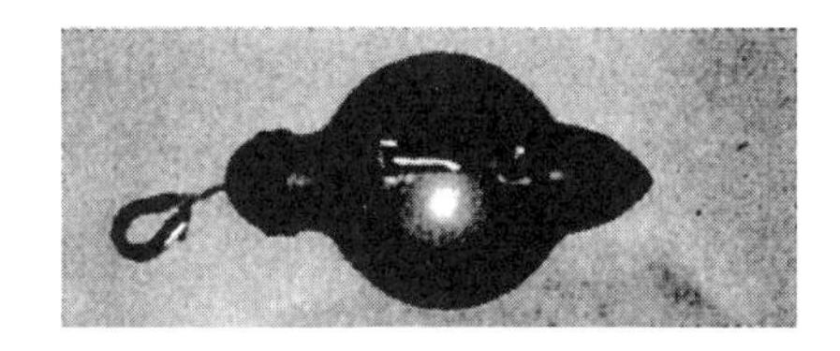

[사진 1] 마크 라인(초크 라인)

3. 노출 박스의 설치

① 노출 박스에는 강판제와 주철제가 있으며 각각의 제품에는 나사식과 나사리스식이 있다(그림 1(a), (b)). 또한 허브에도 박강 전선관용과 후강 전선관용이 있다.

② 관과 박스 각각의 용도별 조합은 옥내에서는 철판제 나사리스 박스와 나사리스 전선관의 조합으로, 또한 옥외에서는 주철제 나사식 박스와 후강 전선관의 조합으로 사용되는 수가 많다.

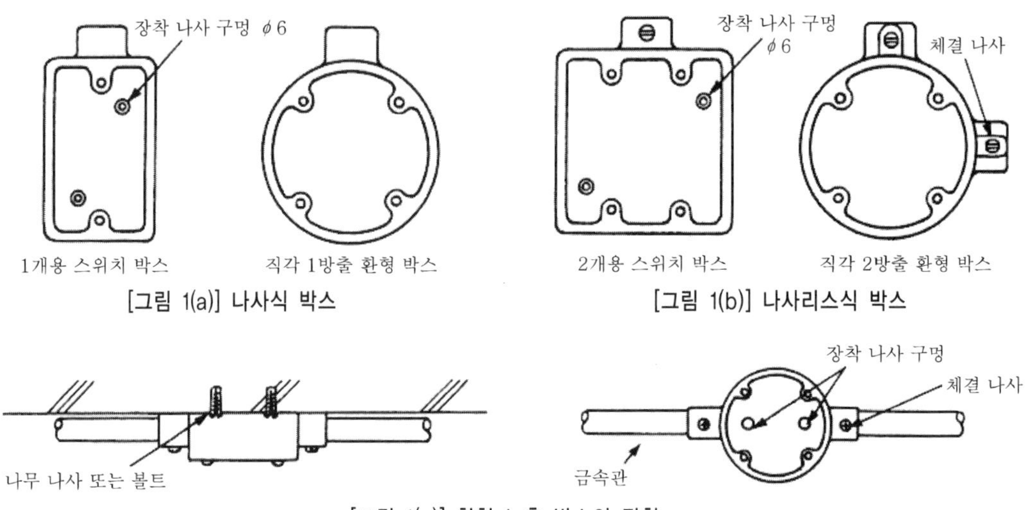

[그림 1(a)] 나사식 박스

[그림 1(b)] 나사리스식 박스

[그림 1(c)] 환형 노출 박스의 장착

③ 박스는 수평, 수직으로 설치한다.

④ 스위치 박스는 기존의 장착 나사 구멍이 2개(1개용) 또는 4개(2개용 이상)가 있으므로(그림 1(a), (b)) 거기에 맞추어 진동 드릴로 작은 구멍을 뚫어 컬 플러그 등을 충전하여 나무 나사로 장착한다.

⑤ 환형 박스는 필요에 따라 1군데 또는 2군데에 구멍을 뚫어 장착하는데(그림 1(c)) 일반적인 분류를 하면 정크션 박스의 경우에는 시공성이 좋은 1군데에 고정하고, 가벼운 기구를 장착하는 경우에는 2군데에 고정한다.

⑥ 박스는 최초에는 가고정 상태로 작업을 하고 배관의 지지와 동시에 본격 체결을 한다.

4. 배 관

(1) 시공상의 주의 사항

① 커플링 장소가 많아지면 미관이 나빠지는데 미숙한 경우에는 무리없이 적당한 곳에 커플링을 넣어 작업하는 것이 결과적으로 좋다.

② 치수는 정확하게 한다.

③ 관의 벤딩은 미관을 고려하여 보기 좋게 가공한다(그림 2(a)).

④ 90° 벤딩은 관의 반지름이 커지지 않도록 한다.

⑤ 벤딩 가공은 찌부러지거나 움푹 들어가지 않도록 한다.

⑥ 관의 장착은 조영재에 밀착되도록 한다.

⑦ 관과 관이 교차하는 경우에 높이, 폭을 모두 작게 가공한다(그림 2(b)).

⑧ 복수의 관이 배관되는 경우에는 관 상호간의 간격은 항상 평행하게 한다.

⑨ 박스는 수평, 수직으로 설치한다.

(2) 작업 순서

노출 배관을 하는 경우에 어떤 부분에서 시작하는지는 박스의 위치에서 벽이나 들보, 천장까지의 거리에 따라 달라진다. 또한 나사식인지 나사리스 방식인지에 따라서도 작업 순서가 달라진다.

여기서는 나사리스 방식으로 그림 3(b)와 같은 경우의 작업 순서에 대하여 설명한다.

① 도면에 따라 먹줄치기를 한다.

② 장착 구멍을 뚫어 컬 플러그 등을 매립한다.

③ 박스를 장착한다.

- 스위치 박스, 환형 박스를 가고정시킨다.

④ S자 벤딩을 한다.

- 환형 박스측 관의 선단에서
- 환형 박스의 S자의 높이분을

⑤ 90° 벤딩의 치수를 측정한다.

- 환형 박스의 허브 내에서 벽까지 실측한다.

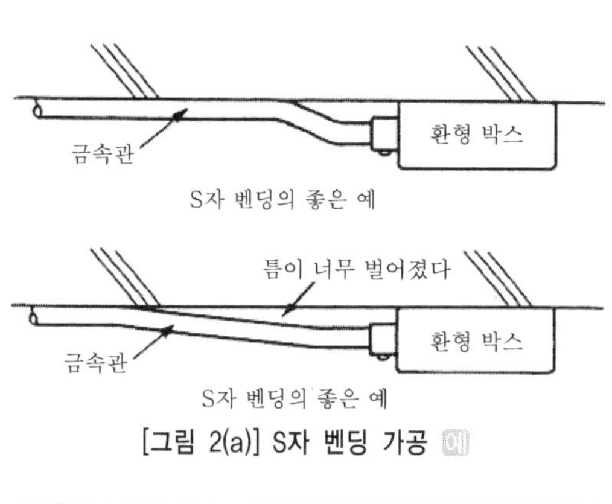

[그림 2(a)] S자 벤딩 가공 예

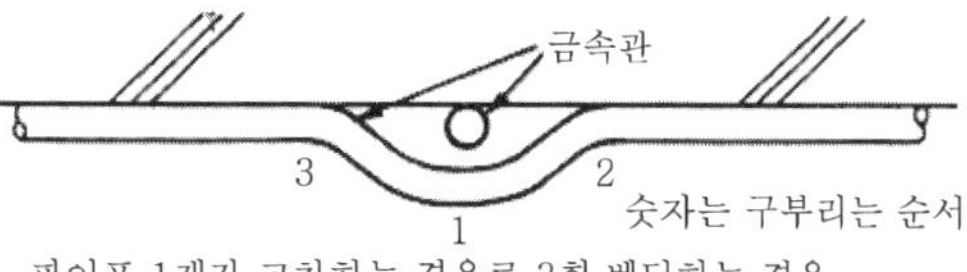

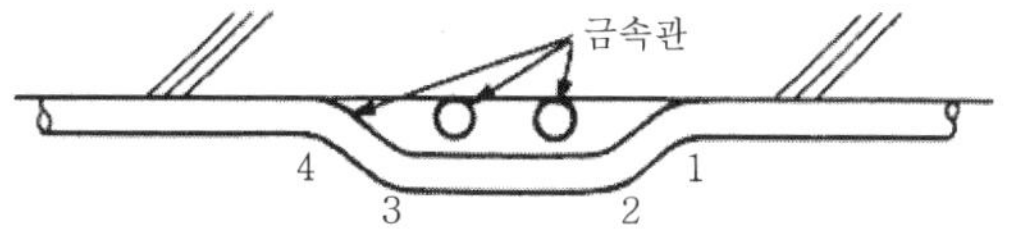

[그림 2(b)] 관과 관의 교차

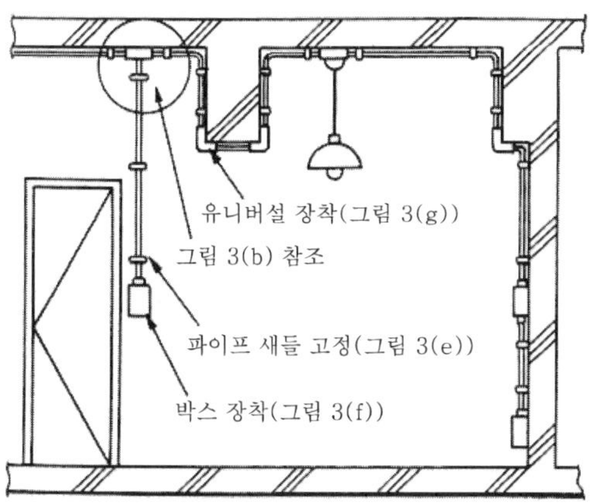

[그림 3(a)] 배관 단면도

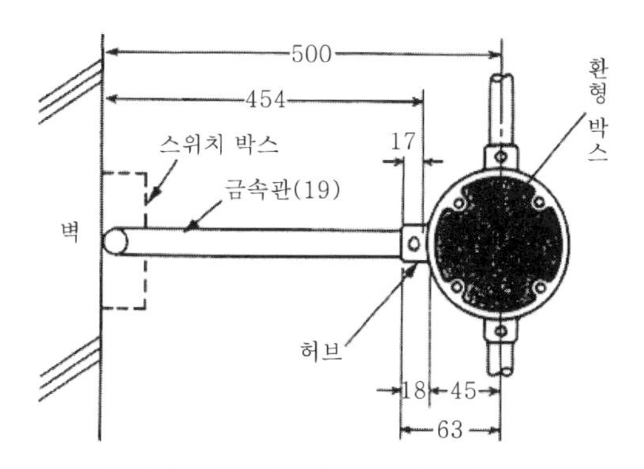

[그림 3(b)] 그림 3(a)의 부분 상세 평면도

계산상으로는 그림 3(b)에서 500-(18+45)+17=454[mm]

⑥ 90° 벤딩을 한다(상세한 설명은 32~39page 참조).

- 표 1에서 벤딩 시작점을 산출한다.
  454-119=335[mm](그림 3(d))
- 관의 선단에서 335[mm]인 곳에 표시한다.
- 벤더의 A점과 관의 표시를 맞춘다(그림 3(c)).
- S자로 구부린 방향과 90° 굽힌 방향을 맞춘다.
- 벤더의 B점까지 한번에 구부린다(그림 3(c)).

⑦ 스위치 박스의 허브 내에서 천장까지의 치수를 측정한다.

- 실측한 치수에 S자분의 치수 약 2mm를 가한다.

⑧ 관을 절단한다.

- 절단면은 직각으로 절단하며 모떼기를 한다.

⑨ S자 벤딩을 한다.

- 스위치 박스 S자의 높이분을
- 90°로 구부린 부분과 S자 벤딩이 비틀리지 않도록 한다.

⑩ 박스에 관을 접속하여 점검한다.

- 허브 속에 관이 올바른 치수로 삽입되어 있는가?
- 관은 벽면에 밀착되어 있는가?
- 관이 비틀리거나 움푹 들어가지는 않았는가?

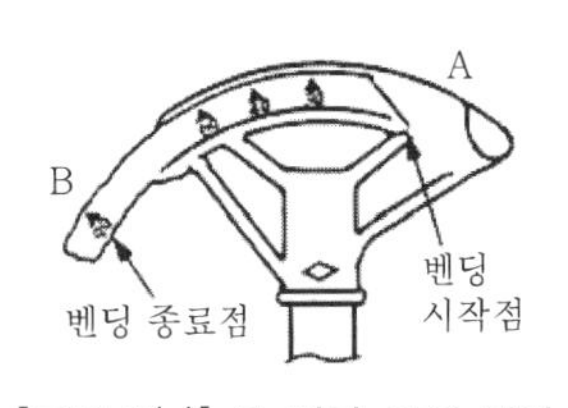

[그림 3(c)] 롤 벤더 두부 외관

[표 1] 90° 벤딩의 수치표

파이프 사이즈	A	r
19	119	100
25	170	145

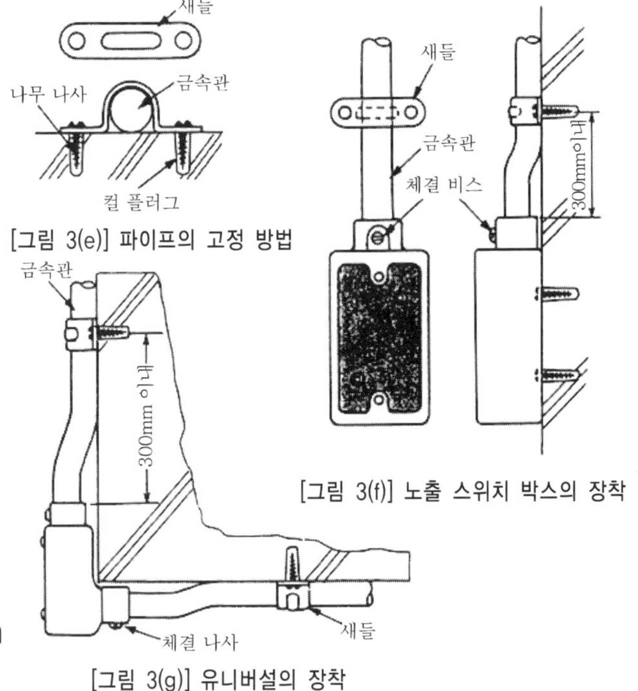

[그림 3(e)] 파이프의 고정 방법

[그림 3(f)] 노출 스위치 박스의 장착

[그림 3(g)] 유니버설의 장착

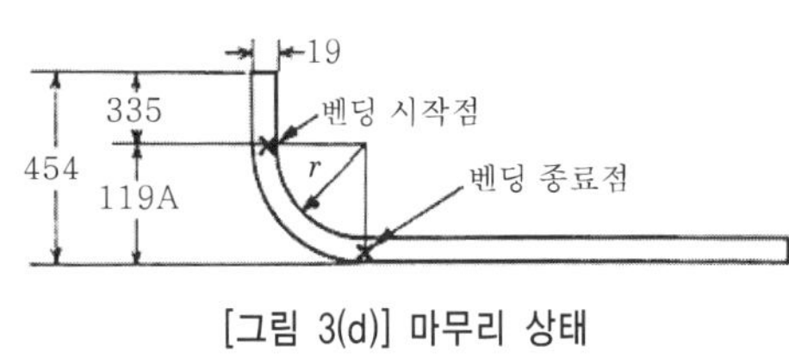

[그림 3(d)] 마무리 상태

⑪ 박스를 본격적으로 체결한다.

⑫ 배관을 지지한다.
- 지지 간격은 직선부에서 2m 이하로 하고 배관 상태에 따라 간격을 짧게 한다.
- 박스 둘레, 유니버설 장착 장소에서는 300mm 이내에서 고정시킨다(그림 3(f), (g)).
- 벤딩 가공 부근, 커플링 부분 등의 상황에 따라 착실하게 고정시킨다.

⑬ 접지 작업을 한다.
- 접지선은 1.6mm 이상의 전선을 사용한다.
- 커넥터의 접지선 접속부에 삽입하여 나사를 체결한다.

5. 박스류의 종류와 용도

(1) 환형 노출 박스(KS C 8413)

환형 박스는 기구의 장착, 배관의 교차 또는 정크션 박스로서 사용한다.

박스에는 1방출, 2방출, 3방출, 4방출의 4종류가 있으며 2방출에는 직선형과 직각형이 있다. 또한 허브는 모두 동일 사이즈의 전선관이 들어가도록 되어 있다(그림 4(a)).

(2) 노출 스위치 박스(KS C 8413)

스위치 박스는 배선 기구의 수에 따라 1개용, 2개용, 3개용이 있고 모두 1방출, 2방

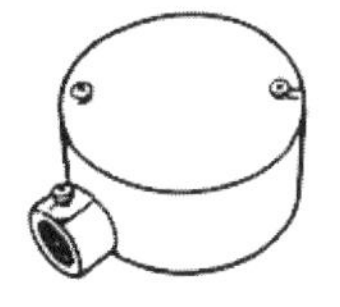
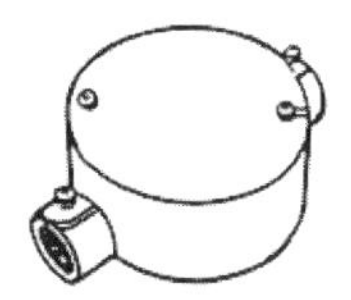
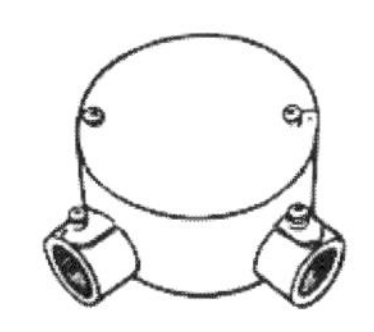
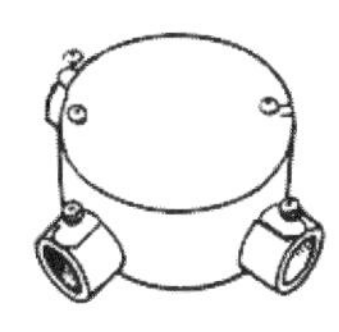
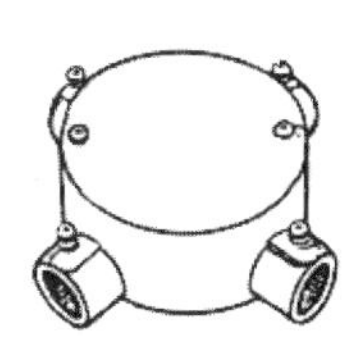

[그림 4(a)] 나사리스식 환형 박스

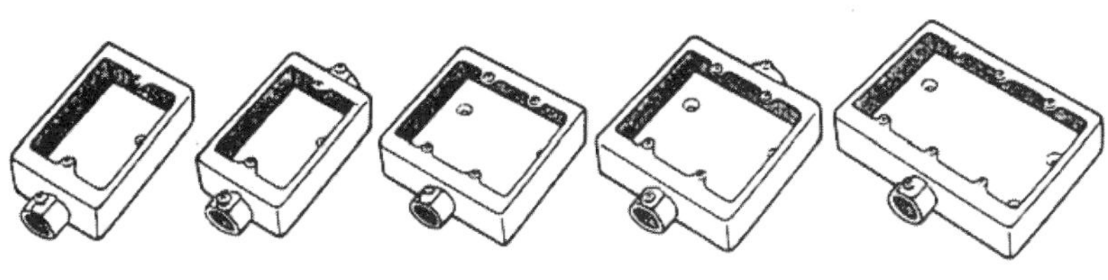

[그림 4(b)] 나사리스식 스위치 박스

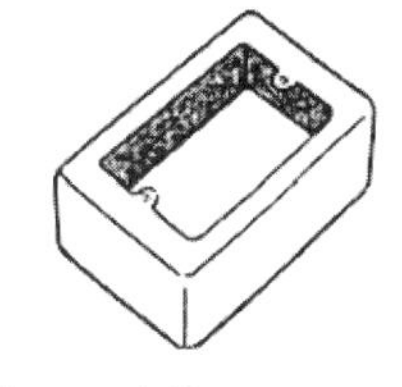

[그림 4(c)] 화이트 박스

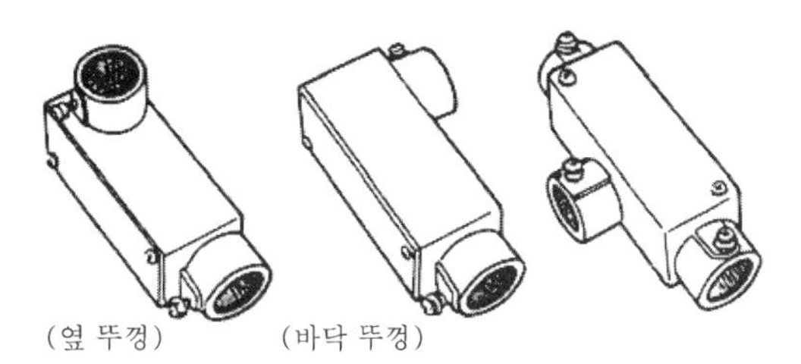

[그림 d] 나사리스식 유니버설 엘보

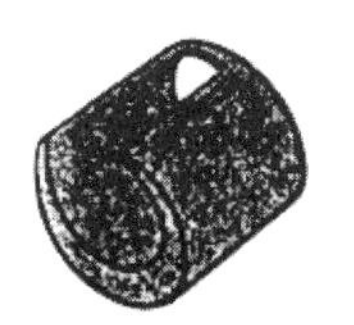

[그림 e] 지름이 다른 니플

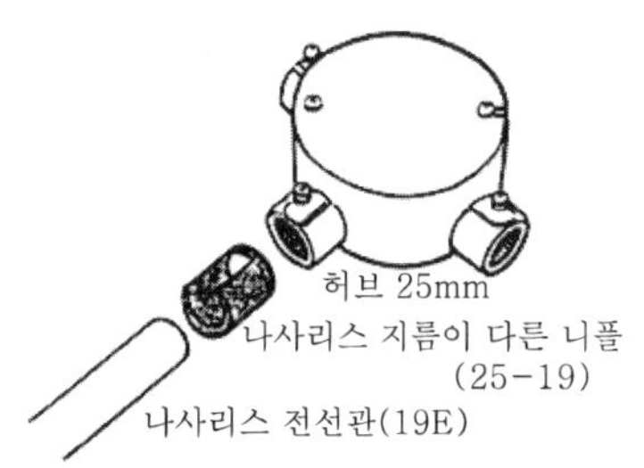

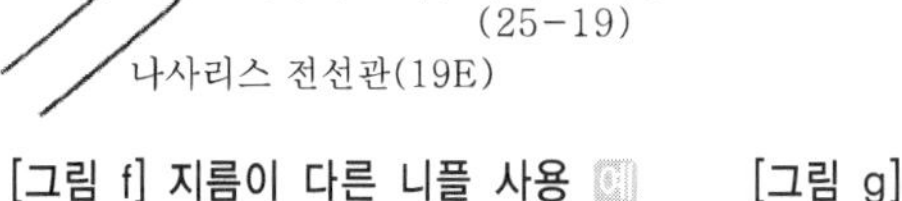

[그림 f] 지름이 다른 니플 사용 예

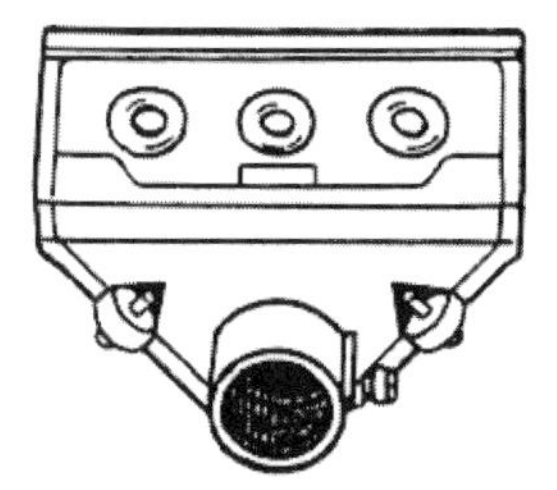

[그림 g] 나사리스식 엔트런스 캡

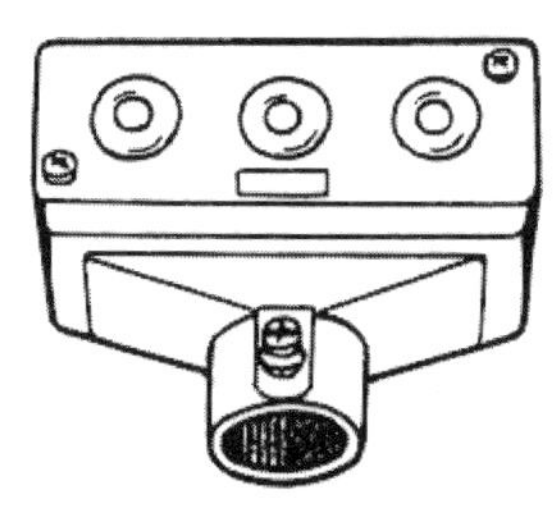

[그림 h] 나사리스식 터미널 캡

출이 있으며 바닥에는 장착용 비스 구멍이 있다(그림 4(b)). 또한 화이트 박스라고 하는 철판제도 있다(그림 4(c)).

(3) 유니버설 엘보(KS C 8413)

유니버설 엘보는 전선관의 직각 벤딩 부분에 사용된다. 뚜껑이 있는 위치에 따라 옆 뚜껑, 바닥 뚜껑의 2종류가 있으며 통선 작업에 편리한 것을 선택한다. 이밖에 T자로 분기 배관하는 경우의 T형도 있다(그림 4(d)).

(4) 나사리스 지름이 다른 니플

지름이 다른 니플은 하나의 박스에서 다른 지름의 전선관을 분기하는 경우에 사용하는 어댑터이다(그림 4(e), (f)).

(5) 엔트런스 캡, 터미널 캡(KS C 8413)

엔트런스 캡, 터미널 캡은 금속관 공사의 수직 배관 상부 관단에 장착하여 전선의 인출에 사용한다.

전선의 인출 방향이 전선 방향과 60° 이내의 하향이므로 빗물의 칩입을 방지할 수 있다. 옥외에서의 인입에 주로 사용된다(그림 4(g), (h)).

합성수지관 공사

해석 제177조(1) 경질 비닐관 공사

해석에서는 합성수지제 전선관(경질 비닐관)을 사용한 공사, 합성수지제 가요관을 사용한 공사, 그리고 CD관을 사용한 공사를 종합하여 합성수지관 공사로 규정하고 있다. 어떤 공법에서도 저압 옥내 배선은 중량물의 압력 또는 현저한 기계적 충격을 받지 않는 장소에 시공 및 시설을 해야 된다. 사용 전선은 절연전선(옥외용 비닐 절연전선은 제외)으로 연선일 것, 단, 지름 3.2mm(알루미늄선에서는 4mm) 이하의 단선을 사용할 수 있다.

1. 경질 비닐관의 종류와 용도

경질비닐 전선관에는 경질염화비닐 전선관과 내충격성 경질염화비닐 전선관(HI : 하이임팩트)의 2종류가 있으며 높은 장소에서 콘크리트 타설 등을 할 경우에는 내충격에 강한 전선관을 사용해야 된다. 관의 치수를 표 1, 2에 나타낸다.

[표 1] 일반 염화 비닐 전선관(KS C 8431)

호 칭	바 깥 지 름	두 께	대응하는 금속관의 호칭		참고 중량 (g/m)
			후 강	박 강	
VE 14	18.0	2.0	-	15	144
VE 16	22.0	2.0	16	19	180
VE 22	26.0	2.0	22	25	216
VE 28	34.0	3.0	28	31	418
VE 36	42.0	3.5	36	39	605
VE 42	48.0	4.0	42	-	700
VE 54	60.0	4.5	54	51	1,122
VE 70	76.0	4.5	70	63	1,445
VE 82	89.0	5.9	82	75	2,202

[표 2] HI전선관(KS C 8431)

호 칭	바 깥 지 름	두 께	중량(g/m)
HI 14	18.0	2.0	141
HI 16	22.0	2.0	176
HI 22	26.0	2.0	211
HI 28	34.0	3.0	409
HI 36	42.0	3.5	593
HI 42	48.0	4.0	685
HI 54	60.0	4.5	986
HI 70	76.0	4.5	1,416
HI 82	89.0	5.8	2,2021

2. 부속품

부속품은 전기용품 단속법의 적용을 받는 경질 비닐관용을 사용해야 된다. 부속품의 종류를 그림 1에 나타낸다.

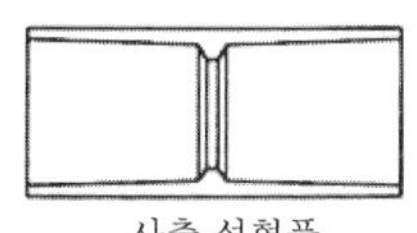
사출 성형품

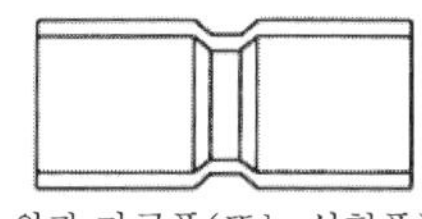
원관 가공품(또는 성형품)

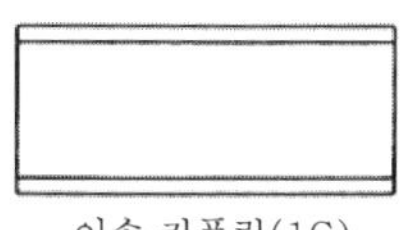
이송 커플링(1C)

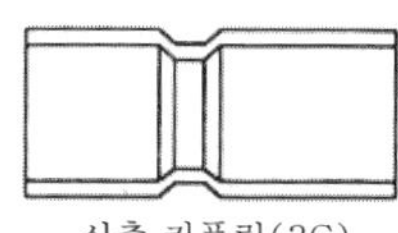
신축 커플링(3C)

(a) 커플링

[그림 1] 부속품의 종류

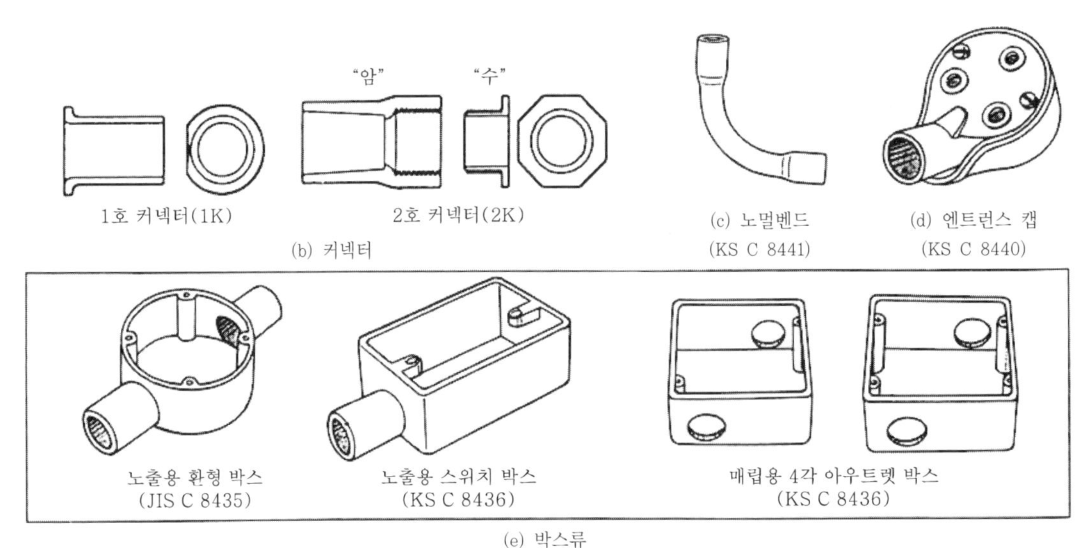

[그림 1] 부속품의 종류

3. 관의 절단

• 금속 톱을 사용하는 경우 작업 순서

(1) 관에 표시를 한다.

연필 또는 사인펜으로 절단 장소에 표시를 한다.

(2) 관의 절단

① 몸을 엉거주춤한 자세로 해서 무릎을 세운 뒤 관의 긴 쪽을 좌측으로, 짧은 쪽을 우측으로 하여 관을 무릎 위에 놓고 왼손으로 꽉 잡는다(그림 2).

② 오른손으로 톱을 잡고 절단 장소에 왼손 엄지 끝을 대어 톱질의 가이드로 한다.

③ 톱날은 관에 직각으로 댄다. 톱을 작게 전후로 움직여 절단홈을 만들고 절단하기 시작한다.

④ 톱은 처음에 끝을 내리고 점차 수평으로 하며 마지막 무렵에는 톱을 조용히 움직여 관이 갑자기 부러지는 일이 없도록 절단한다.

(3) 절단면을 정비한다.

절단면을 줄로 관 축에 직각이 되도록 가지런히 한다.

(4) 모떼기

① 관단의 내각을 절단한다 : 관내에 모떼기기의 볼록(凸)부를 넣고(사진 1) 모떼기기의 축과 관축을 1직선으로 하여 누르면서 우측 방향으로 돌려 관두께의 약 1/3을 절삭한다.

② 관단의 외각을 절삭한다 : 관단에 모떼기기의 오목(凹)부를 씌워 모떼기기의 축과 관축을 1직선으로 하여 누르면서 우측 방향으로 돌려 관 두께 약 1/3을 절삭한다. 모떼기기는 가볍게 돌리면서 이탈시킨다.

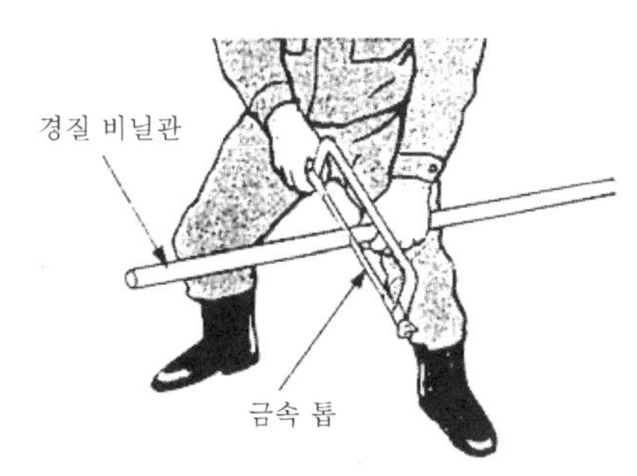

[그림 2] 금속 톱을 사용한 관의 절단

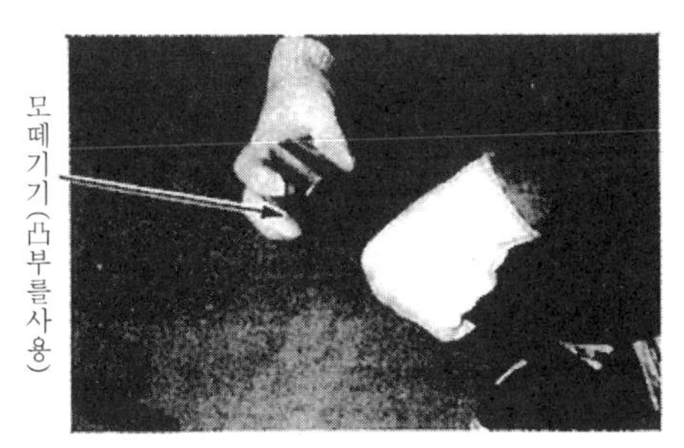

[사진 1] 모떼기를 사용한 관단 처리(모떼기)

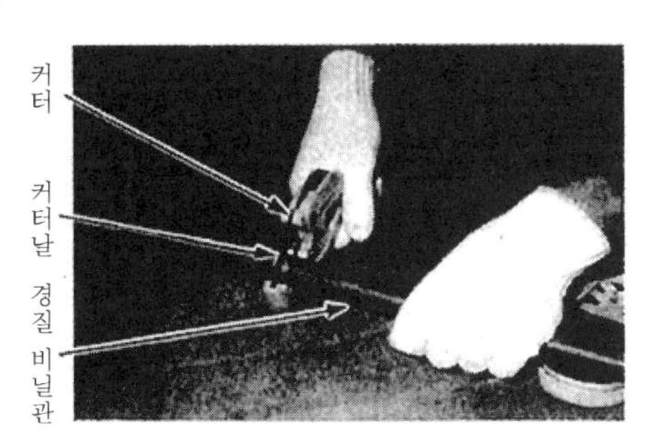

[사진 2] 경질 비닐관용 커터를 사용한 관의 절단

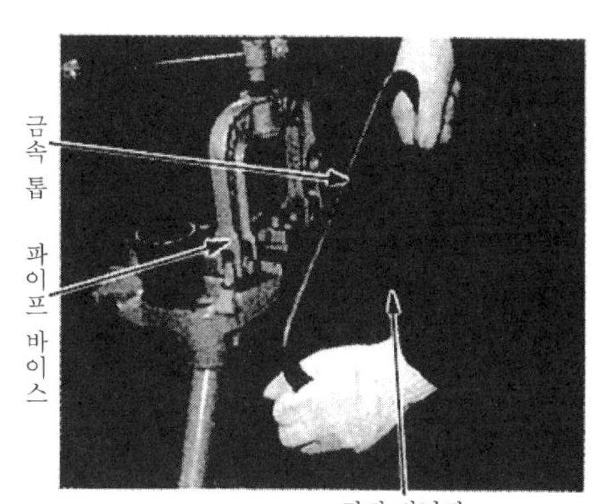

[사진 3] 파이프 바이스를 사용한 관의 절단

(5) 닦는다.

웨이스트로 관의 내외면 절삭분 등을 닦는다.

(6) 점 검

① 직각으로 절단되어 있는가? ② 관단이 매끈한가? ③ 관에 흠은 없는가? ④ 내외각의 모떼기는 평균화되어 있는가? ⑤ 절삭분이나 진애는 남아 있지 않는가 등을 점검한다.

• 경질 비닐관용 커터를 사용하는 경우 작업 순서

연필 또는 사인펜으로 절단 장소에 표시를 하고 커터의 선단을 열고 커터날을 표시에 맞추어 핸들을 잡고 절단한다. 다음은 앞의 (3)~(6)까지와 같다(사진 2). 또한 파이프 바이스를 사용하여 절단하는 경우도 있다(사진 3).

4. 접 속

(1) 관 상호의 접속

• 커플링(IC)을 사용하는 경우 작업 순서

① 관단을 처리하여 초크 등으로 접속하는 양측 관 끝에 커플링의 1/2 길이를 표시한다.
② 커플링의 내면과 접속하는 양단 외면의 표시부분까지 빨리 전면에 빈틈없이 접착제(지건성 : 遲乾性)를 도포한다.

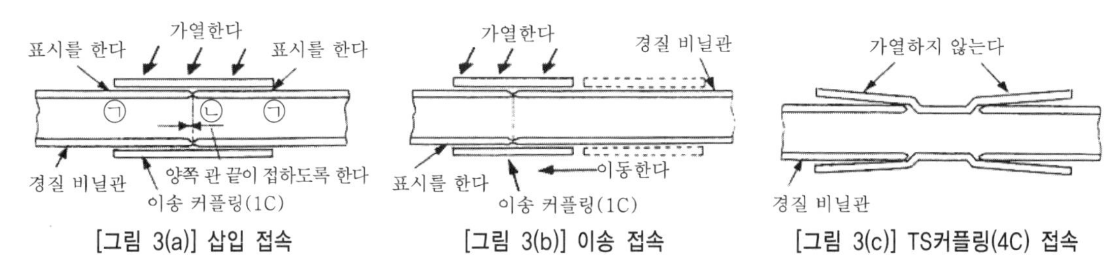

[그림 3(a)] 삽입 접속 [그림 3(b)] 이송 접속 [그림 3(c)] TS커플링(4C) 접속

③ 커플링에 한쪽 관을 표시부분까지 삽입한다(그림 3(a) ㉠).
④ 다른 쪽 관을 커플링 속에서 앞의 관에 닿을 때까지 삽입한다.
⑤ 토치 램프로 커플링의 외면에서 전주를 빈틈 없이 빨리 가열한다.
⑥ 젖은 웨이스트 등으로 냉각한다.
⑦ 이송 커플링으로 사용할 때에는 커플링을 편차시켜 놓고 접착제를 도포한 후에 정상 위치로 되돌려 가열 수축시킨다(그림 3(b)).

• TS 커플링(4C)을 사용하는 경우 작업 순서

관단 처리를 하고 접착제를 도포하여 중앙의 스토퍼에 닿을 때까지 관을 삽입한다(그림 3(c)).
(주) 접착제를 너무 많이 도포하면 접착제의 막이 생겨 통선이 용이하지 않게 된다.

(2) 수지제 박스의 드릴링

• 녹아웃이 없는 경우 작업 순서

① 배관의 방향과 관의 굵기를 확인한다.
② 박스 바닥부의 외면에서 구멍의 아래까지 약 8mm 이상 떨어진 곳을 드릴링 위치로 한다(그림 4(a)).
③ 같은 면에 2개 이상의 관이 들어 갈 때에는 밸런스를 고려하여 구멍과 구멍 사이를 약 10mm 이상 이격시킨다(그림 4(b)).
④ 구멍의 중심에 세 줄 홈 드릴로 센터링한다.

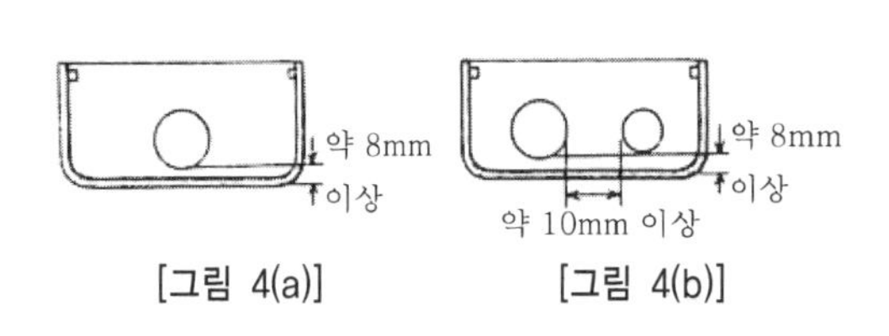

[그림 4(a)] [그림 4(b)]

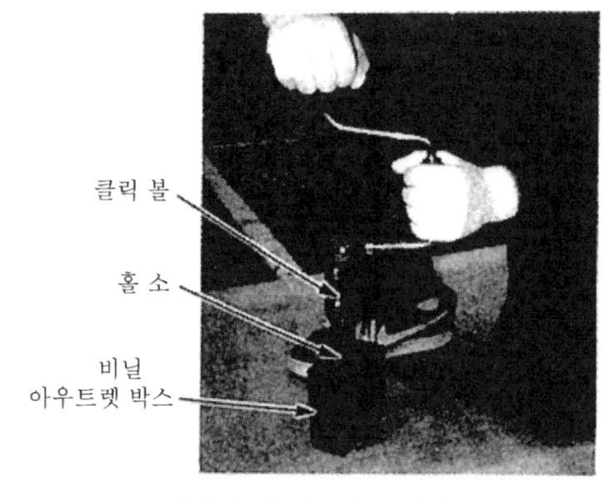

[사진 4] 박스의 드릴링

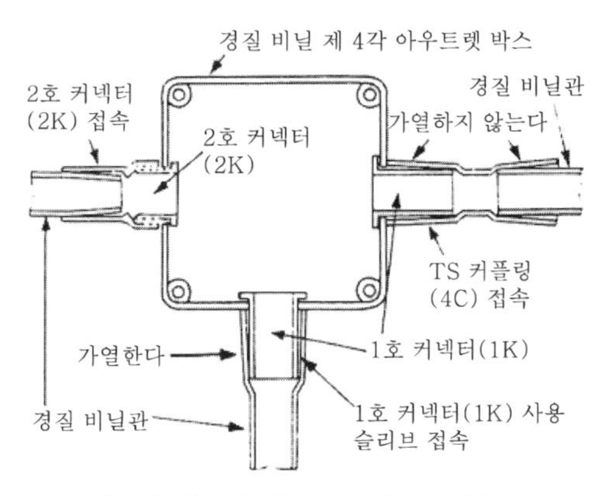

[그림 5] 4각 아우트렛 박스의 접속

⑤ 관에 맞는 홀소를 클릭 볼에 장착한다.

⑥ 구멍의 중심에 홀소의 드릴 끝을 맞추고 왼손으로 가볍게 누르면서 오른손으로 핸들을 잡고 조용히 돌려 박스를 발로 누르면서 구멍을 뚫는다(사진 4).

⑦ 줄로 구멍의 버를 제거하여 완성시킨다.

(3) 관과 박스(커넥터)의 접속(그림 5)

• 1호 커넥터 사용의 경우 작업 순서

박스의 내측에서 구멍에 커넥터를 삽입하여 외측으로 나오게 한다. "칼라"의 절취 부분을 박스의 바닥면을 향하게 한다(그림 1(b)). 또한 커넥터에 관을 삽입할 때에는 관을 토치 램프 등으로 가열하여 커넥터의 크기에 맞추어 닿을 때까지 삽입한다.

• 2호 커넥터 사용의 경우 작업 순서

박스의 내측에서 구멍에 "수" 나사를 삽입하여 외측으로 나오게 하고 "암" 나사를 견고하게 체결한다.

5. 관의 벤딩

(1) 직각 벤딩(90°)

① 직각 벤딩의 길이(치수) : 직각 벤딩은 관 안지름의 6배 이상으로 한다.

벤딩 반지름 : $r \geqq d \times 6 + D/2$

벤딩 길이 : $L \geqq r \times 1.57$이 기본이다(표 3, 그림 6(a)).

② 관에 벤딩 길이를 표시한다 : 초크 등으로 벤딩 시작과 벤딩 종료 장소에 표시를 한다(그림 6(a)).

③ 관을 가열한다 : 오른손으로 토치 램프를, 왼손으로 관을 잡고 관을 돌리면서 빨리, 표시보다 약간 길게 관의 둘레 전면을 평균하여 가열한다. 관에 "광택"이 나고 손가락으로 눌렀을 때에 가볍게 움푹 들어가는 정도까지 가열한다.

(주) 버너를 직접 관에 대고 타지 않도록 주의한다(그림 6(b)).

[표 3]

파이프 사이즈	벤딩 반지름 r(mm)	벤딩 길이 L(mm)
16	120	190
22	150	230
28	190	300

바깥 지름 D
안 지름 d
벤딩 시작점
L
벤딩 종료점

[그림 6(a)]

④ 관을 벤딩한다 : 가열한 관을 거푸집에 넣고 왼손으로 관을 누른 뒤 오른손으로 관을 문질러 형을 정비(성형)한다. 또한 마른 걸레를 사용하여 관을 문질러 형을 정비

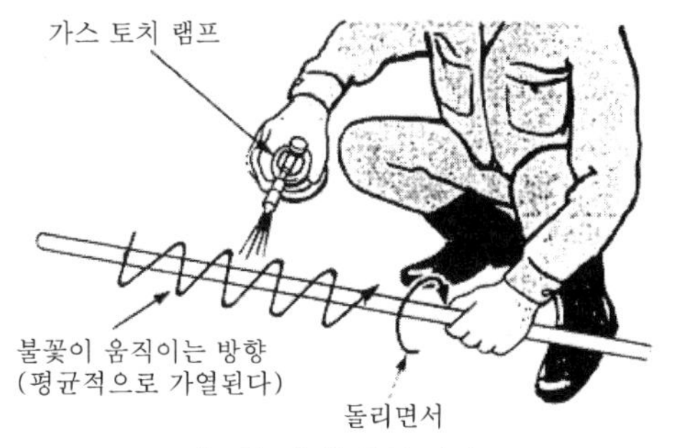

[그림 6(b)] 관의 가열

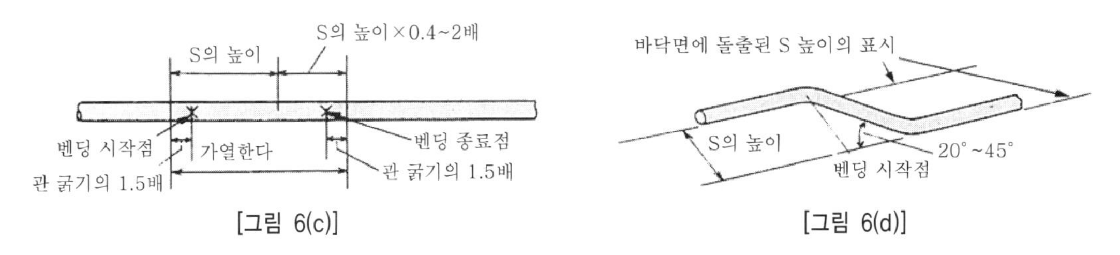

[그림 6(c)] [그림 6(d)]

한다(관이 찌부러지지 않도록 주의한다). 거푸집이 있으면 벤딩이 용이하다. 거푸집이 없는 경우에는 합판 등에 치수를 기입하여 벤딩한다.

⑤ 관을 냉각한다 : 젖은 웨이스트 등으로 성형한 형이 손상되지 않도록 냉각한다. 또한 표시, 물기 등을 닦고 관에 비틀림이나 탄 흔적, 요철이 없는지 점검한다.

(2) S 벤딩

① 관에 표시를 한다 : 합판 등에 구부리는 치수, S자형을 기입해서 관에다 벤딩에 필요한 표시를 한다(그림 6(c)).

② 가열한다 : 직각 벤딩과 마찬가지로 가열한다.

③ 관을 벤딩한다 : 합판의 치수에 맞추어 왼손과 오른발로 관을 누르고 원치수에 맞는 형이 되도록 오른손으로 관을 문지르면서 벤딩형을 정비한다(그림 6(d)).

6. 노출 배관 지지와 시공상의 주의

① 관의 지지점 사이 거리는 1,500mm 이하로 하고 관 상호, 관과 박스의 접속점 및 관끝은 각각 가까운 장소(300mm 이내)에서 지지할 수 있도록 한다(그림 7).

② 가는 전선관의 지지점 사이는 800~1,200mm 정도가 요구된다(일본 건설성 시방의 경우 파이프 사이즈(22) 이하는 1,000mm 이하로 한다).

③ 옥외 등 한난의 차가 큰 장소에 노출 배관을 하는 경우에는 12~20m마다 1개소, 신축 커플링(3C)을 사용한다.

(주) 신축측은 접착제를 사용하지 않는다(그림 7).

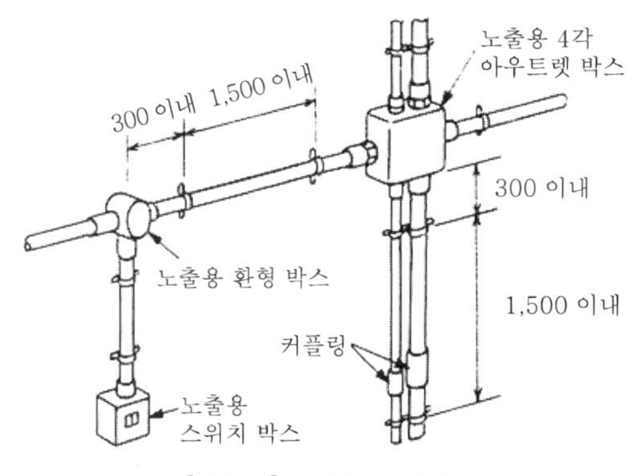

[그림 7] 배관지지 방법

합성수지관 공사

해석 제177조(2)
합성수지제 가요 전선관 공사

합성수지제 가요 전선관(이하 PF · CD관이라 한다)이 새로운 배관 재료로서 등장한 이래로 시공의 합리화, 생력화에 크게 유효하여 급속히 보급되었을 뿐만 아니라 현장에서의 노동력 부족 등으로 인해 관공서, 민간 공사를 불문하고 현재는 금속관보다 많이 사용되고 있다.

특히 이종관과의 접속, 금속 박스의 사용 등 시공 범위가 확대되어 보다 시공이 용이하게 되었다.

1. PF · CD관의 특성, 특징

PF · CD관은 종전의 전선관(금속관, 경질 비닐관)에는 없었던 특성, 특징이 있으므로 배관 공사는 작업 시간의 단축, 작업성의 향상, 안전성의 향상에 효과가 있다(그림 1(a), (b)).

(1) 장 점

① 가요성이 우수하므로 벤딩 작업에 특별한 공구가 필요없고 배관 작업이 용이하다.
② 절단이 용이하고, 또한 나사 절삭 작업이 필요없다.
③ 장척이기 때문에 접속 장소가 적다.
④ 속권(束卷) 형상으로 가볍고 운반이나 이동이 용이하며 거치장 스페이스도 확보하기 쉽다.
⑤ 내식성, 내구성이 우수하다.
⑥ 비자성체이므로 전자적 불평형의 우려가 없다.
⑦ 관의 내측이 파형으로 되어 있으므로 마찰 계수가 작고 통선이 용이하다.
⑧ 비전도체이므로 본딩이 필요없다.
⑨ 작업 시에 소리가 나지 않으므로 공사중의 소음 억제에 효과가 있다.

(2) 단 점

① 간단히 벤딩되므로 벤딩 부분이 많아진다.
② 콘크리트 타설 시에 상승 파이프가 전도되기 쉽고 찌부러질 우려가 있다.
③ 철근에의 결속이 많아진다.

[그림 1(a)] PF 2중관의 외관

[그림 1(b)] CD 관의 외관

④ 온도 경화가 있으므로 계절에 따라 다소 배관의 난이도가 다르다.
⑤ 관의 내측이 파형이므로 물이 들어가면 제거하기 어렵다.
⑥ 박스, 기기 등 접지가 필요한 장소에는 접지선이 필요하다.
⑦ 합성수지제이기 때문에 열, 중압에 약하다.
⑧ 건축기준법의 불연 재료 및 난연재에 해당되지 않으므로 사용상 제한이 있다.

(3) 재 질

PF관에는 2중관과 1중관이 있으며 파형과 평활관이 있다. 2중관은 파형의 폴리에틸렌관의 외면을 난연성(자기 소화성)이 있는 염화 비닐로 덮은 것(그림 2(a))을 말하며, 1중관은 자기 소화성이 있는 폴리에틸렌을 사용한 것을 말한다(그림 2(b)).

CD관에는 파형의 폴리에틸렌관(그림 2(c))과 평활 폴리에틸렌관(그림 2(d))이 있다.

(4) 치 수

PF・CD관 각각의 치수를 표 1, 2에 들었다.

(5) 사용 범위

PF・CD관의 사용 범위를 표 3, 4에 들었다.

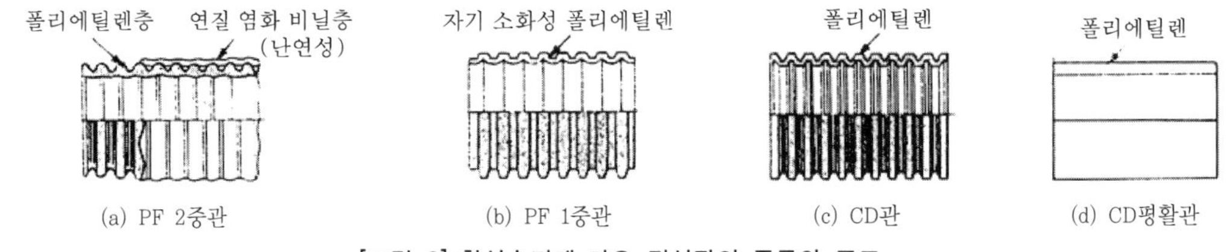

[그림 2] 합성수지제 가요 전선관의 종류와 구조

[표 1] PF 2중관의 규격표(古河電工)

품 번	안지름 [mm]	바깥지름 [mm]	길이/다발 [m]	다발의 크기(mm)			중량/다발 (kg)
				안지름	바깥지름	폭	
PF-14	14	21.5	50	약 420	약 570	약 195	약 9
PF-16	16	23	50	420	585	215	9
PF-22	22	30.5	50	420	635	265	15
PF-28	28	36.5	30	420	620	260	10

[표 2] CD관의 규격표(古河電工)

품번	안지름 [mm]	바깥지름 [mm]	길이/다발 [m]	다발의 크기(mm)			중량/다발 (kg)
				안지름	바깥지름	폭	
PFCD-14	14	19	50	약 420	약 555	약 180	약 4
PFCD-16	16	21	50	420	570	195	4
PFCD-22	22	27.5	50	420	620	245	6
PFCD-28	27	34	30	420	600	240	5
PFCD-36	35	42	30	420	625	250	6

[표 3] 보통의 수요 장소에서의 사용 범위

시공 장소	합성수지관 배선(절연전선)		케이블 배선	
	PF관	CD관	PF관	CD관
콘크리트 매설	○	○	○	○
은폐, 노출	○	×	○	△
옥 측	○	×	○	△
옥외(지중 매설은 제외)	○	×	○	△
지중 매설(「옥외 배선」에 해당하는 것)	×	×	○	×
지중 매설(「지중 전선로」에 해당하는 것)	×	×	×	×

○표는 사용 가능, ×표는 사용 불가능, △표는 자기 소화성 PF관의 사용이 요망된다.

(주) 1. 합성수지관 배선은 중량물의 압력 또는 현저한 기계적 충격을 받는 장소에는 설치하지 말아야 한다. 단, 적당한 방호조치를 하는 경우에는 해당되지 않는다.

2. 콘크리트 내에의 매설은 중량물의 압력 또는 현저한 기계적 충격을 받을 우려가 있는 장소로 간주하지 않는다.

3. 소세력·약전류 회로의 경우에는 케이블 배선 란을 적용한다.

[표 4] 특수한 수요 장소에서의 사용 범위

시공 장소		합성수지관배선(절연전선)		케이블 배선	
		PF관	CD관	PF관	CD관
-	메탈 리스, 와이어 리스, 금속 사용 목조 조영물에서의 시설	○	×	○	○
가연성 가스, 분진이 있는 장소(300V를 초과하는 관등회로는제외)	① 가스 증기 위험 장소	×	×	×	×
	② 폭연성 분진이 있는 장소(마그네슘, 화학류의 분진)	×	×	×	×
	③ 가연성 분진이 있는 장소(소맥분·전분의 분진)	×	×	×	×
	④ 이연성 섬유가 있는 장소(면, 마, 실크, 이연성 섬유)	×	×	×	×
	불연성 진애가 많은 장소	×	×	×	×
위험물 등이 있는 장소	셀룰로이드, 성냥, 석유류를 제조 또는 저장하는 장소	×	×	×	×
	화약고 내(화약류 단속법에 정한 것)	×	×	×	×
-	부식성 가스 또는 용액이 발산하는 장소(산류, 알칼리류, 염소산 칼리, 표백분, 염료 또는 인조 비료 공장, 축전지실)	×	×	×	×
터널 내 배선(저압에 한한다)	사람이 상시 통행하는 터널	○	□	○	□
-	광산 기타의 갱도 내의 배선(①,②,③,④의 장소는 제외)	×	×	×	×

○표는 사용가능, ×표는 사용 불가능, □표는 콘크리트 매설의 경우에 한한다.

2. 시공상의 주의

① 관의 입구는 매끈하게 하여 전선 피복에 상처가 생기지 않도록 한다.

② 온도 변화에 의한 신축을 고려한다.

③ 콘크리트 내는 집중 배관으로 구조체의 강도를 감소시키지 않도록 주의한다.

④ 관의 굴곡은 안지름의 6배 이상으로 한다. 단, 부득이한 경우에는 관의 내단면이 현저하게 변형되지 않는 정도까지 작게 할 수 있다.

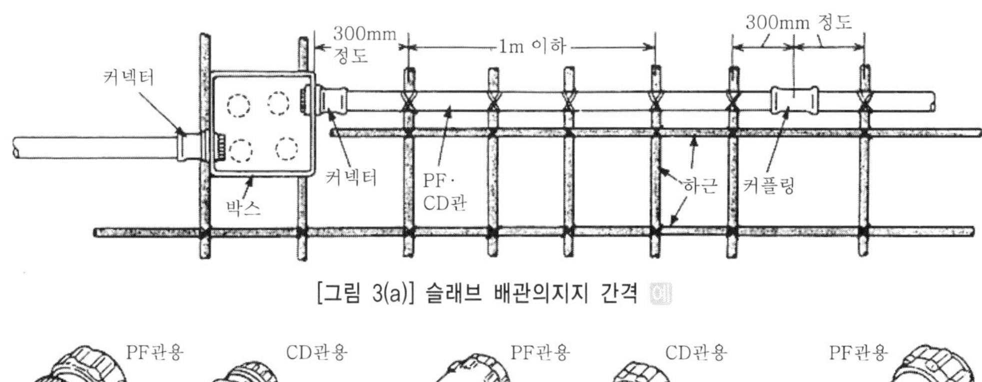

[그림 3(a)] 슬래브 배관의지지 간격 예

[그림 3(b)] 부속품

⑤ CD관은 콘크리트에 직접 매설하여 사용한다. 노출, 은폐 배관을 하는 경우에는 PF관을 사용한다(단, 케이블 공사의 보호관 또는 약전 회로에는 사용할 수 있다).
⑥ 관의 지지 간격은 1.5m 이하(콘크리트 매설의 경우에는 1m 이하)로 하며 관과 박스와의 접속, 관 상호의 접속점(양측)에서 각각 300mm 이내에 지지한다(그림 (3a)).
⑦ 관과 박스는 부속품을 사용하여 접속한다(그림 3(b)).
⑧ PF·CD관과 금속관, 경질 비닐관의 접속은 콤비네이션 커플링을 사용한다.
⑨ 습기가 많은 장소 또는 물기가 있는 장소에서의 접속은 방습 조치를 한다.
⑩ 사용 전압 300V 이하에서 금속제 박스를 사용할 때에는 박스에 D종 접지 공사를 한다. 단, 다음에 해당되는 장소는 생략할 수 있다.
  • 건조한 장소에 시설한 경우
  • 옥내 배선의 사용 전압이 직류 300V 이하 또는 교류 대지 전압 150V이하인 경우, 사람이 용이하게 접촉할 위험성이 없도록 시설한 경우에는 생략할 수 있다.
⑪ PF·CD관을 사용 전압 300V를 초과하는 경우 금속제 박스를 사용했을 때에는 박스에 C종 접지 공사를 한다. 단, 사람이 접촉할 위험성이 없도록 시설한 경우에는 D종 접지 공사로 한다.

3. 매설 배관(콘크리트 슬래브 배관)시 주의 사항

• **작업 순서(금속관 공사와 공통되는 순서는 생략한다)**

① PF·CD관은 속권이므로 그대로 연장시켜도 되는데 가요 전선관용 인출 릴(서플라이어)을 사용하면 작업성이 좋다.
② 절단은 PVC용 커터(그림 4(a))를 사용하거나 또는 전공 나이프로 관축과 직각으로 절단한다.

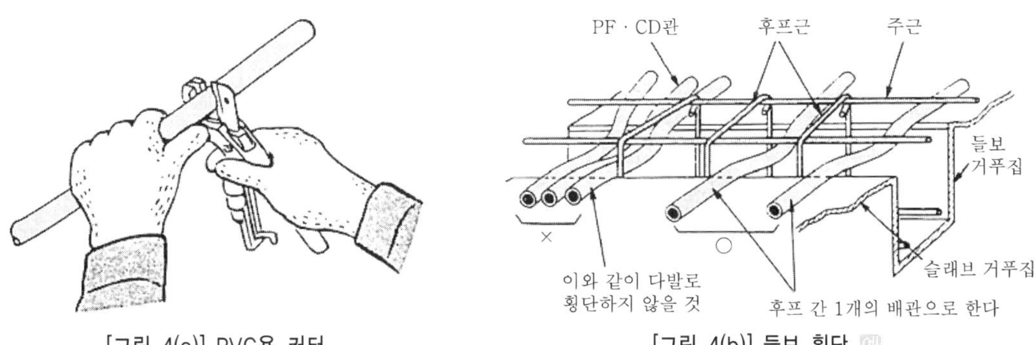

[그림 4(a)] PVC용 커터

[그림 4(b)] 들보 횡단 예

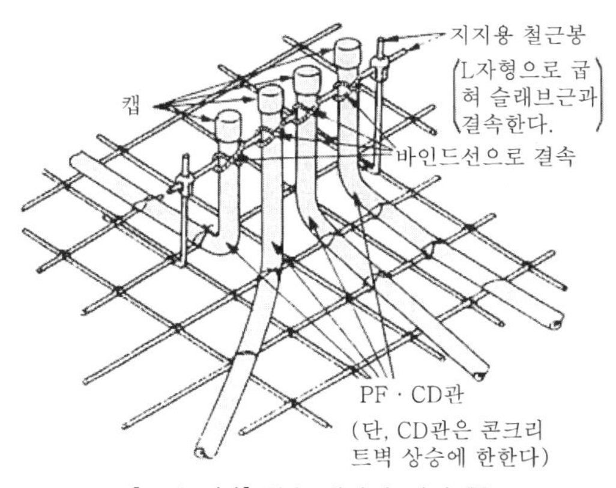

[그림 4(c)] 상승 배관의 지지 예

③ 들보 횡단부는 관을 묶어 부설하지 않는다. 또한 관과 거푸집이 밀착되지 않도록 관을 지지한다. 관이 철근으로 압착될 우려가 있으므로 주의한다(그림 4(b)).

④ 칸막이벽 등에의 관의 상승은 콘크리트 타설시에 전도되지 않도록 견고하게 지지한다(그림 4(c)).

4. 시공 예

(1) 매입 배관(콘크리트 매설벽) 시공 예

시공 순서는 금속관 공사에 준한다(그림 5).

(2) 은폐 배관(2중 천장 내 배관) 시공 예

시공 순서는 금속관 공사에 준한다(그림 6).

(3) 방화 구획의 관통

PF관이 방화 구획을 관통하는 경우에는 금속관 속을 통과하는 방법(그림 7(a))과 금속관과 접속하는 방법(그림 7(b))이 있다.

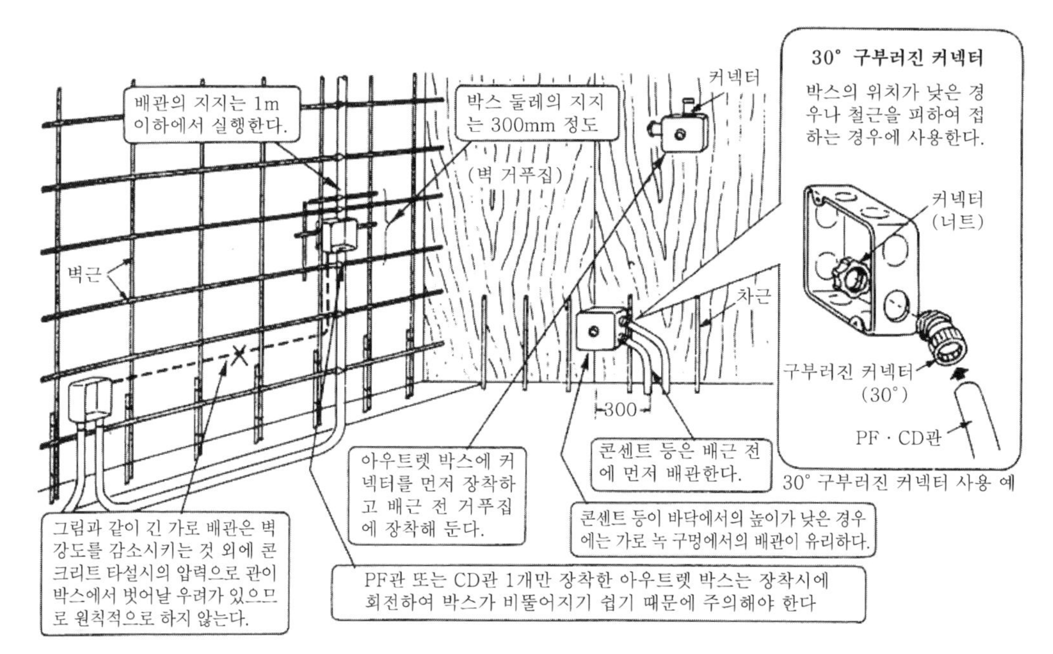

[그림 5] 매입 상황 예

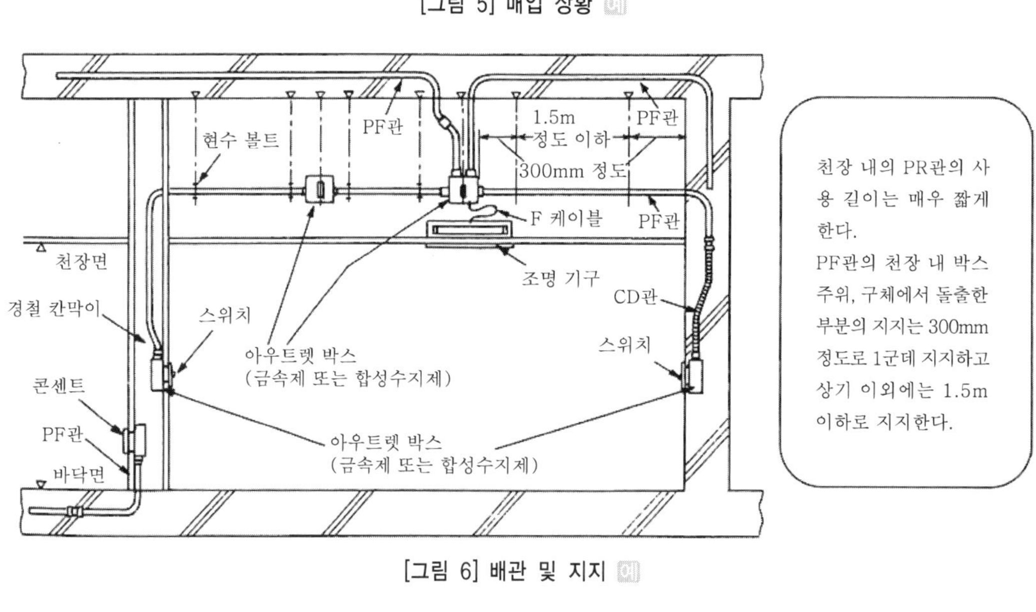

[그림 6] 배관 및 지지 예

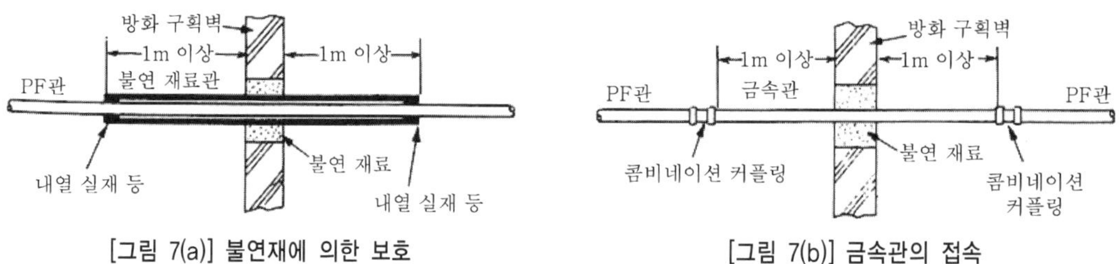

[그림 7(a)] 불연재에 의한 보호

[그림 7(b)] 금속관의 접속

금속제 가요성 전선관 공사 | 해석 제180조

금속제 가요성 전선관에는 1종 금속제 가요성 전선관과 2종 금속제 가요성 전선관이 있다. 2종 금속제 가요성 전선관은 1종 금속제 가요성 전선관에 비해 기계적 강도 및 내수 성능 등이 우수하므로 현재는 대부분의 현장에서 2종 금속제 가요성 전선관이 널리 사용되고 있다.

1. 2종 금속제 가요성 전선관

2종 금속제 가요성 전선관은 납으로 도금한 대강(band steel), 대강 파이퍼를 3중으로 겹친 가요 전선관으로 통칭 「플리커 튜브」라고 하는 표준형과 표준형의 외면에 비닐 피복을 입힌 통칭 「방수 플리커 튜브」의 2종류가 있다. 또한 방수형 플리커 튜브는 내후성이 우수한 염화 비닐(PVC)을 특수한 밀착 방식으로 해서 피복되어 있다.

(1) 공사의 특색

금속제 가요성 전선관은 관 그 자체가 자재성을 가지고 있으므로 굴곡 장소가 많은 경우나 전동기의 진동을 직접 배관에 전달하고 싶지 않은 부분에 사용한다. 또한 관의 나사 절삭이나 벤딩 작업이 없기 때문에 배관 작업이 매우 편리하다.

(2) 사용 전선

사용 전선은 절연전선을 사용하는 것과 연선을 사용하는 것이 정해져 있는데 지름 3.2mm(알루미늄선은 4.0mm) 이하의 단선 사용도 무방하다고 되어 있다.

(3) 사용 장소

2종 금속제 가요성 전선관은 저압 옥내 배선으로 사용하는 경우 모든 장소에 사용할 수 있으며 콘크리트 매설 배관에도 사용할 수 있다.

(4) 2종 금속제 가요성 전선관의 접지 공사

사용전압이 300V 이하인 경우에는 금속제 가요성 전선관과 사용되고 있는 부속품에

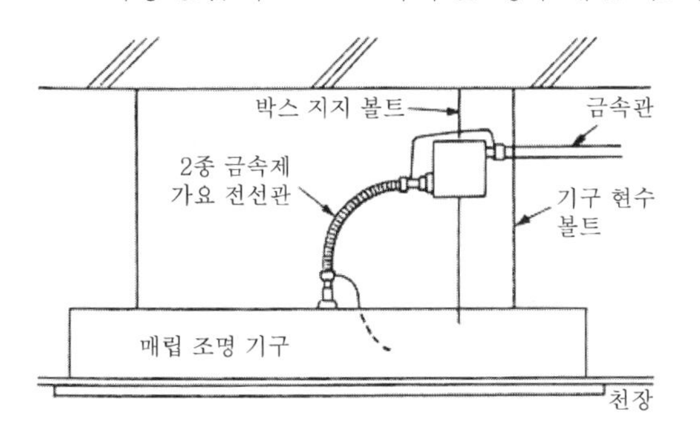

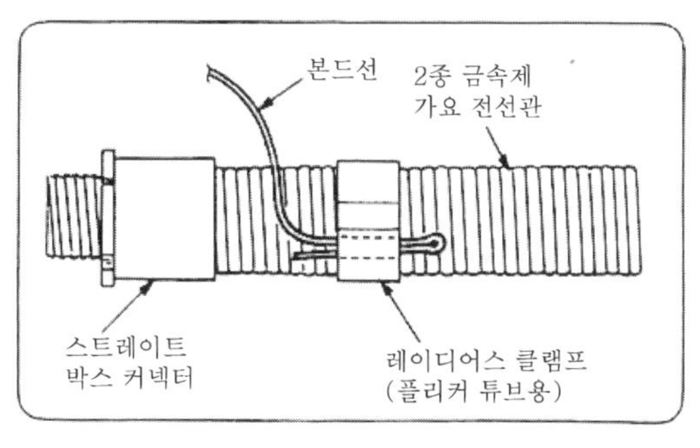

[그림 1] 2종 금속제 가요성 전선관의 접지 시공 예

는 D종 접지 공사를 해야 된다(단, 4m 미만인 경우에는 필요없다). 또한 300V를 초과하는 경우에는 C종 접지 공사를 해야 된다(그림 1). 단, 사람이 접촉할 위험성이 없도록 시설하는 경우에는 D종 접지 공사를 할 수 있다.

(5) 관의 절단 방법

플리커 튜브를 절단하기 위해서는 금속 톱 또는 플리커 튜브 전용의 절단 공구(플리커 나이프)를 사용한다(그림 2, 사진 1, 2).

(6) 관과 부속품과의 접속

• 표준형인 경우

① 절단한 관 단면의 내면을 甲丸형의 줄 등으로 돌기물을 제거한다.
② 플리커 튜브를 왼손으로 잡고 오른손으로 부속품(커넥터)을 플리커 튜브의 입구에 직각으로 댄다.
③ 커넥터를 플리커 튜브에 약간 강하게 누르면서 우측으로 회전시킨다.
④ 플리커 튜브의 선단이 닿을 때까지 삽입한다.

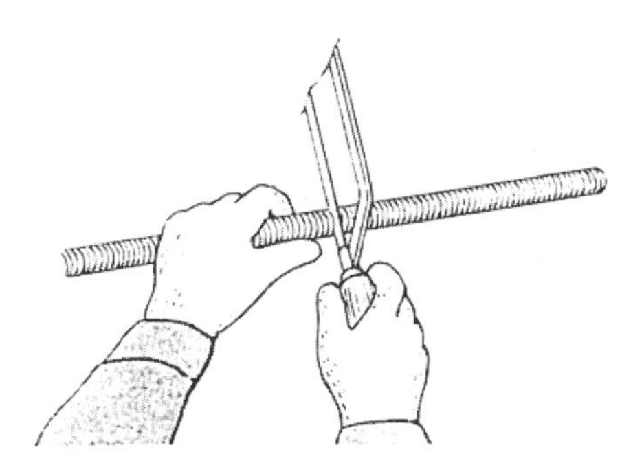

[그림 2] 금속 톱에 의한 절단

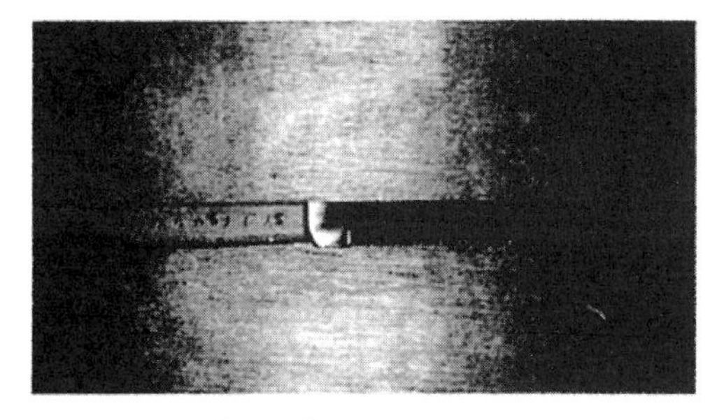

[사진 1] 플리커 나이프

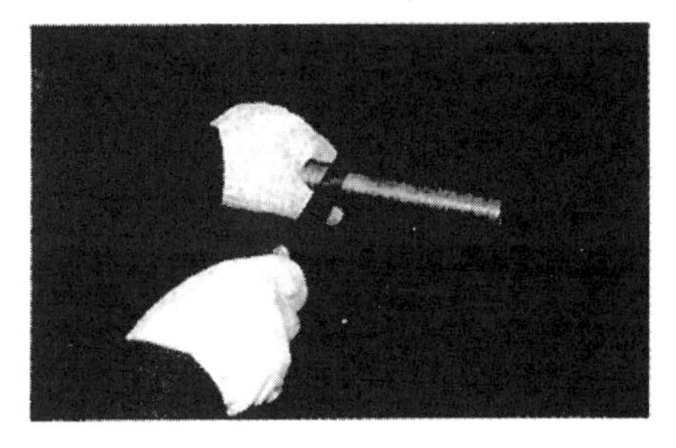

[사진 2] 플리커 나이프에 의한 절단

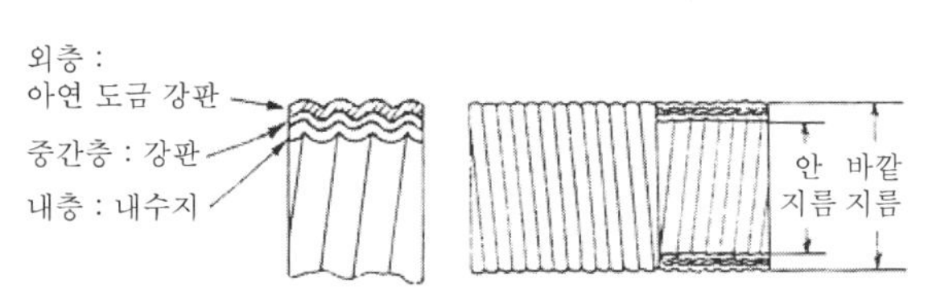

[그림 3(a)] 표준형 플리커 튜브의 구조

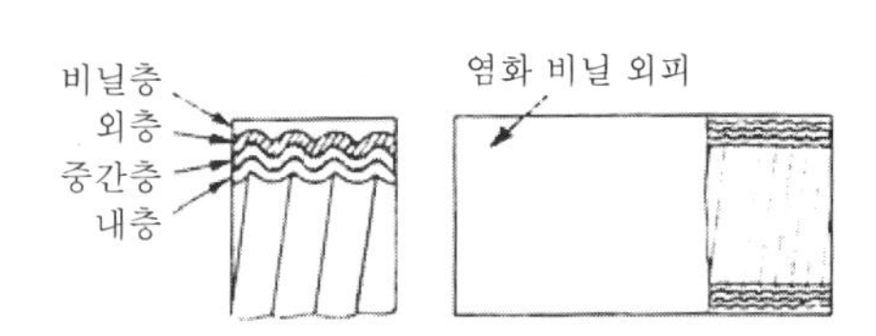

[그림 3(b)] 방수형 플리커 튜브의 구조

- **방수형인 경우**

① 절단 후 내면 처리가 된 관에 부속품(커넥터)을 관의 선단에 닿을 때까지 삽입한다.

② 체결 링을 플라이어 등으로 견고하게 체결한다.

(7) 2종 금속제 가요성 전선관과 부속품

- **전선관(그림 3(a), (b))**
- **부속품(그림 4(a)~(h))**

(8) 2종 금속제 가요성 전선관의 굵기 선정(표1~4)

(9) 2종 금속제 가요성 전선관의 지지점 사이

표 5에 의거하여 관을 고정시키는데 공사상 부득이한 경우에는 굴림 배관도 무방하다.

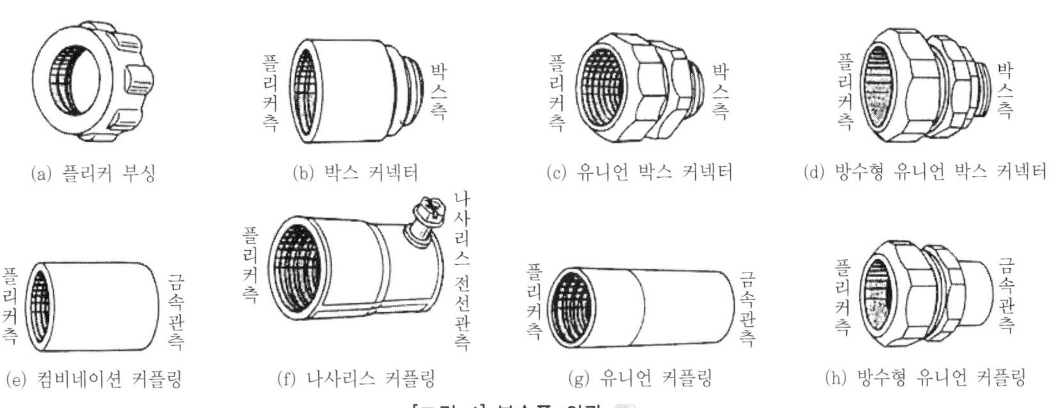

(a) 플리커 부싱 (b) 박스 커넥터 (c) 유니언 박스 커넥터 (d) 방수형 유니언 박스 커넥터

(e) 컴비네이션 커플링 (f) 나사리스 커플링 (g) 유니언 커플링 (h) 방수형 유니언 커플링

[그림 4] 부속품 외관 예

[표 1] 2종 금속제 가요성 전선관의 굵기 선정

전선 굵기		전선수									
단선 [mm]	연선 [mm²]	1	2	3	4	5	6	7	8	9	10
		2종 금속제 가요성 전선관의 최소 굵기[관의 호칭 방법]									
1.6		10	15	15	17	24	24	24	24	30	30
2.0		10	17	17	24	24	24	24	30	30	30
2.6	5.5	10	17	24	24	24	30	30	30	38	38
3.2	8	12	24	24	24	30	30	38	38	38	38
	14	15	24	24	30	38	30	38	50	50	50
	22	17	30	30	38	38	50	50	50	50	63
	38	24	38	38	50	50	63	63	63	63	76
	60	24	50	50	63	63	63	76	76	76	83
	100	30	50	63	63	76	76	83	101	101	101
	150	38	63	76	76	101	101	101			
	200	38	76	76	101	101	101				
	250	50	76	83	101						
	325	50	101	101							

(비고) 1. 전선 1개에 대한 숫자는 접지선 및 직류 회로의 전선에도 적용된다.
2. 이 표는 실험과 경험에 의거하여 결정된 것이다.

[표 2] 2종 금속제 가요성 전선관의 내단면적의 32% 및 48%

금속제 가요 전선관의 굵기(관의 호칭 방법)	내단면적의 32%[mm²]	내단면적의 48%[mm²]
10	21	31
12	32	48
15	49	74
17	69	103
24	142	213
30	215	328
38	345	518
50	605	908
63	984	1,476
76	1,450	2,176
83	1,648	2,472
101	2,522	3,783

[표 3] 관의 굴곡이 적고 용이하게 전선의 입선 및 교체를 할 수 있는 경우의 최대 전선 수

전선 굵기		2종 금속제 가요성 전선관(관의 호칭 방법)		
단선 (mm)	연선 (mm^2)	15	17	24
1.6		4	6	13
2.0		3	5	10
2.6	5.5	3	4	8
3.2	8	2	3	6

[표 4] 최대 전선 수
(10개를 초과하는 전선을 수납하는 경우)

전선 굵기		2종 금속제 가요성 전선관			
단선 (mm)	연선 (mm^2)	30	38	50	50
1.6		13	21	37	61
2.0			17	30	49
2.6	5.5		14	25	41
3.2	8			18	29

[표 5] 지지점 사이의 거리

시설 구분	지지점 사이의 거리(m)
조영재의 측면 또는 하면에서 수평 방향으로 시설하는 것	1 이하
사람이 접촉할 우려가 있는 것	1 이하
금속제 가요성 전선관 상호 및 금속제 가요성 전선관과 박스, 기구와의 접속 장소	접속 장소에서 0.3 이하
기타의 것	2 이하

(10) 시공 예(그림 5(a), (b))

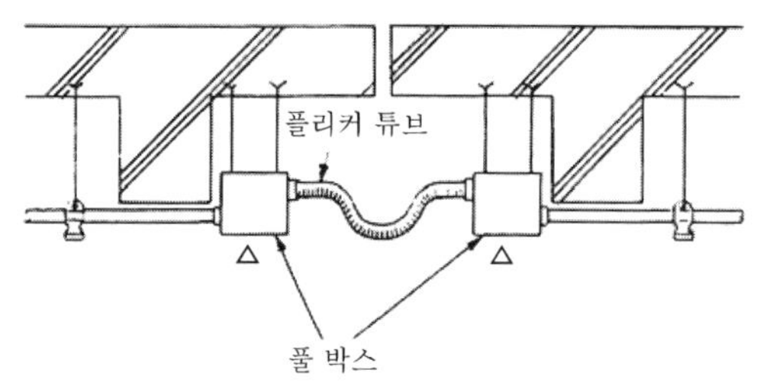

(a) 노출 배관끼리의 접속

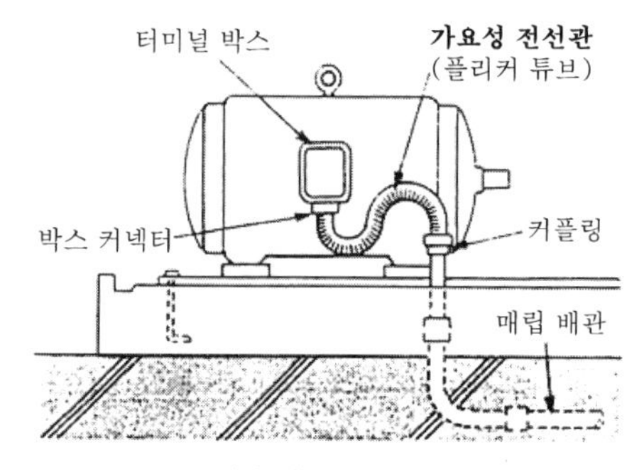

(b) 매립 배관에 의한 경우

[그림 5] 시공 예

2. 1종 금속제 가요성 전선관

철판대상(帶狀)을 나선상으로 감아 제작된 가요성이 있는 전선관으로서 통칭 가요성 관로(flexible conduit)라고 한다.

(1) 공사의 특색

1종 금속제 가요성 전선관은 현재 그다지 사용되지 않는다. 공작 기계나 건설 기계 등의 내부 배선 등에서 볼 수 있는 정도이다. 또한 사용 장소의 제한 등이 있어 일반적으로는 2종 금속제 가요성 전선관의 사용이 많다.

(2) 사용 전선과 시설 장소

사용 전선은 2종 금속제 가요성 전선관과 동일하다. 시설 장소는 건조한 전개 또는

점검할 수 있는 장소로 한정되며 사용 전압이 300V를 초과하는 경우에는 전동기에 접속하는 부분에서 가요성을 필요로 하는 부분에 한정된다.

(3) 접지 공사(그림 6)

(4) 1종 금속제 가요성 전선관의 접지 공사

금속관에 비하여 관 자체의 저항값이 크므로 접지선을 관의 전체 길이에 걸쳐 내부에 삽입한다. 또한 기타에 관한 것은 2종 금속제 가요성 전선관에 준한다.

(5) 작업상의 주의

1종 금속제 가요성 전선관을 사용하여 작업하는 경우 단면에 버가 생기기 쉽기 때문에 줄 등으로 매끈하게 한다. 또한 관과 커넥터는 체결 나사로 견고하게 장착한다.

(6) 1종 금속제 가요성 전선관과 부속품

- **전선관**

전선관에는 표준형(그림 7(a))과 비닐 외피(그림 7(b))의 2종류가 있다.

- **부속품(그림 8(a)~(c))**

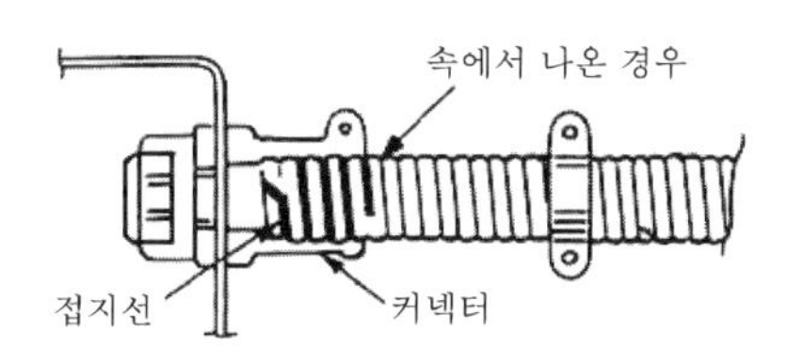

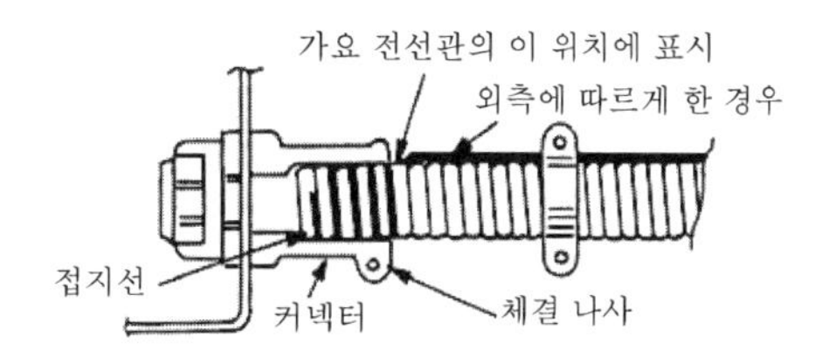

[그림 6] 전선관의 접지 시공 예

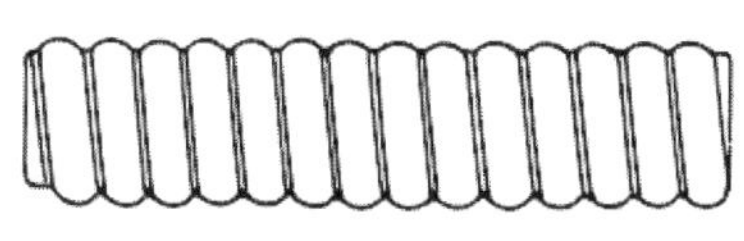

[그림 7(a)] 1종 금속제 가요성 전선관

[그림 7(b)] 비닐 피복 1종 금속제 가요성 전선관

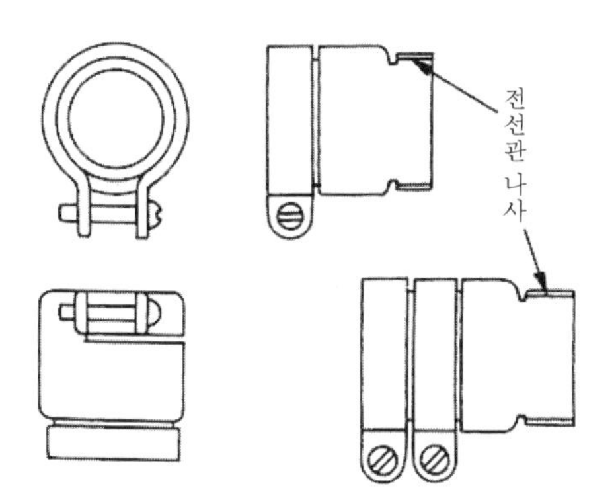

(a) 스트레이트 박스 커넥터(1종 가요 전선관용)

(b) 스트레이트 박스 커넥터(비닐 피복 1종 가요성 전선관용)

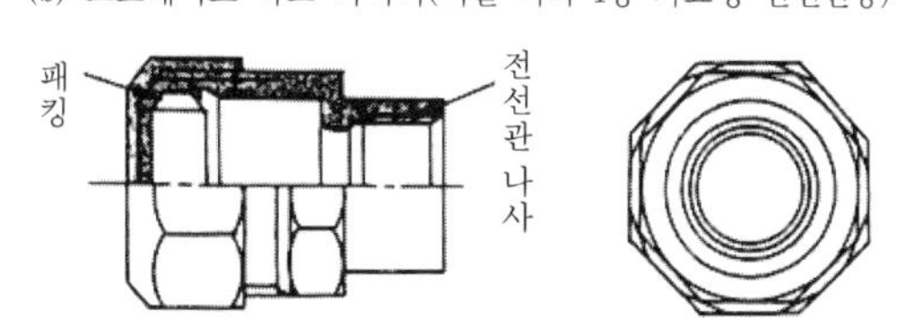

(c) 비닐 피복 1종 가요성 전선관용 커플링(나사 접속형)

[그림 8] 1종 금속제 가요성 전선관의 부속품

메탈 와이어 프로텍터 공사 | 해석 제179조

• 머 리 말 •

메탈 와이어 프로텍터(metal wire protector)공사에는 1종 메탈 와이어 프로텍터 공사와 2종 메탈 와이어 프로텍터 공사가 있다. 1종 메탈 와이어 프로텍터는 메탈 몰딩이라고도 하는데, 사무실, 점포, 일반 가정의 증축, 개수 공사에 사용되고 있다. 2종 메탈 와이어 프로텍터는 레이스웨이라고 하는 와이어 프로텍터로 빌딩의 전기실(변전 설비), 기계실, 주차장 등에 사용되고 있다. 또한 역 홈 등의 조명 기기(형광등 등) 장착대 및 배선 덕트로서, 공장에서는 조명기구 외에 기계 기구, 공구의 전원용(콘센트)으로 사용되고 있다. 시설 장소는 사용 전압 300V 이하에서 건조한 전개 장소 및 점검할 수 있는 은폐 장소에 시설할 수 있다. 사용 전선은 절연전선(옥외용 절연 비닐 전선은 제외)을 사용해야 된다. 와이어 프로텍터 및 박스, 부속품은 전기용품단속법의 적용을 받는 것, 황동 또는 동으로 견고하게 제작된 것, 내면을 평활하게 한 것, 폭이 5cm 이하, 재료의 두께가 0.5mm 이상인 것으로 규정되어 있다(와이어 프로텍터의 폭이 5cm를 초과하는 것을 사용하게 되는 경우에는 금속 덕트 공사로서 취급되므로 주의한다).

1. 1종 메탈 와이어 프로텍터 공사

(1) 구성 부품

구성 부품은 본체(와이어 프로텍터) 및 박스, 부속품으로 되어 있다.

① 본체 : 본체는 베이스와 커버로 일반적으로는 길이가 1.8m이다. 그림 1(a), 표 1에 폭・높이, 수납 전선 수를 예시했다.

② 박스 : 박스에는 정크션 박스, 코너 박스, 스위치 박스 등이 있다. 그림 1(b)에 박스의 종류를 예시했다.

③ 부속품 : 부속품에는 조인트용 커플링, 부싱, 엘보 등이 있다. 그림 1(c)에 부속품의 종류를 예시했다.

(2) 시 공(그림 2(a), 사진 1)

시공은 다음 사항을 유의하여 시설해야 된다.

① 와이어 프로텍터의 접속 : 와이어 프로텍터 상호의 접속 및 와이어 프로텍터와 박

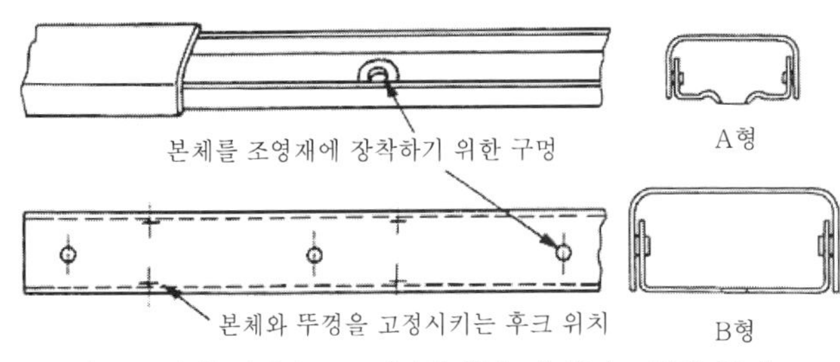

[그림 1(a)] 와이어 프로텍터의 형태도(A형과 B형이 있다)

[표 1] 메탈 와이어 프로텍터에 수납하는 전선 수

품 명 \ 비닐 전선	IV 단선		IV 연선	
	1.6mm	2.0mm	$5.5mm^2$	$8mm^2$
A형 메탈 와이어 프로텍터	8	6	3	2
B형 메탈 와이어 프로텍터	10	10	9	6

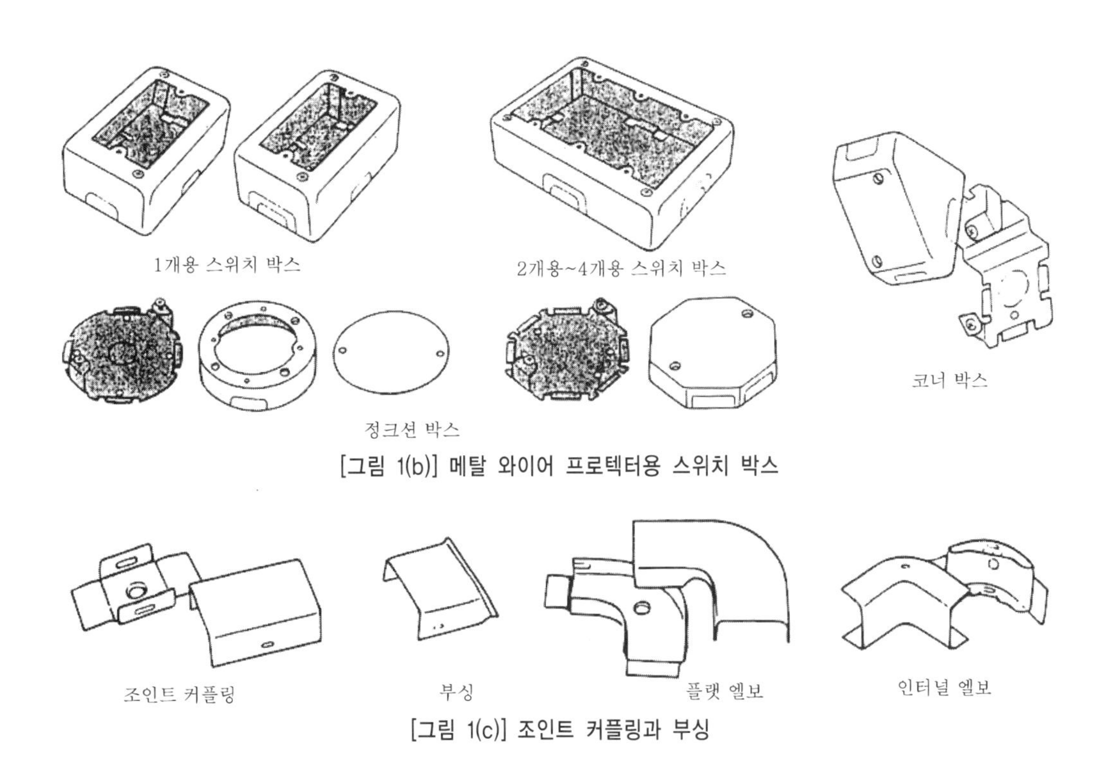

[그림 1(b)] 메탈 와이어 프로텍터용 스위치 박스

[그림 1(c)] 조인트 커플링과 부싱

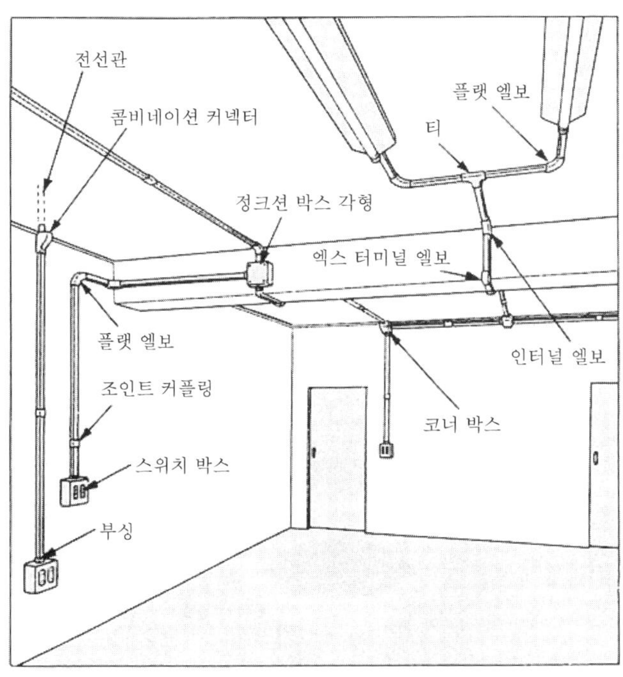

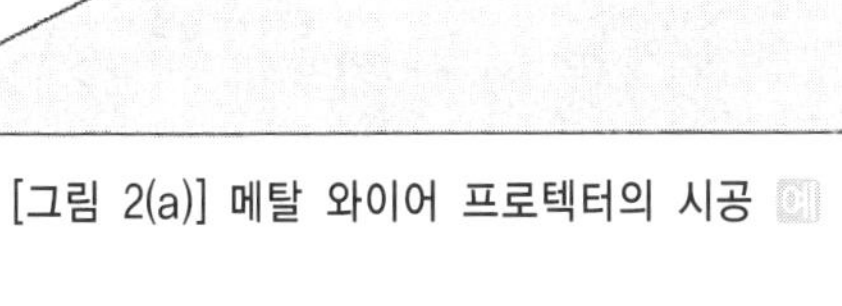

[그림 2(a)] 메탈 와이어 프로텍터의 시공 예

(주) 와이어 프로텍터의 길이(2개 이상의 와이어 프로텍터를 접속하여 사용하는 경우에는 그 전체 길이를 말한다)가 4m 이하인 것을 시설하는 경우에는 규정에 의하여 D종 접지 공사를 생략할 수 있다(해석 제179조 제3항 제2호).

[사진 1] 동판에 의한 접지 공사 예

스, 부속품과의 접속은 기계적, 전기적으로 완전히 접속해야 된다. 따라서 사용 재료는 동일 메이커의 것을, 또한 호환성이 있는 것을 사용한다.

② 장착 : 장착은 먼저 먹줄치기 작업부터 시작한다. 전원, 스위치, 콘센트 등의 위치를 결정한 다음 루트와 정크션 박스의 수를 결정한다. 와이어 프로텍터는 조영재(천장, 들보, 기둥, 벽 등)에 따라 시설하며 나무 나사 등으로 지지 고정시킨다. 또한 콘크리트 등의 건물에는 진동 드릴, 점핑 등을 사용해 콘크리트에 구멍을 뚫어 컬 플러그 등을 삽입하여 나무 나사로 고정시킨다. 또한 와이어 프로텍터 상호 접속에는 커플링을 사용하고, 굴절 장소에는 적합한 엘보를 사용하여 시설한다. 또한 와이어 프로텍터를 절단 가공하는 경우에는 금속 톱 또는 금속 절단기를 사용한다. 절단면은 줄 등으로 모떼기를 확실하게 하여 전선에 상처가 생기지 않도록 한다.

③ 관통 장소 : 와이어 프로텍터가 천장 또는 칸막이 등을 관통하는 경우, 관통 부분의 내부에서 와이어 프로텍터를 접속해서는 안 된다.

④ 다른 배선과의 접속 : 와이어 프로텍터에 전원을 접속하는 경우에는 금속관, 합성수지관 공사 또는 케이블 공사 등으로 한다. 그림 2(b)에 콤비네이션 커넥터를 예시한다.

⑤ 특별히 사용하는 공구
- 먹줄치기 : 초크 라인, 측량추
- 컬 플러그용 드릴링 : 점핑, 점핑용 해머, 진동 드릴
- 와이어 프로텍터의 절단 : 금속 톱, 금속 절단기
- 와이어 프로텍터의 모떼기 : 甲丸 줄
- 기타 : 보수용 페인트(와이어 프로텍터는 마무리 도장이 되어 있는 경우가 많다)

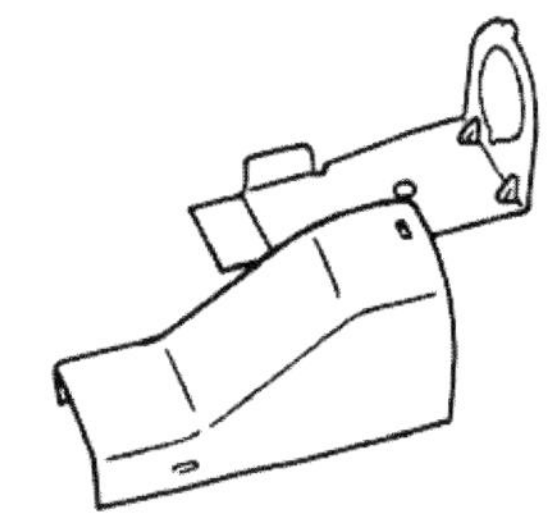
[그림 2(b)] 콤비네이션 커넥터

⑥ 통선 : 통선은 베이스 부분에 전선을 수납한 후에 커버를 장착한다. 와이어 프로텍터 내에서 전선을 접속해서는 안 된다(접속은 박스 내에서 실행한다). 수납하는 전선은 10개 이하로 한다.

⑦ 접지 : 접지 공사는 D종 접지 공사로 한다. 단, 전체 길이가 4m 이하인 경우 또는 사용 전압이 직류 300V, 교류 대지 전압이 150V 이하이며 길이는 8m 이하, 사람이 쉽게 접촉하지 않도록 시설하는 경우에 접지 공사는 생략할 수 있다.

2. 2종 메탈 와이어 프로텍터(레이스 웨이) 공사

(1) 구성 부품

구성 부품은 본체 · 뚜껑 및 현수 기구, 박스, 부속품으로 되어 있다(그림 3(a)~(d)).

(2) 시 공

① **와이어 프로텍터의 접속** : 와이어 프로텍터 상호 및 와이어 프로텍터와 박스, 부속품과의 접속은 기계적, 전기적으로 완전히 접속해야 된다. 사용 재료는 동일 메이커인 것, 호환성이 있는 것을 사용한다.

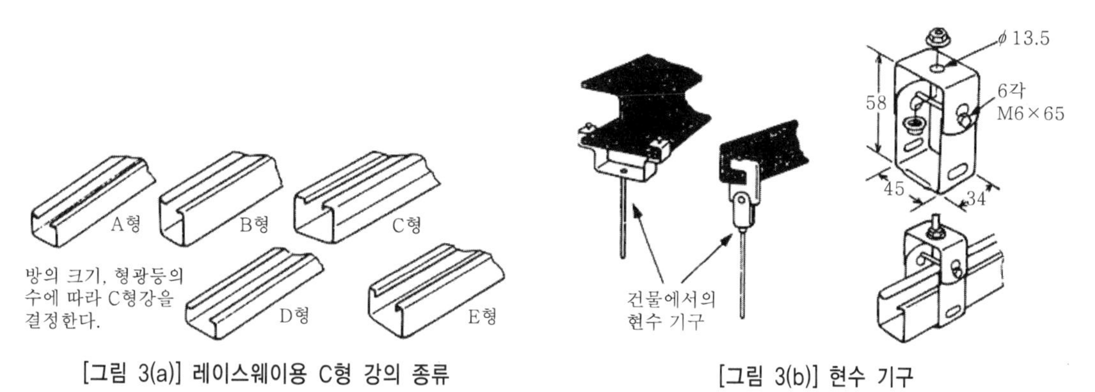

[그림 3(a)] 레이스웨이용 C형 강의 종류

[그림 3(b)] 현수 기구

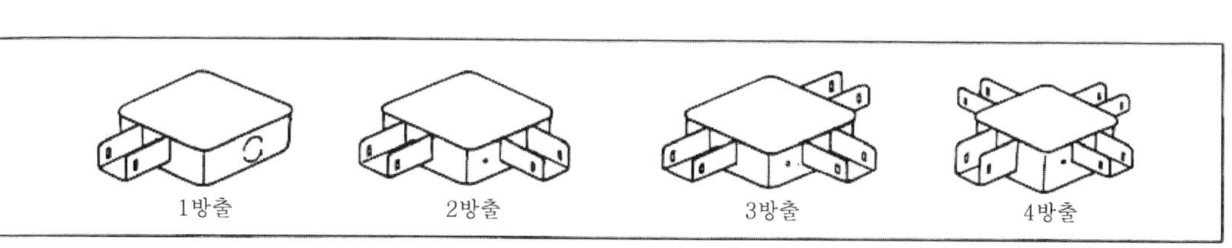

[그림 3(c)] 조인트 박스

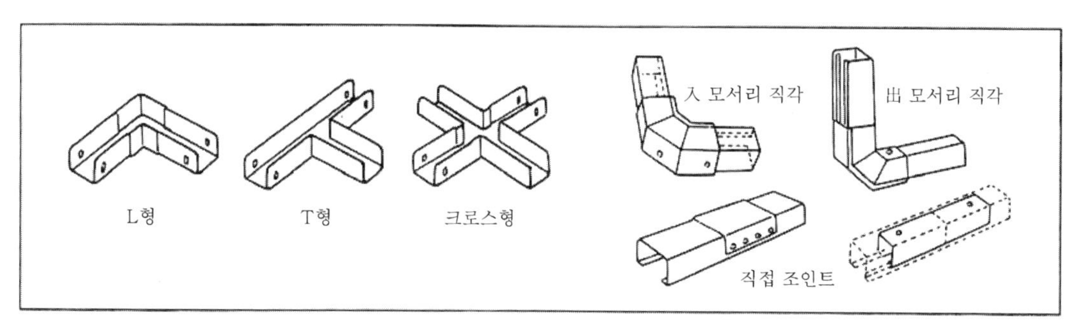

[그림 3(d)] 조인트 메탈

② **장착** : 장착에 대해서는 1종 메탈 와이어 프로텍터와 마찬가지로 조영재에 따라 시설되는 수도 있는데, 주로 현수 볼트에 의한 공간 지지 방법이 많다. 이 경우에 지지 간격은 1.5m 이하가 요구된다. 조명기구의 중량, 구부러지는 장소 등 필요에 따라 지지한다. 절단 가공은 금속 톱, 절단기 등을 사용하여 실행한다. 절단면은 줄 등으로 모떼기를 하여 전선에 상처가 생기지 않도록 한다. 와이어 프로텍터 개구부의 방향에 대하여 일반적으로 조명기구(형광등)를 설치하는 경우에는 하향, 콘센트 박스 장착 등의 배선에는 상향으로 하여 사용 목적에 따라 구분 사용한다. 그림 3(e)에 와이어 프로텍터의 시공 예를 나타냈다.

③ **진동 방지** : 진동 방지는 현수 볼트가 긴 경우나 와이어 프로텍터의 직선부가 긴 경우에 실시한다(기구, 볼트, 와이어 로프 등을 사용하여 실시한다).

④ **관통 및 다른 배선과의 접속** : 관통 장소 및 다른 배선과의 접속은 1종 메탈 와이어 프로텍터와 같다.

⑤ **통선** : 수납 전선 수는 전선의 피복 절연물을 포함하는 단면적의 합이 와이어 프로텍터 내면 단면적의 20% 이하가 되도록 한다.

배선은 본체에 수납하고 개구부를 하향으로 시공하는 경우에 전선 유지구 등을 사용하여 전선이 늘어지는 것을 방지한다.

전선을 분기하는 경우에 한하여 와이어 프로텍터 내에서 전선을 접속할 수 있다. 단, 이 경우에는 접속점을 용이하게 점검할 수 있도록 한다. 그밖의 접속은 박스 내 또는 조명기구 내에서 실행한다.

⑥ **와이어 프로텍터의 선정** : 와이어 프로텍터의 선정, 전선의 개수, 조명기구의 대수(중량), 증설을 위한 예비 스페이스 등을 고려하여 선정한다(그림 3(a)).

⑦ **접지** : 접지공사는 1종 메탈 와이어 프로텍터에 준하는데 와이어 프로텍터 내에서 전선을 분기 접속한 경우에는 D종 접지 공사를 한다(완화 규정이 없어진다).

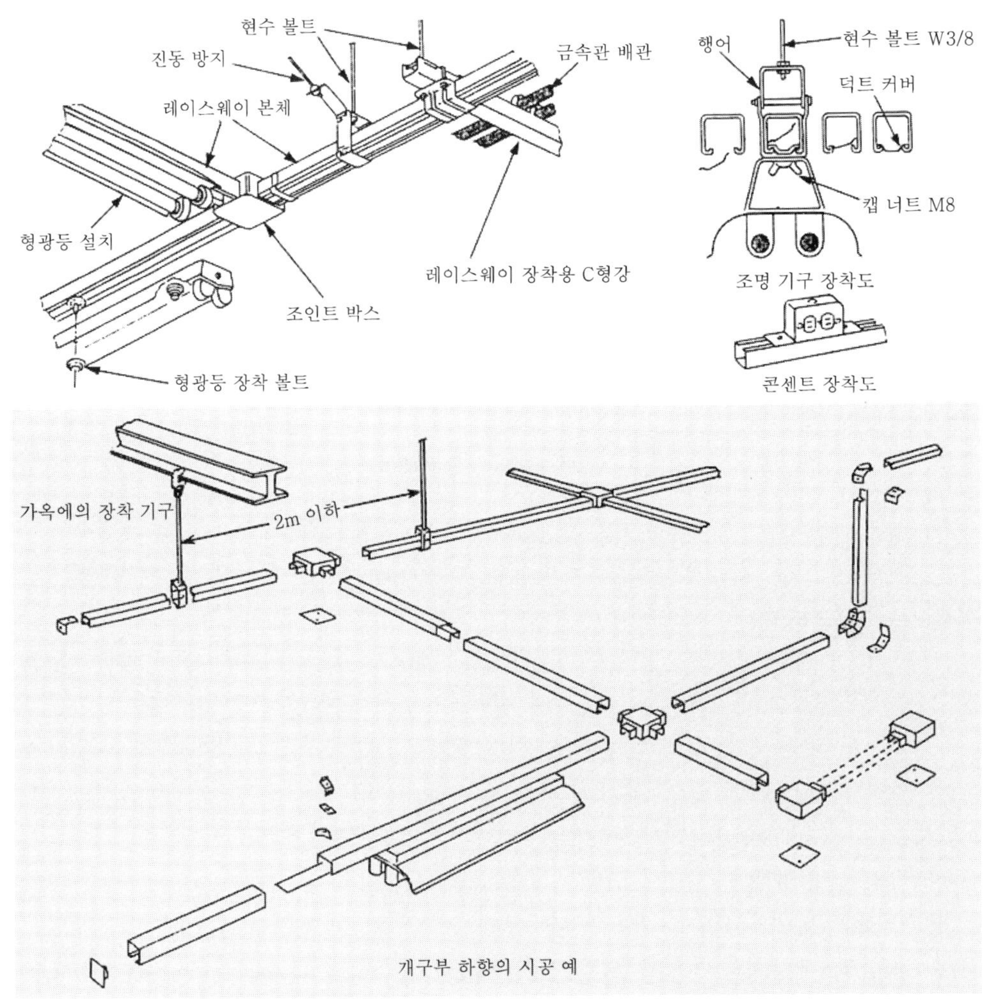

[그림 3(e)] 레이스웨이 시공 예 (제2종 금속관 와이어 프로텍터 공사)

합성수지 와이어 프로텍터 공사 | 해석 제176조

합성수지 와이어 프로텍터 공사는 프리캐스트 콘크리트(PC) 공법에 의한 프리패브 주택이나 철근 콘크리트 집합 주택 등에서 건물의 내장이 완성된 후에 배선 공사를 시설하기 위한 공법이다. 노출 배선을 용이하고 미려하게 시공할 수 있다는 것이 특징이다.

또한 최근에는 와이어 프로텍터 내에 케이블을 수납하여 케이블 배선 공사의 전로 보호재로서 증설, 개수 공사 등에 사용되고 있다.

1. 사용 전압과 시설 장소의 제한

합성 수지 와이어 프로텍터 공사는 사용 전압 300V 이하의 배선에 한정되며 옥내의 건조한 다음과 같은 장소에 시설할 수 있다.

① 전개된 장소

② 점검할 수 있는 은폐 장소(판지를 사용한 칸막이벽의 관통 시공을 할 수 있다)

또한 와이어 프로텍터는 기계적 강도가 약하므로 중량물의 압력이 가해지는 장소나 현저하게 기계적 충격을 받을 우려가 있는 장소의 배선에는 적합하지 않다.

2. 사용 전선

전선은 절연전선(옥외용 비닐 절연전선은 제외)으로 비닐 절연전선, 고무 절연전선 등을 사용한다. 전선의 굵기는 단선 1.6~2.0mm, 연선 2~5.5mm^2까지의 전선이 사용되고 있다.

또한 합성수지 와이어 프로텍터 내에 비닐 절연 비닐 외장 평형 케이블(VVF), 캡 타이어 케이블을 수납하는 경우에는 해석 제187조의 케이블 공사로서 취급된다.

3. 와이어 프로텍터의 종류와 선정

(1) 와이어 프로텍터의 종류

와이어 프로텍터의 종류에는 벽면 인하용 · 반자틀용 · 툇마루용 · 부목용이 있다(그림 1(a)).

전기(電技)에서는 홈의 폭 및 깊이가 3.5cm 이하일 것. 단, 사람이 쉽게 접촉할 우려 없이 시설하는 경우, 가령 옥내에서 바닥면보다 1.8m를 초과하는 장소에는 폭이 5cm 이하인 것을 사용할 수 있다고 규정되어 있다.

시판되고 있는 표준품은 홈의 깊이가 1.8cm이다. 또한 일본 공업규격에서는 C 8425 (KS C 8453)에 옥내 배선용 합성수지 와이어 프로텍터가 규정되어 있다.

와이어 프로텍터의 형상 예를 그림 1(b)에 나타냈다.

[그림 1(a)] 적합한 케이스웨이 기구

품 명	형 태	사용장 소	치수도	전선 수납수
케이스 웨이 케이스 툇마루 케이스 3A형		• 툇마루용	7 단위(mm) 5 7 35 18	IV선 ① ø1.6 24개 ② ø2.0 19개 ③ ø2.6 12개 ④ 5.5mm 10개 ⑤ 8mm 7개 ⑥ 14mm 5개 ①~⑥의 어떤 하나를 수납할 수 있다.
케이스 웨이 반자틀 케이스 4형		• 반자틀 • 간주(벽면 인하용)	18 35	
케이스 웨이 부목 케이스 2형		• 부목	18.6 25 35 60	

치수(KS C 8453)

(1) 와이어 프로텍터의 길이는 원칙적으로 2m, 2.7m, 3m, 3.6m 또는 4m로 한다.

(2) 홈의 폭 및 깊이는 50mm 이하, 두께는 1mm 이상인 것일 것.

(3) 합성수지 와이어 프로텍터용 배선 기구와의 피팅을 필요로 하는 와이어 프로텍터의 주요부 치수는 우측 그림과 같다.

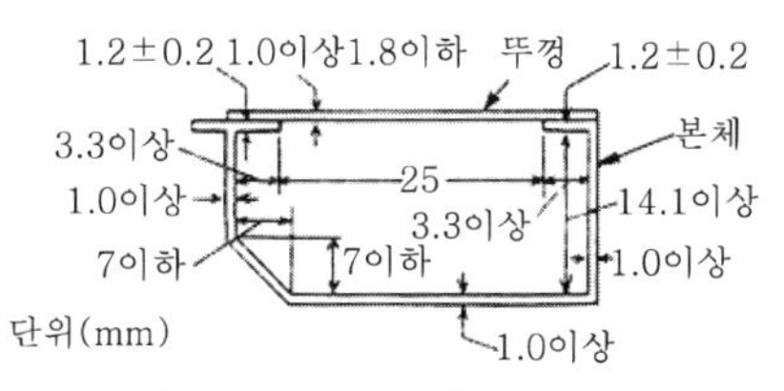

[그림 1(b)] 와이어 프로텍터의 치수와 형상

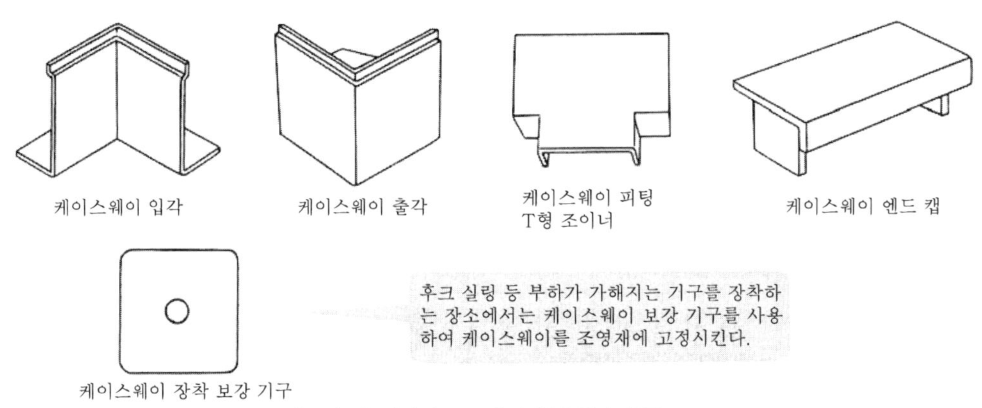

[그림 2] 와이어 프로텍터 부속품의 종류

(2) 부속품

부속품에는 다음과 같은 것이 있다. 구석(내측의 모퉁이), 모서리(외측의 모퉁이), T형 조이너 및 와이어 프로텍터 장착 보강 기구 등이 있다(그림 2).

(3) 선 정

와이어 프로텍터의 선정은 시설 장소에 따라 와이어 프로텍터의 크기가 한정되어 있다. 따라서 시설 장소에 적합한 형상·치수를 선정할 필요가 있다.

4. 시 공

(1) 와이어 프로텍터의 가공 및 장착

합성수지 와이어 프로텍터 공사를 하는 경우에는 수도관, 가스관에는 직접 접촉하지 않도록 시설해야 한다(해석 제189조).

① **먹줄치기** : 스케일, 곱자, 마크 라인 등, 또한 비계를 사용하여 와이어 프로텍터의 분기 위치 및 실링, 스위치, 콘센트 등의 장착을 위한 먹줄치기를 한다.

② **와이어 프로텍터의 가공** : 휨, 분기 장소 등의 치수에 맞추어 와이어 프로텍터의 절단 가공 및 장착용 드릴링을 한다. 가공 및 드릴링은 스케일·곱자로 와이어 프로텍터에 먹줄을 치고 금속, 톱, 전기 드릴 등을 사용한다.
휨, 분기 장소의 가공은 그림 3(a)를 참조한다.
절단면은 줄을 사용해서 버를 제거하여 매끈하게 한다.

드릴링은 1직선상이 아니고 그림 3(b)와 같이 상하 교대로(재그재그) 뚫는다.

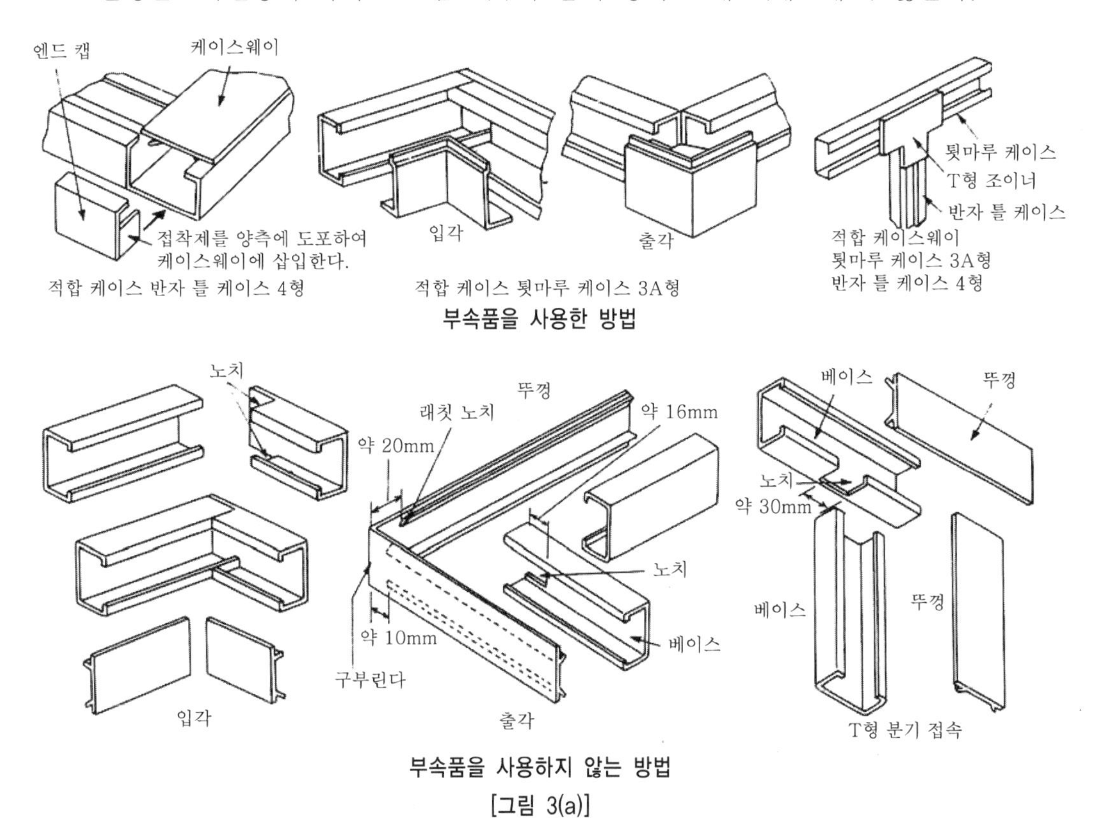

[그림 3(a)]

드릴링 지름은 3~5mm인데 나무 나사 지름에 맞추어 뚫는다.

부속품(구석, 모서리, T형 조이너)을 사용하지 않는 경우의 휨, 분기 장소의 가공은 그림 3(a)를 참조한다.

③ **와이어 프로텍터의 설치** : 와이어 프로텍터의 장착은 다음 두 가지 방법(나무 나사, 접착제)을 병용하여 조영재에 확실하게 장착한다.

• 나무 나사로 장착하는 방법

- 조영재가 목재인 경우에는 나무 나사로 400~500mm 간격으로 직접 와이어 프로텍터를 고정시킨다.
- 조영재가 PC판 등 콘크리트인 경우에는 조영재에 미리 매립되어 있는 나무 벽돌에 나무 나사로 와이어 프로텍터를 고정시킨다.

  나무 벽돌은 PC판 생산시 또는 콘크리트 타설시에 매립해 둔다. 나무 벽돌은 와이어 프로텍터의 장착 위치에 맞추어 매립한다.

  나무 벽돌을 사용하지 않고 장착하는 경우에는 진동 드릴(콘크리트용 드릴)을 사용하여 구멍을 뚫고 컬 플러그, 나이론 플러그 등을 삽입하여 나무 나사로 와이어 프로텍터를 고정시킨다. 나무 나사에 와셔(보강 기구)를 사용하면 와이어 프로텍터의 고정이 확실하게 된다(그림 3(c)).

• 접착제로 장착하는 방법

- 접착면의 더러움을 잘 닦고 조영재가 콘크리트인 경우에 진동 드릴을 사용하여 미리 장착용 구멍을 뚫어 플러그를 삽입해 둔다. 또한 접착제의 도포는 양이 너무 많지 않도록 주의한다.

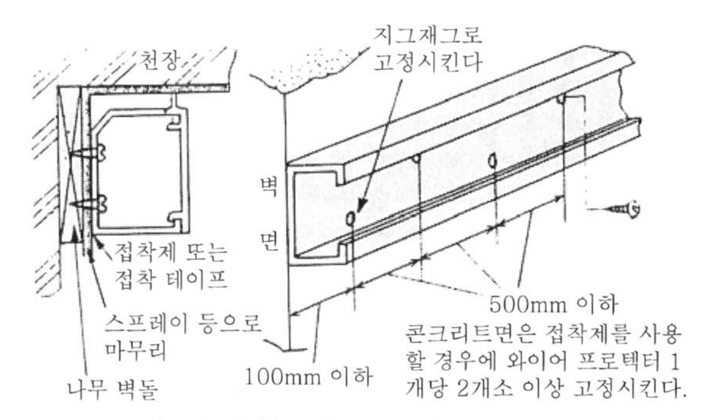

[그림 3(b)] 와이어 프로텍터 장착도

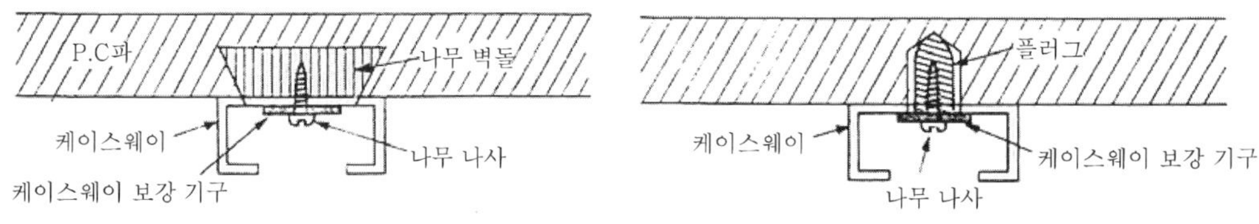

나무 벽돌을 사용한 장착도 　　 플러그를 사용한 장착도

*나무나사는 와이어 프로텍터 내에 돌기가 생기지 않도록 머리부분이 둥근 것을 사용한다.

[그림 3(c)]

• 와이어 프로텍터에 약 50mm의 길이로 절단한 양면 점착 테이프를 약 500~1,000mm의 간격으로 와이어 프로텍터 베이스에 붙인다.
• 베이스의 바닥 전면에 접착제(전용인 것)를 브러시 또는 "주걱"을 사용하여 균일하게 도포한다.
• 접착제의 표면이 「흐린」 상태로 되면 양면 테이프의 박리지를 떼어 와이어 프로텍터를 벽면에 확실하게 눌러 접착하여 장착한다. 또한 나무 나사로 고정시킨다.
• 와이어 프로텍터 1개(2m)에 대하여 2~3군데에 나무 나사를 사용한다.

(2) 전선의 인선

와이어 프로텍터 내에 수납하는 전선 수에 대해서는 규정되어 있지 않은데 그림 1(a)의 표를 참고한다. 흰 부분, 스위치·콘센트 등 배선기구의 이면 부분이 좁기 때문에 전선이 들어가는 개수는 제한된다.

① 전선은 비틀리지 않도록 하여 입선한다.
② 전체의 입선이 종료되기까지 와이어 프로텍터의 뚜껑(폭 약 30mm 정도로 절단한 것) 등을 이용하여 가고정해 두면 작업이 용이하다.

(3) 전선의 접속

와이어 프로텍터 내에서는 전선을 접속해서는 안 되지만 일본 전기용품 단속법의 적용을 받는 합성수지제의 조인트 박스를 사용하는 경우에는 접속할 수 있다.

(4) 배선 기구의 종류 및 장착

배선기구는 와이어 프로텍터 전용 기구를 사용한다.

① **배선 기구의 종류**(그림 4(a))
기구의 종류는 텀블러 스위치(절편), 2연 텀블러 스위치, 콘센트, 펠대 후크 실링, 후크 매립 로젯 및 조인트 박스 등이 있다. 와이어 프로텍터에는 피팅만 하는(고

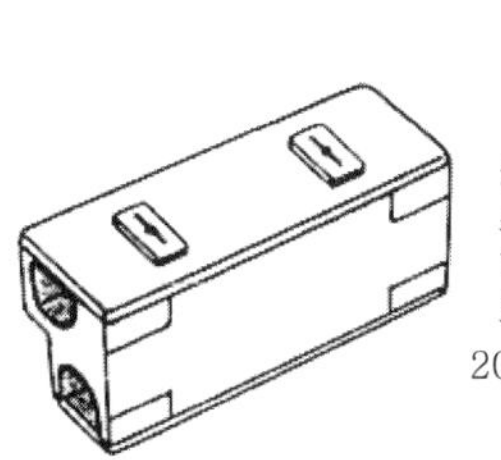

케이스웨이 피팅 조인트 박스(관통 배선용)(스위치 회로 부가)
20A 30CV ▽

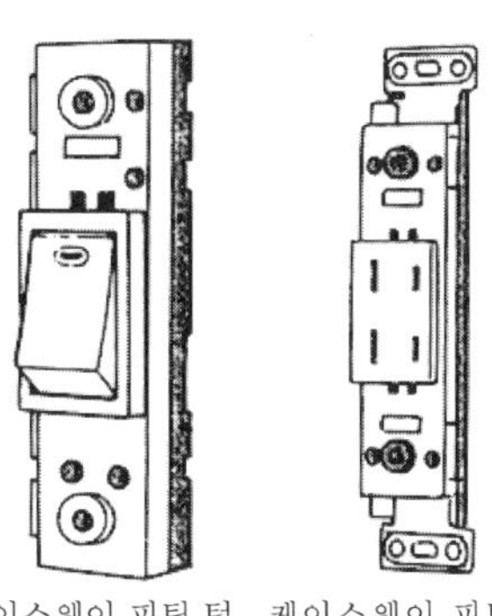

케이스웨이 피팅 텀블러 스위치 B(편절삭)(관통 배선용)

케이스웨이 피팅 더블 콘센트(고정 기구 부가)

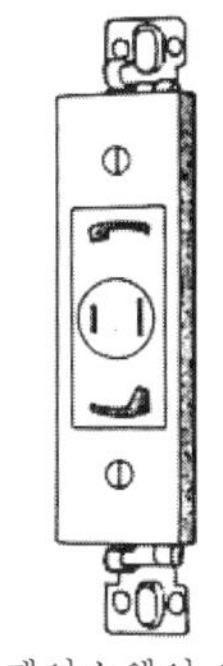

케이스웨이 피팅 반자 틀 후크 실링(콘센트 부가)(관통 배선용)

10A 300V ▽ 15A 125V ▽

[그림 4(a)] 케이스웨이 피팅 배선 기구

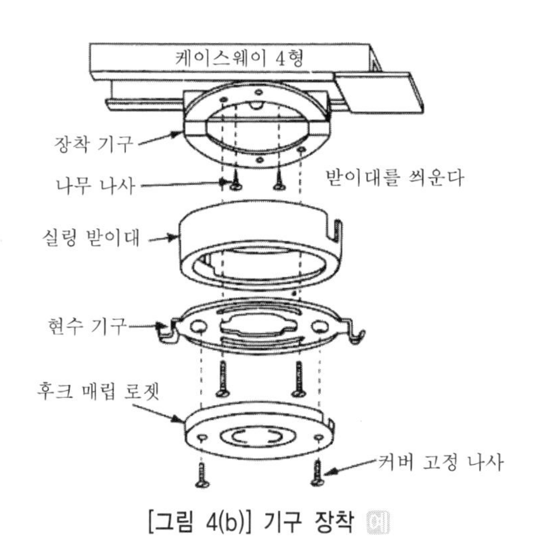

[그림 4(b)] 기구 장착 예

정시키지 않는) 기구와 나무 나사로 고정시키는 기구가 있다.

② 기구의 장착

- 피팅 기구는 전선 피복을 스트립 게이지에 맞추어 벗겨내고 접속하여 와이어 프로텍터에 끼워 넣는다.
- 고정 기구는 나무 나사로 기구를 고정시키고 전선을 접속한다. 기구 장착 예를 그림 4(b)에 들었다.

(5) 와이어 프로텍터 뚜껑 장착

- 와이어 프로텍터의 끝에서 가고정을 풀면서 뚜껑을 장착한다.
- 배선 기구의 장착 장소는 기구에 맞추어 뚜껑을 절단하여 장착한다.
- 와이어 프로텍터 뚜껑 장착 후에 배선 기구용 커버를 장착한다.
- 와이어 프로텍터의 종단에 엔드 캡을 장착한다. 접착제를 도포 하여 삽입한다(그림 3(a)).

(6) 점 검

시공 후에 장착 상태를 점검한다.

① 와이어 프로텍터의 휨은 없는가?

② 뚜껑이 어긋나지 않았는가?

③ 앤드 캡은 장착되어 있는가?

④ 배선 기구의 장착 위치는 정상인가?

등을 점검하고 재료, 공구를 정리, 청소한다.

플로어 덕트 공사 | 해석 제183조

플로어 덕트 공사는 은행, 회사 등에서 책상 배치나 변경에 따라 콘센트의 설치나 전화 등의 배선이 그때마다 용이하고 미려하게 시공에 대응할 수 있도록 미리 건물 바닥에 금속성의 덕트를 매설하는 시공 방법이다.

그러나 실제 시공에서는 그때의 시공 상황에 따라서 변하기도 하며, 많은 인원과 작업 시간을 필요로 하는 공법이기도 하다. 따라서 작업시에는 사전 계획과 준비가 중요하다. 특히 작업에 있어서도 장착, 치수, 정밀도 등 면밀한 것이 요구된다.

프로어 덕트의 시설 장소(해석 제 174조)는 건조한 점검을 할 수 없는 은폐 장소라고 규정되어 있다(옥내의 건조한 콘크리트 또는 신더 콘크리트의 바닥 내 매립). 사용전선은 절연전선(옥외용 비닐 절연전선은 제외)이고 연선일 것. 단, 지름 3.2mm(알루미늄선일 때에는 4mm) 이하의 단선을 사용할 수 있다.

1. 플로어 덕트의 종류

플로어 덕트의 종류에는 단면이 직사각형 모양인 F형과 어묵 모양인 FC형이 있으며, 어떤 것을 선정할 것인지는 수납되는 전선의 종류, 굵기, 장래성과 건축상의 바닥 구조 등에 의해 결정된다.

또한 폭이 100mm 이하인 덕트 및 그 부속품은 전기용품 단속법의 적용을 받는 것으로 형식인가필의 ▽마크, 기타 소정의 표시가 있는 것을 사용해야 한다(그림 1, 2, 표 1, 사진 1).

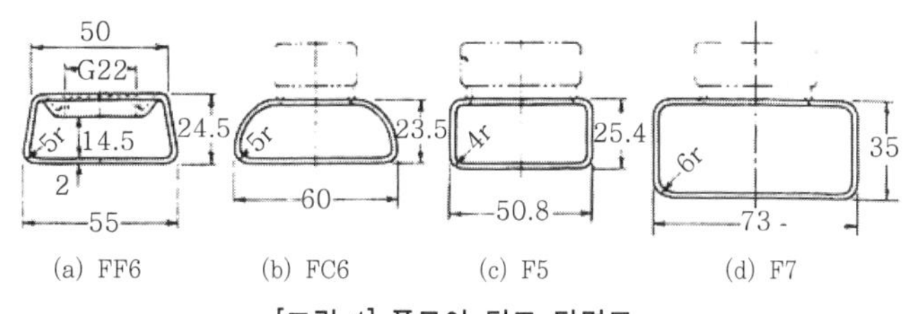

[그림 1] 플로어 턱트 단면도

[표 1] 각종 플로어 덕트의 단면적

덕트 종별	FF6	FC6	F5	F7
단면적[mm]	990(760)	986	998	2125
1개당 중량 kg (길이 3600)	8.2	8.2	8.2	11.5

FF6의 ( )내 수치는 인서트 입구의 계산 값이다.

[사진 1] 플로어 덕트 외관

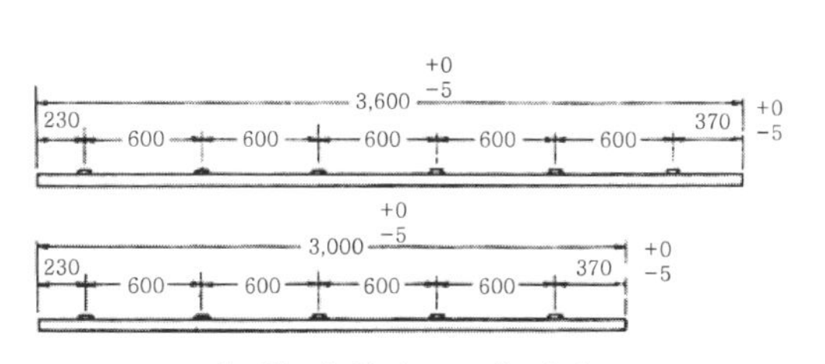

[그림 2] 인서트 스탯 간격

2. 부속품

플로어 덕트의 부속품은 콘크리트 매설시에 사용하는 것과, 바닥 마무리가 끝나고 배선 기구를 장착할 때에 사용되는 것으로 분류된다.

여기서는 매설시의 부속품에 대하여 소개한다(사진 2).

[사진 2] 각종 부속품과 용도

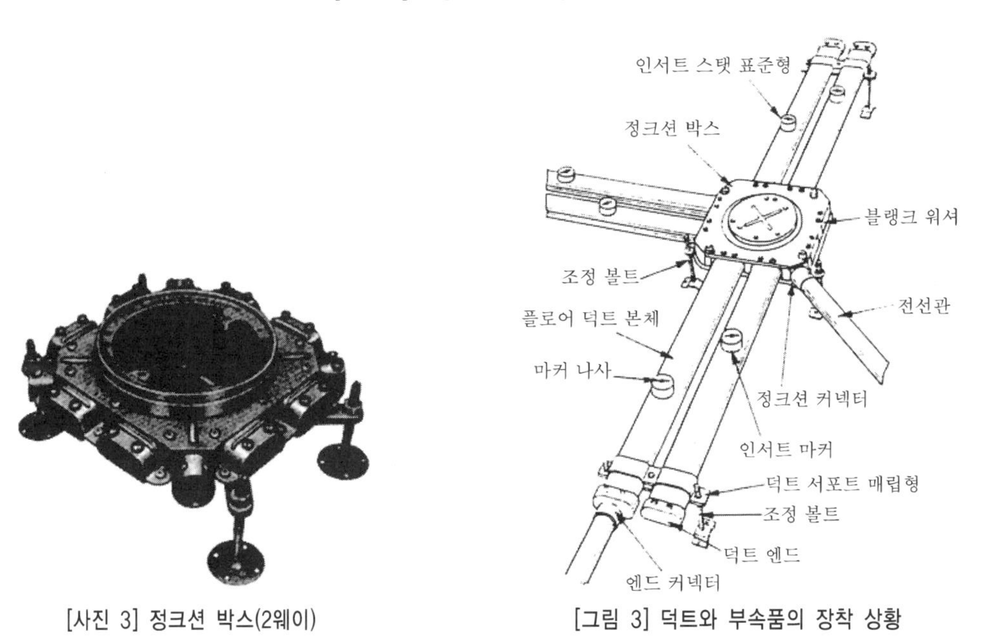

[사진 3] 정크션 박스(2웨이)

[그림 3] 덕트와 부속품의 장착 상황

3. 플로어 덕트의 장착

플로어 덕트를 부설하는 방법으로 1열식(1웨이), 2열식(2웨이) 3열식(3웨이) 등이 있는데 일반적으로는 콘센트 회로와 전화 회로로 분류한 2웨이(2W) 방식이 많이 시공되어 왔다. 최근에는 OA용 통신 회로 등이 많아져 3웨이 방식도 많이 시공되고 있다(그림 3, 사진 3).

4. 시공순서

(1) 순서(시공 준비)

플로어 덕트를 시공하려면 미리 여러 가지 순서를 정해 두어야 된다. 순서의 좋고 나쁨은 그 작업의 효율성을 크게 좌우하는 중요한 작업이다.

① 시공도의 치수에 의거하여 덕트를 절단한다.
② 정착물보다 긴 경우에는 필요한 치수인 것을 커플링을 사용하여 접속한다.
③ 덕트에 인서트 스탯, 인서트 마커(비스 부착), 덕트 엔드 등을 장착한다.
④ 가공된 덕트는 시공도상 어떤 부분의 것인지를 표시한다.
⑤ 정크션 박스의 내부에 절연 도료를 도포한다.

(2) 먹줄치기

먹줄은 시공도에 의거해서 심(건축기준 묵)에서 치수를 측정하여 정크션 박스의 위치를 정한다(그림 4).

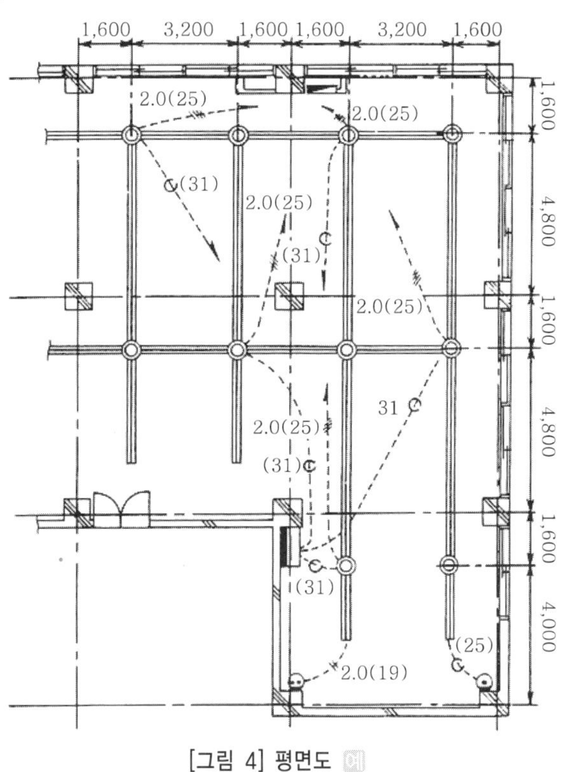

[그림 4] 평면도 예

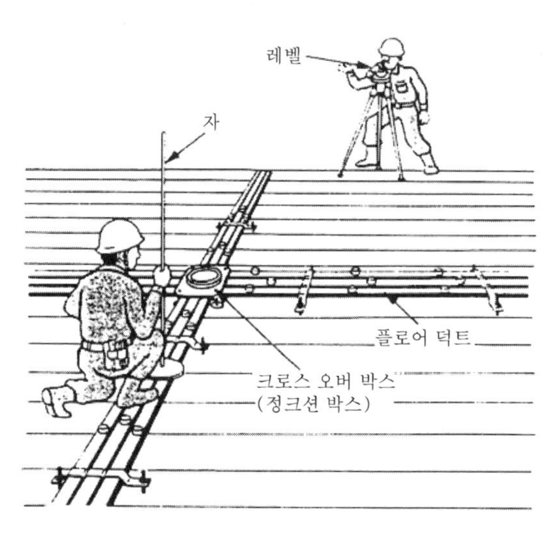

[그림 6] 철골 기둥을 사용한 레벨 조정

◀ [그림 5] 플로어 덕트의 수평 조정

(3) 가구성을 한다.

① 정크션 박스를 먹줄의 교차 부분에 놓는다.
② 덕트를 박스에 넣고 가볍게 나사를 죈다.
③ 덕트 서포트를 1.5m 이하의 간격으로 설치한다.
④ 박스, 덕트 서포트의 높이를 개략적으로 조정한다.

(4) 레벨을 세트한다.

① 레벨 고유의 3다리를 사용할 때에는 작업에 영향을 미치지 않는 장소를 선정한다(들보 위 등).
② 어느 정도 전체를 볼 수 있는 장소를 선정한다(3스팬 이내).
③ 레벨의 설치 높이는 측정자의 신장에도 영향을 받게 되는데 바닥 위 130cm 전후로 약간 몸을 굽혀 레벨을 볼 수 있는 정도가 좋다(그림 5).
④ 바닥이 불안정하거나 기둥이 철골인 경우, 기둥에 앵글 등의 강재를 가공하여 레벨을 장착할 가대를 만들면 안정된 레벨 조정을 할 수 있다(그림 6).
⑤ 레벨의 수평을 조정한다.

(5) 박스와 덕트 서포트의 고정

① 미리 정크션 박스의 끝에서 끝까지 열십자 모양으로 교차되도록 수평실, 피아노선 등을 쳐 놓는다. 높이는 박스 바닥면보다 20~30mm 정도 높게 한다.
② 박스와 서포트를 실의 중심에 맞추고 높이와 수평을 가조정하여 각 조정 볼트를 고정시킨다(덱 플레이트 등은 용접 또는 철판 비스로, 합판인 경우에는 못을 사용한다).

(6) 고저와 수평 조정

① 레벨은 기둥을 향하게 하고 핀트를 맞춘다.
② 50cm 정도의 봉(평형)에 미리 수평을 표시해 놓고 기둥에 수직으로 대서 표시를

[사진 4] 부설 완성 상황

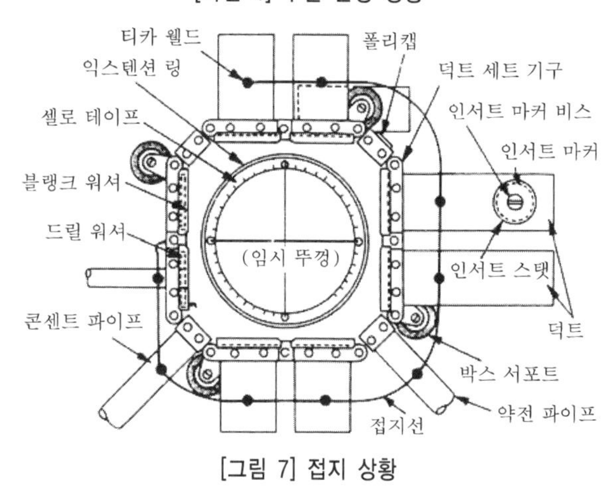

[그림 7] 접지 상황

레벨에 맞추어 마무리(FL) 1m 위의 먹줄을 봉에 그리고 그때의 표시와 표시의 치수(예를 들면 30cm)에 1m의 마무리 치수를 가한다.

③ 1.5m 정도의 봉(자)을 준비하여 1m30cm인 곳에 표시하고 스케일이 1m인 곳과 맞추어 고정시킨다.

④ 박스의 가뚜껑(커버)이나 인서트 스탯 위에 자를 대고 스케일의 1m와 맞도록 조정 볼트로 높이와 수평을 조정한다. 또한 실제로는 마무리보다 2~3mm 정도 내리는 쪽이 미장공의 작업과 충돌하지 않고 좋다.

⑤ 조정 후에 조정 볼트의 너트를 견고하게 죈다.

(7) 접 지(그림 7)

① 플로어 덕트의 접지 공사(본딩)는 D종 접지 공사를 한다. 단, 2웨이 또는 3웨이와 같은 강전과 약전 회로가 공용 정크션 박스를 사용하는 경우에는 사이에 견고한 격벽을 설치하고 여기에 C종 접지 공사를 해야 한다.

② 본딩은 2.0mm의 나선을 테이커 웰드 등으로 시공한다.

5. 콘크리트 타설 후의 작업

(1) 위치 맞춤 작업

콘크리트 타설 후 2~3주간 이상 경과하면 익스텐션 링 및 인서트 마커를 벗긴다.

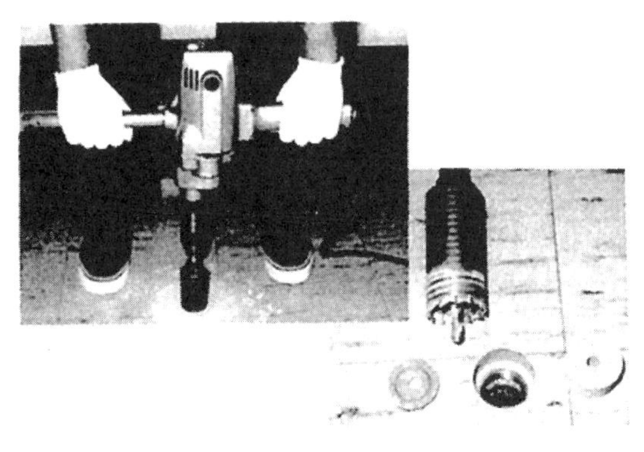

[사진 5] 코어 드릴에 의한 드릴링

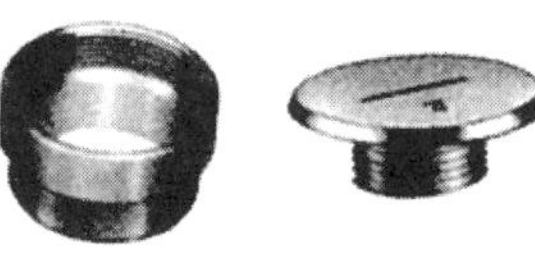

(a) 인서트 스탯 보조 커플링 (b) 인서트 캡(노출형) (c) 플로어 마커

[사진 6] 커플링과 화장 플레이트

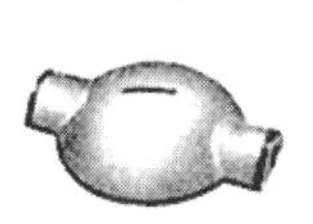

[사진 7] 하이텐션 아우트렛

(a) 1방출 (b) 2방출 (c) 전화용 모듈러 정크션 아우트렛

[사진 8] 로텐션 아우트렛

(2) 높이 조정

① 익스텐션 링, 인서트 스탯면이 바닥 마무리보다 낮은 경우에는 보조 커플링 등을 사용하여 마무리면에 맞춘다.

② 여분으로 벗긴 장소를 모르타르로 되메운다.

(3) 덕트, 파이프 내의 청소

빗물 등이 외부에서 침입하지 않으면 흡수형 청소기 등을 사용하여 덕트, 파이프 안을 청소한다.

(4) 인서트 마커 비스의 해체와 장착

① 바닥 표면 정리 종료 후 바닥 타일 등을 붙이기 직전에 마커 비스를 떼어내고 얇은 종이테이프 등을 붙인다.

② 타일 붙이기 종료 후에 비스의 장착 위치(구멍)를 송곳으로 확인하고 비스를 장착한다.

(5) 배선 기구의 설치

① 콘센트 등의 설치 위치가 결정되었으면 마커 비스에서 치수를 맞추고 코어 드릴 등을 사용하여 바닥에 구멍을 뚫는다(사진 5).

② 입선을 하여 결정된 배선 기구를 설치한다.

③ 플로어 마커 등도 설치한다.

또한 덕트 내에서는 전선을 접속해서는 안 된다. 단, 전선을 분기하는 경우에 그 접속점을 용이하게 점검할 수 있을 때에는 이에 해당되지 않는다.

셀룰러 덕트 공사 | 해석 제184조

셀룰러 덕트는 1970년에 어떤 신축 현장에서 특수설계에 의한 시설인가를 신청하여 인가를 받아 셀룰러 덕트 공사를 시공한 것이 시작이다. 그 후 1977년 2월에 전기설비기술기준의 일부 개정에서 「셀룰러 덕트 공사」가 새로 추가되었다. 또한 1986년 3월의 일부 개정에 의해 이용도가 증가되어 철강 대메이커에서도 셀룰러 덱의 제조가 본격화되었다(사진 1). 셀룰러 덕트는 파형 덱플레이트, 바닥 거푸집재를 이용한 것과 전용으로 제작된 것이 있으며 모두가 플로어 덕트 또는 헤더 덕트와의 조합으로 사용되고 있다.

[사진 1] 셀룰러 덱을 사용한 셀룰러 덕트

1. 시공상의 주의점

(1) **시설 장소** : 시설 장소는 옥내의 건조하면서도 점검할 수 있는 은폐 장소 또는 콘크리트 바닥, 신더 콘크리트 바닥 내에 매립하여 시설한다.

(2) **사용전압 및 사용전선** : 배선의 사용전압은 300V 이하일 것. 전선은 절연전선(옥외용 비닐 절연전선은 제외)이고 연선일 것. 단, 지름 3.2mm(알루미늄선에서는 4mm) 이하인 것은 사용할 수 있다.

(3) **전선의 접속** : 덕트 내에서는 전선을 접속하지 않는다. 단, 분기 접속하는 경우, 그 접속점을 용이하게 점검할 수 있을 때에는 이에 해당되지 않는다(덕트의 상면에 지름 100mm 이상의 구멍이 뚫어져 있으면 접속점을 용이하게 점검할 수 있는 것으로 본다).

(4) **덕트 내에 수납하는 전선수** : 수납하는 전선수는 전선의 피절연물을 포함하는 단면적의 총합이 당해 덕트 속 단면적의 20% 이하가 되도록 한다. 전광 사인 장치, 출퇴근 표시 등, 기타 이들과 유사한 장치 또는 제어 회로 등의 배선에 사용되는 경우에는 50% 이하로 할 수 있다.

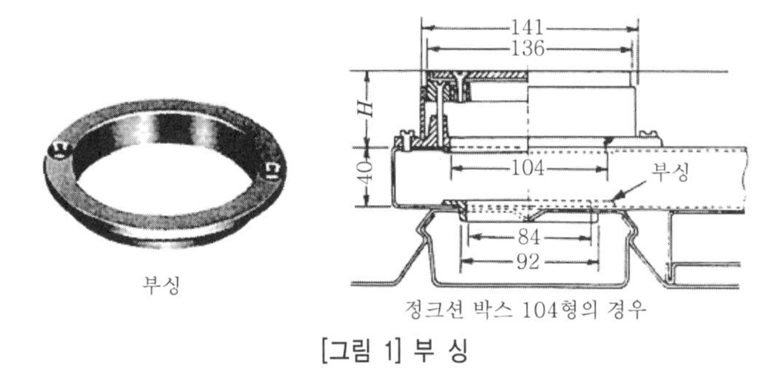

[그림 1] 부 싱

(5) **전선의 인출** : 덕트 내의 전선을 외부로 인출하는 경우에는 덕트의 관통 부분에서 전선이 손상되지 않도록 매끈하게 한다. 헤더 덕트에서 셀룰러 덕트에 전선을 인입하는 접속 구멍에는 적당한 부싱을 설치한다(그림 1).

(6) **덕트의 접속** : 덕트 상호, 덕트와 조영물의 금속체, 부속품 및 덕트에 접속하는 금속체와는 적절한 조인트재나 고정 나사 등으로 기계적으로나 전기적으로나 확실하게 접속한다.

(7) **익스펜션 조인트부** : 건축 구조상 익스펜션 조인트부는 덕트 접속재의 구멍을 긴 구멍으로 하는 등 기계적 신축(伸縮)에 대응할 수 있도록 한다.

(8) **물이 괴는 것을 방지** : 덕트 및 부속품은 물이 괴는 낮은 부분이 없도록 시설한다.

(9) **인서트 스탯** : 인서트 스탯은 바닥면에서 돌출하지 않도록 시설하고 또한 물이 들어가지 않도록 한다.

(10) **덕트의 종단부** : 종단부는 덕트 엔드 등으로 덮는다.

(11) **협의 사항** : 셀룰러 덕트 공사는 건축 공사와 밀접한 관계가 있으므로 사전에 관계자와 충분히 협의한다. 특히 슬래브의 내화 성능에 대해서는 시공 계획 시점에서 관할 소방서와 내화 조치에 대한 협의를 한다.

2. 셀룰러 덕트의 종류

셀룰러 덕트의 종류에는 다음 그림과 같은 것이 있다.

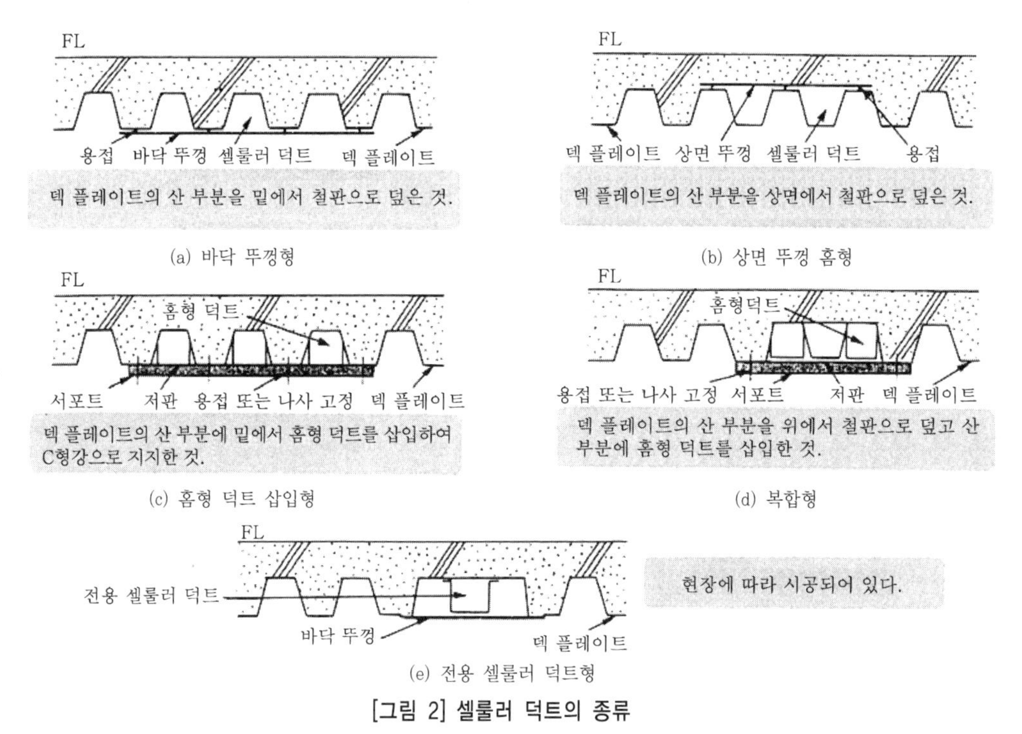

[그림 2] 셀룰러 덕트의 종류

3. 부속품, 셀룰러 덕트용 스탯류

셀룰러 덕트용 스탯류, 부속품은 사진 2에서 볼 수 있다.

[사진 2]

(주) 플랜지 F형은 평철판용이고 플랜지 V형은 홈이 있는 철판용이며 평철판에도 사용할 수 있다.

4. 덕트 설치, 시공상의 주의(확인 사항)

셀룰러 덕트는 일반적으로 덱 플레이트 부설시에 설치하기 때문에 건축 공사에 포함되어 있는 경우가 많다. 덕트는 덱 플레이트 설치업자가 설치하므로 설치 후에 반드시 확인한다. 확인 사항은 다음과 같다.

(1) 시공도의 치수가 맞는가?

(2) 셀룰러 닥트는 바르게 시설되어 있는가. 비뚤어지지는 않았는가?

(3) 시설 장소(용접)에 돌기물은 없는가?

(4) 셀룰러 덕트는 들보상에서 오픈되어 있는가?

(5) 셀룰러 조인트 커버는 붙어 있는가?

등을 확인하고 확인 종료 후에는 먹줄치기, 드릴링 등의 작업을 한다.

5. 시공 방법

먹줄치기, 드릴링 및 헤더 덕트, 인서트 스탯 설치 등의 순서로 작업을 한다.

(1) 먹줄치기 및 드릴링

시공도에 의거하여 심(기둥, 벽심 등)을 기준으로 헤더 덕트의 위치, 헤더 덕트와 셀룰러 덕트의 접속 장소 및 인서트 스탯 위치에 먹줄치기를 한다.

① 인서트 스탯의 먹줄치기 : 인서트 스탯의 지름 크기에 맞추어 중심먹(+) 또는 원먹(○)을 친다(인서트 스탯 예, 스탯에는 G70형과 59형의 대소 2종류가 있다).

② 드릴링 : 구멍의 크기는 부속품의 종류에 따라 다르다. 드릴링 작업은 홀소 또는 에어 플라스마를 사용하여 실행한다.

홀소를 사용하는 경우에는 인서트 스탯의 크기에 맞는 홀소를 사용하여 중심먹에 맞추어 드릴링을 한다. 홀소는 전기드릴, 자기 드릴 스탠드와 조합하여 사용한다.
에어 플라스마를 사용하는 경우에는 원먹에 맞추어 드릴링을 한다(사진 3).
헤더 덕트와 셀룰러 덕트의 접속 장소는 사용하는 부싱 크기의 원먹에 맞추어 드릴링을 한다. 드릴링이 종료되면 자석이나 청소기를 사용하여 덕트 내의 절삭분이나 진애를 제거한다. 드릴링의 단면은 줄 등을 사용하여 평활하게 하고 발청방지 도료를 도포한다. 드릴링 장소는 사용할 때까지 가뚜껑을 덮어 둔다.

(2) 인서트 스탯의 설치

드릴링, 덕트 내의 청소 등이 끝나면 인서트 스탯을 설치한다.

셀룰러 덕트의 드릴링 장소에 플랜지를 넣고 스탯을 비틀어 넣어 셀룰러 덕트를 플랜지와 스탯으로 끼우듯이 설치한다. 콘크리트 타설시 슬래브 두께의 시공 공차(오차)를 흡수하기 위해 인서트 스탯의 상부에 높낮이 조정 링 및 캡을 설치한 후 레벨조정을 한다(그림 3).

일반적으로 높낮이 조정 링을 설치하고 레벨조정을 해도 마무리면과 동일 시공을 하는 것은 불가능에 가깝기(콘크리트의 무게로 셀룰러 덱이 내려간다) 때문에 인서트 스탯에 시공용 캡을 설치하여 콘크리트를 타설하는 경우가 많다. 인서트 스탯의 상단은 콘크리트 바닥면에서 약간 낮아지도록 높이를 조정한다.

(3) 헤더 덕트의 설치

① 종단부에 헤더 엔드의 설치 등 필요한 가공을 한다.
② 셀룰러 덕트와 헤더 덕트와의 접속 장소에 부싱을 설치한다.
③ 먹줄친 위치에 헤더 덕트를 배열하여 덕트 상호간을 커플링으로 접속한다.
④ 헤더 서포트나 덱 플레이트 고정 나사 등을 사용하여 헤더 덕트를 덱 플레이트에 고정시킨다.
⑤ 정크션 박스를 헤더 덕트에 설치한다. 박스의 상단이 콘크리트 바닥면에서 약간 낮아 지도록 높이를 조정한다(그림 4).
⑥ 정크션 박스에 가뚜껑을 설치한다. 헤더 덕트의 드릴링 가공은 공장에서 하는 경우가 많다.

[사진 3] 셀룰러 덕트 플라스마에서의 드릴링 작업

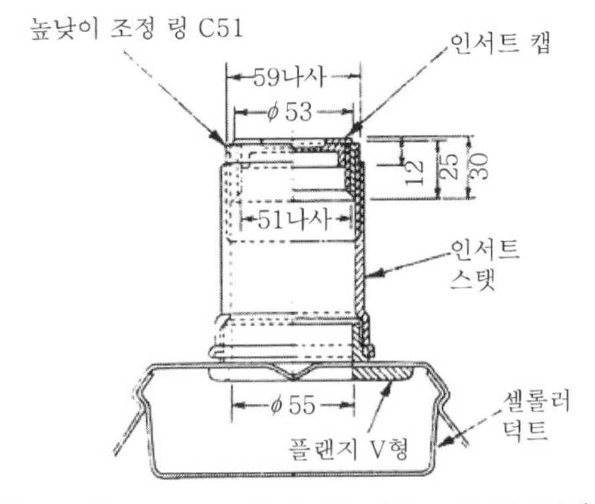

[그림 3] 인서트 스탯 설치(높낮이 조정 링 장착)

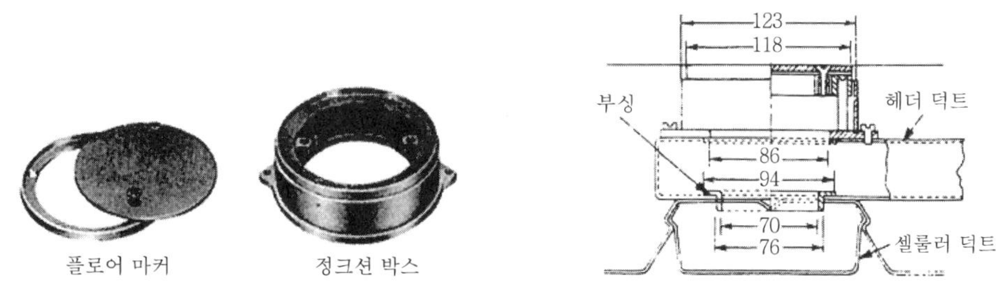

[그림 4] 정크션 박스(86형)와 설치도

6. 접지 공사

덕트는 D종 접지 공사에 의하여 접지한다. 단, 강전류 회로의 전선과 약전류 회로의 전선을 동일한 덕트에 수납하는 경우에는 사이에 견고한 격벽을 설치하고 여기에 C종 접지 공사를 한다.

7. 시공 예

셀룰러 덕트와 헤더 덕트 및 플로어 덕트와의 조합 시공 예를 그림 5, 6에 들었다.

(1) 셀룰러 덕트와 헤더 덕트 1웨이의 조합(그림 5)

간선을 헤더 덕트에서 분기 배선용으로 셀룰러 덕트를 이용한 시공 예이며, 헤더 덕트는 강전, 전화, 약전을 단일 덕트에 수용, 3개의 헤더 덕트를 배치하고 있다.

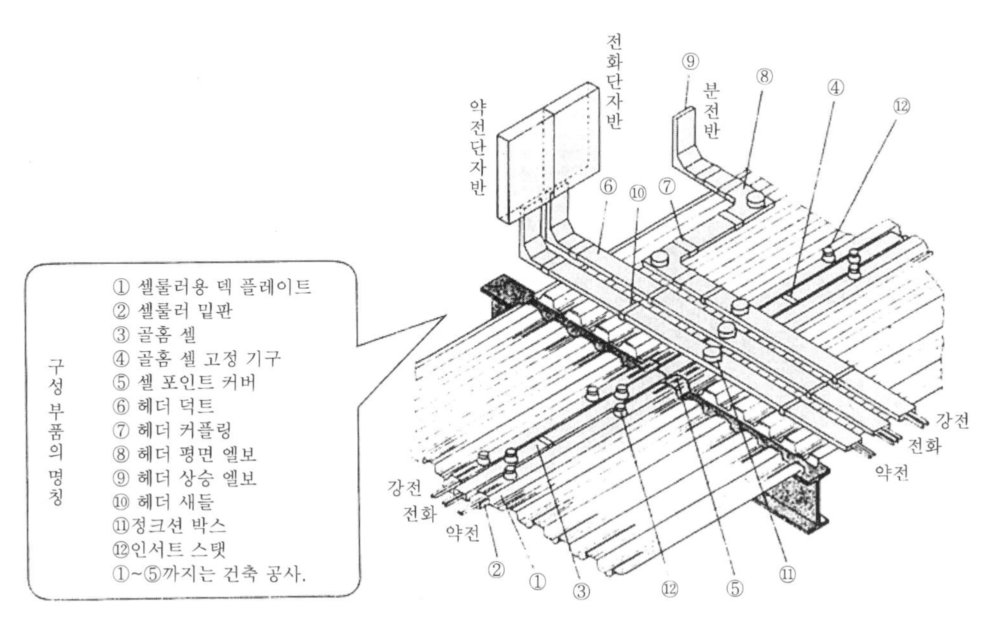

[그림 5] 셀룰러 덕트와 헤더 덕트 1웨이의 조합

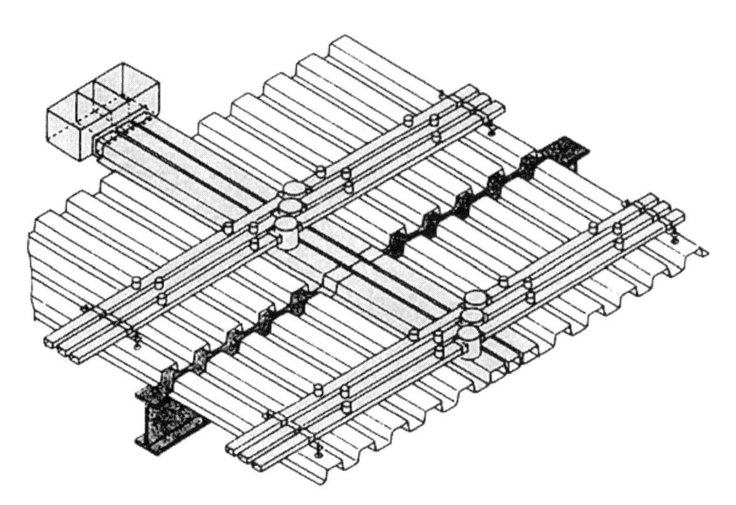

[그림 6] 셀룰러 덕트와 플로어 덕트의 조합

(2) 셀룰러 덕트와 헤더 덕트 3웨이의 조합

헤더 덕트는 세퍼레이터에 의하여 3웨이를 하나로 한 것으로 최대 폭 450mm까지 헤더 덕트 상부에 콘크리트를 덮은 강도의 한도라고 생각되므로 헤더 덕트의 단면적을 크게 하려는 경우에는 1웨이로 하는 것이 강도를 포함하여 시공성면에서 유리하다.

(3) 셀룰러 덕트와 플로어 덕트의 조합(그림 6)

셀룰러 덕트를 전원으로 플로어 덕트를 분기 배선용으로 한 시공이다.

8. 콘크리트 타설 후의 작업

먼저 콘크리트 속에 매설되어 있는 인서트 스탯을 파내어 장착한 시공용 캡을 제거하여 조정링을 접속하고 포인트인 곳은 인서트 마커, 중간은 인서트 캡을 장착하여 바닥면과 평평하게 되도록 높이를 조정한다.

정크션 박스는 비스로 바닥면과 평행이 되도록 높이를 조정하고 플로어 마커를 설치한다. 높이 조정이 종료되었으면 파낸 찌꺼기를 깨끗이 청소하고 되메운다. 덕트의 청소, 배선 기구의 장착은 플로어 덕트 공사에 준한다.

금속 덕트 공사 | 해석 제181조

금속 덕트 공사는 해석 제174, 181, 189조에 규정되어 있으며 또한 내선 규정 440절에도 같은 취지가 제시되었다. 금속 덕트 공사에 의한 저압 옥내 배선은 금속제 덕트 내에 절연전선, 케이블을 수납하여 부설하는 공사 방법으로 주로 수변전실에서 각 분전반에 이르는 간선 또는 공장 내 기계 장치에의 배선 등 다수의 전선을 수납하는 부분의 공사에 채용되고 있다.

1. 금속 덕트의 공통 사항

(1) 배관보다 건축물 공간의 점유 면적이 적다는 이점을 살려 비교적 많이 채용되고 있으며 시공상 융통성이 있어, 증설 등을 할 때에도 매우 편리하기는 하지만 보수 관리가 나쁘면 불의의 사고를 유발할 우려가 있으므로 주의해야 된다.

(2) 증설 또는 개수 공사에서 기설 금속 덕트에 배선을 추가하는 경우, 특히 전선의 단면적의 합이 규정 이내인 것을 확인한다.

- 덕트 내단면적의 20%(전광 사인 장치, 출퇴근 표시등의 장치 또는 제어회로 등의 배선에 사용하는 전선만을 수납하는 경우에는 50%) 이하로 정해져 있다.

(3) 금속 덕트 내부는 코너 등에서 전선이 손상되지 않는 구조로 한다. 또한 온도 상승에 대해서도 배려한다.

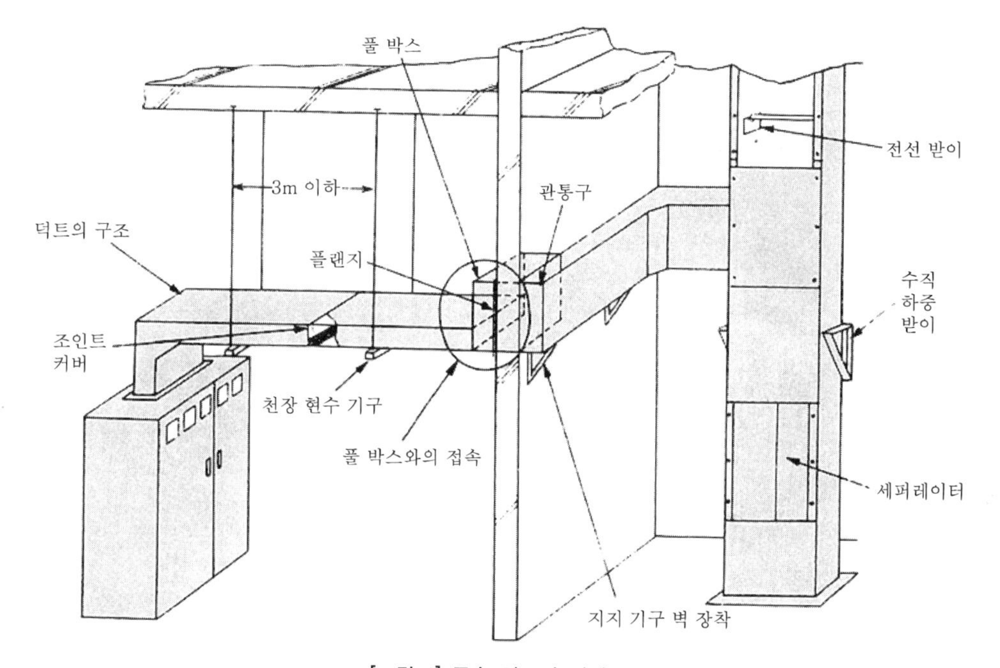

[그림 1] 금속 덕트의 전체도

(4) 덕트의 내부에는 진애 또는 뱀, 쥐 등이 침입을 막기 위해 종단부는 폐쇄한다.

(5) 덕트의 뚜껑은 쉽게 벗겨지지 않도록 비스나 경첩 등으로 고정시킨다. 뚜껑은 일반적으로 덕트의 상면에 설치하게 되는데 시설 장소의 관계로 인해 측면 또는 하면에 설치하는 경우도 있다.

2. 금속 덕트의 구조

금속 덕트 상호간을 접속하는 방법에는 다음과 같은 것이 있다(그림 2).

[제작상의 주의]

① 내부의 보강, 용접 단부는 원활하게 마무리한다(그림 2(a)).

② 내 플랜지 조인트 구조의 덕트는 조인트 부분에 커버를 설치한다(그림 2(b)).

③ 덕트의 어스 단자대는 외부 장착으로 한다(그림 3).

④ 수직 덕트 등의 경우에는 미리 전선받이를 장착한다(그림 4).

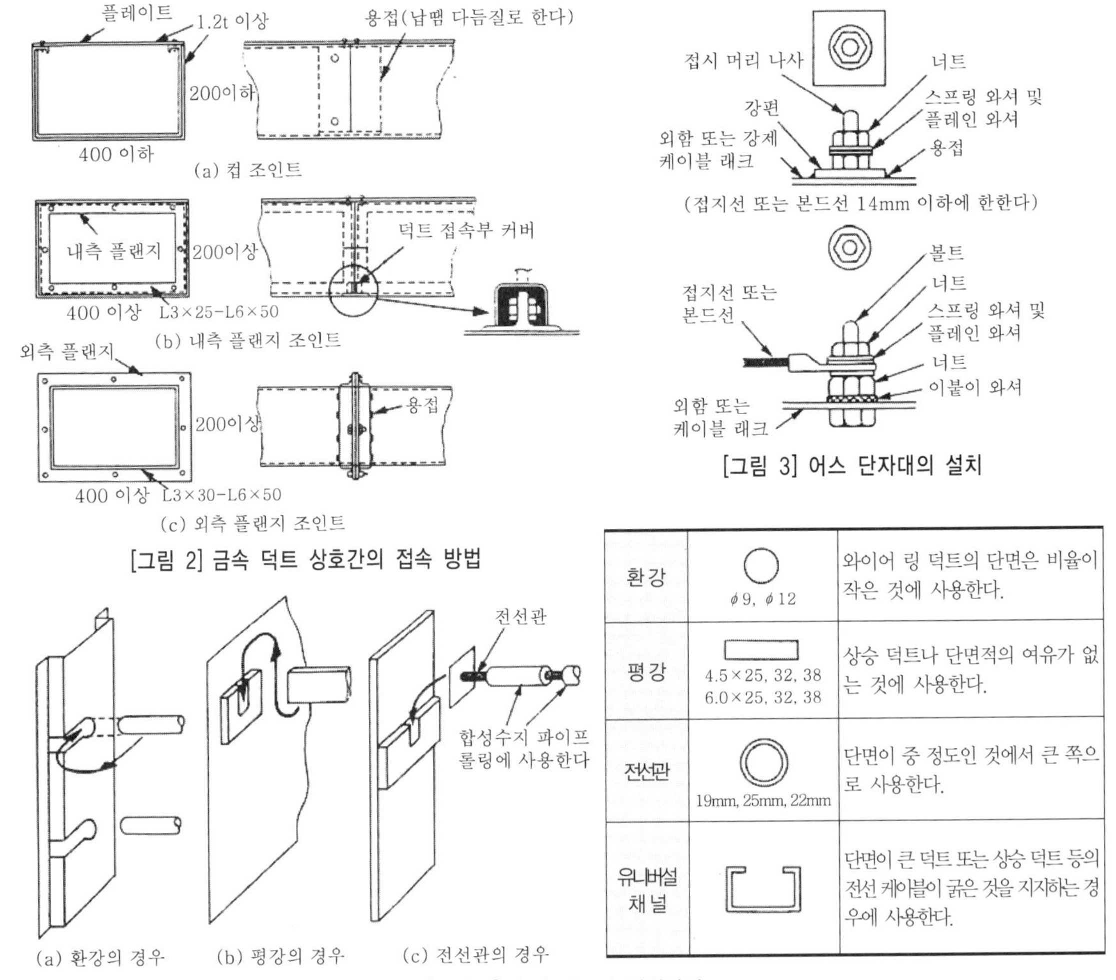

[그림 2] 금속 덕트 상호간의 접속 방법

[그림 3] 어스 단자대의 설치

환강	φ9, φ12	와이어 링 덕트의 단면은 비율이 작은 것에 사용한다.
평강	4.5×25, 32, 38 6.0×25, 32, 38	상승 덕트나 단면적의 여유가 없는 것에 사용한다.
전선관	19mm, 25mm, 22mm	단면이 중 정도인 것에서 큰 쪽으로 사용한다.
유니버설 채널		단면이 큰 덕트 또는 상승 덕트 등의 전선 케이블이 굵은 것을 지지하는 경우에 사용한다.

[그림 4] 수직 덕트의 전선받이

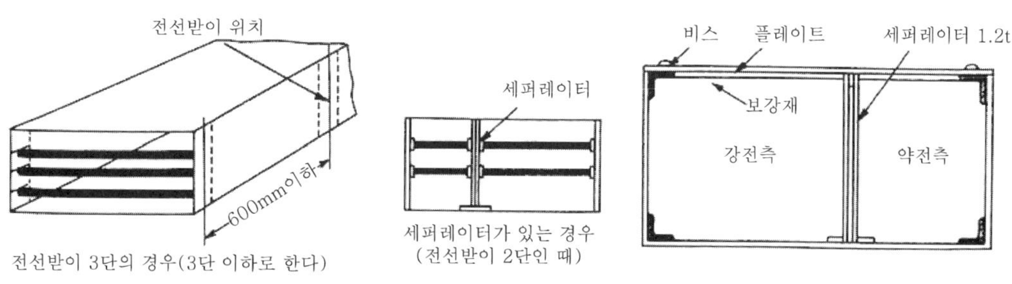

[그림 5] 세퍼레이터를 삽입하는 경우

⑤ 전선받이는 60cm 이내의 간격으로 장착한다(그림 5).

⑥ 합성수지 파이프를 넣는 경우에는 길이 50~10mm로 절단한 것을 넣고 통선시의 롤러로 하면 좋다(그림 4).

⑦ 강전측과 약전측을 구분하는 세퍼레이터를 삽입하는 경우에는 전선받이의 장착을 고려해야 한다(그림5).

3. 금속 덕트의 설치

[시공상의 주의]

① 인서트, 앵커 및 현수 볼트 등의 사이즈는 지지점에 가해지는 중량을 고려하여 결정한다(그림 6).

② 덕트의 지지점간 거리는 3m(취급자 이외의 사람이 출입할 수 없는 장소에 수직으로 설치하는 경우에는 6m) 이하에서 견고하게 설치한다(그림 7).

③ 덕트 코너의 치수는 케이블 마무리 바깥 지름의 6배 이상의 내측 반지름으로 결정한다(단, 단심 케이블인 경우에는 8배 이상)(그림 8).

④ 벽 설치 덕트의 지지는 덕트의 자중 및 전선의 중량을 계산하여 브래킷의 치수를 결정한다(그림 9).

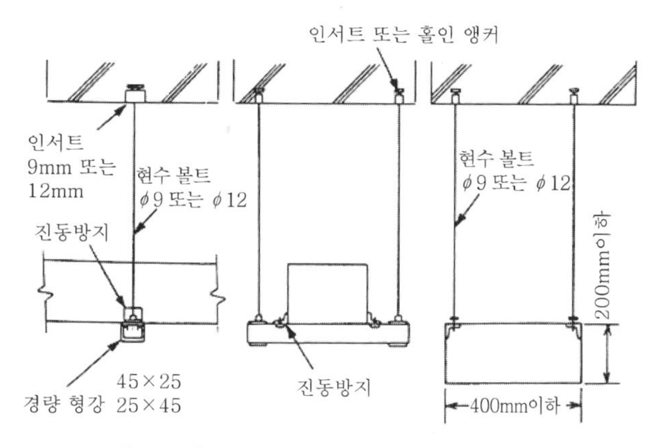

[그림 6] 인서트, 앵커, 현수 볼트의 사이즈

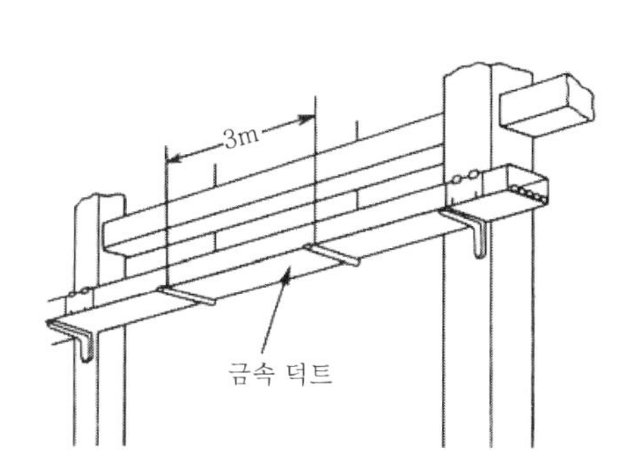

[그림 7] 덕트의 지지점 간 거리

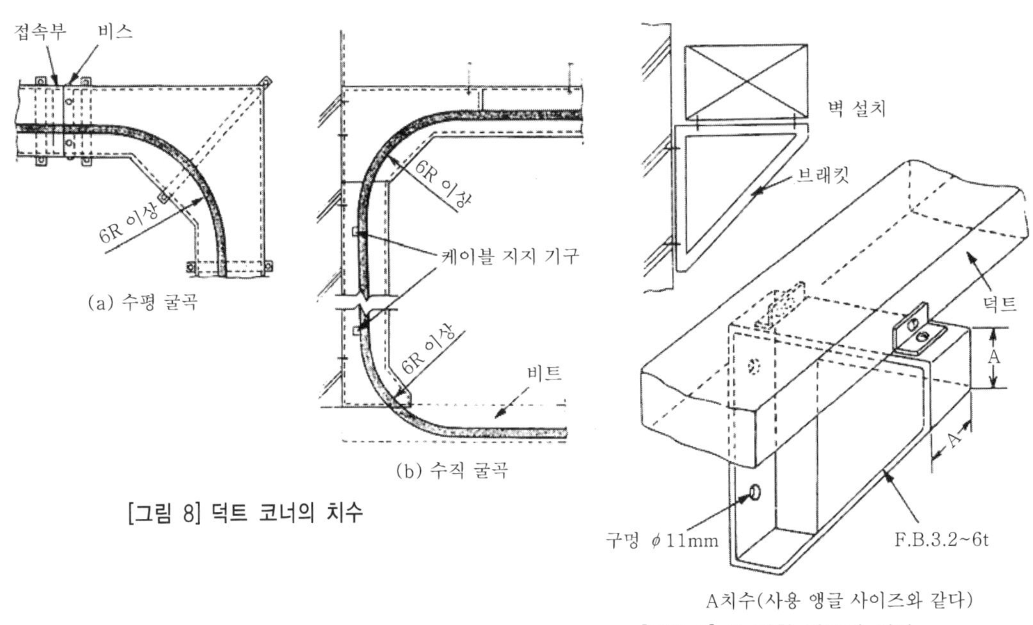

[그림 8] 덕트 코너의 치수

[그림 9] 벽 장착 덕트의 지지

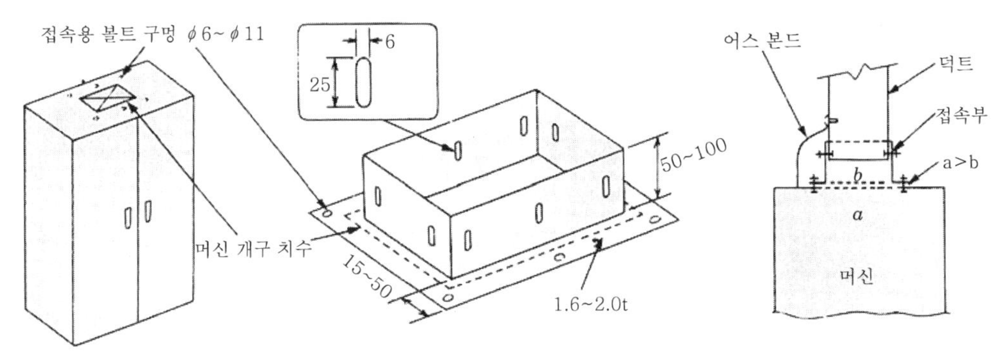

[그림 10] 반(盤)과의 접속

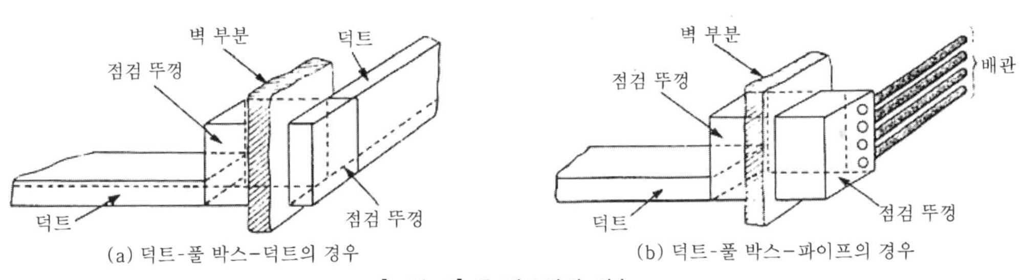

[그림 11] 풀 박스와의 접속

4. 금속 덕트의 반 및 풀 박스와의 접속

[시공상의 주의]

① 반 개구부의 치수 "a"는 "b"보다 크게 하고 버 등이 없도록 평활하게 한다. 또한 접속부와의 사이에 베이클라이트 등을 넣어 전선이 손상되지 않도록 보호한다(그림 10).

② 수평 덕트를 벽을 관통시켜서 수평 부분을 벽을 따라 배선하는 경우에는 전선을 비틀기 위한 스페이스가 필요하므로 풀 박스를 설치한다(그림 11(a), (b)).

5. 전선, 케이블의 인입

[시공상의 주의]

① 전선은 원칙적으로 회선별로 결속한다.

② 수직 덕트인 경우에는 1.5m 이내의 간격으로, 수평부는 요소에 크레모나 로프 등으로 견고하게 결속한다. 수지제 밴드의 사용에 대해서는 인장 강도의 경년 변화를 나타내는 것이 있으므로 1곳마다 사용해야 한다는 것 등을 유의한다.

③ 절연전선과 케이블 또는 약전류 전선을 동일 덕트 내에 부설하는 경우에는 세퍼레이트로 이격시킨다.

④ 덕트 접속부는 원칙적으로 외측에 접지 단자를 설치하여 폰드선으로 접속한다.

6. 분기 접속

덕트 내에서는 전선에 접속점을 설치하지 않는다. 단, 전선을 분기하는 경우 그 접속점을 용이하게 점검할 수 있을 때에는 이에 해당되지 않는다.

7. 접지 공사

접지 공사는 사용 전압이 300V 이하인 경우에는 D종 접지 공사, 300V를 초과하는 저압인 경우에는 C종 접지 공사로 한다. 단, 사람이 접촉하지 않도록 시설하는 경우에는 D종 접지 공사를 할 수 있다(금속 덕트는 다수의 중요 배선을 수납하고 있으므로 접지의 생략은 인정되지 않는다).

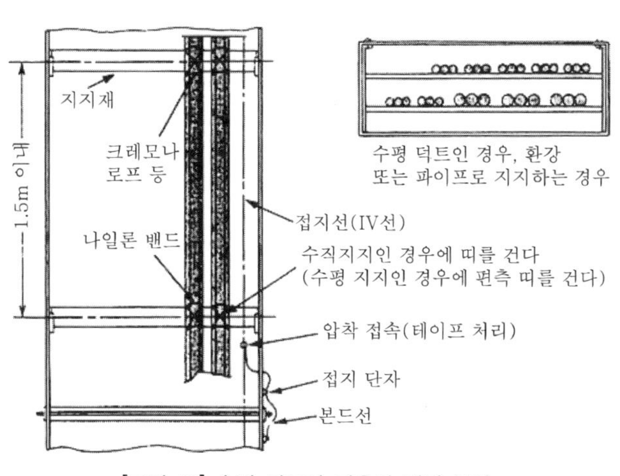

[그림 12] 수직 덕트인 경우의 접지 공사

버스 덕트 공사 | 해석 제182조

버스 덕트 배선은 금속제 덕트에 수납한 나도체 또는 표면을 절연한 도체에 비교적 대전류를 통하기 때문에 저압 간선에 채용되고 있다. 여기서는 절연 버스 덕트 공사에 대해서 소개한다.

1. 버스 덕트의 규격

버스 덕트 공사에 의한 저압 옥내 배선은 해석 제182조에 규정되어 있다. 제182조 제2항에서 버스 덕트 공사에 사용하는 버스 덕트는 다음의 규격에 적합한 것이라야 된다고 규정되어 있다. 버스 덕트의 규격은 다음과 같다.

① 도체는 단면적 20mm^2 이상의 띠상 또는 지름 5mm 이상의 관상이나 환상의 동 또는 단면적 30mm^2 이상의 띠상 알루미늄을 사용한 것이라야 된다.

② 도체 지지물은 절연성, 난연성 및 내수성이 있는 견고한 것이라야 된다.

③ 버스 덕트는 표 1의 두께 이상의 강판, 또는 알루미늄판으로 견고하게 제작한 것이라야 된다.

④ 구조는 KS C 8450「버스 덕트」의「5.1 버스 덕트 구조」에 적합해야 된다고 정해져 있다.

[표 1] 덕트의 판 두께(해석 제182조 제2항 182-1 표)

덕트의 최대 폭 (mm)	덕트의 판 두께[mm]		
	강 판	알루미늄판	합성수지판
150 이하	1.0	1.6	2.5
150을 초과 300 이하	1.4	2.0	5.0
300을 초과 500 이하	1.6	2.3	-
500을 초과 700 이하	2.0	2.9	-
700을 초과하는 것	2.3	3.2	-

2. 버스 덕트의 종류와 형상

① 버스 덕트의 종류에는 절연 · 나(裸) · 내화 버스 덕트 등이 있다.

② 형상 예(절연 버스 덕트)는 사진 1~3과 같다.

③ 절연 버스 덕트(사진 1) 전밀폐 로 임피던스형 절연 도체 버스 덕트에는 탭 오프 버스 덕트, 플러그 인 버스 덕트, 피더 버스 덕트 등이 있다.

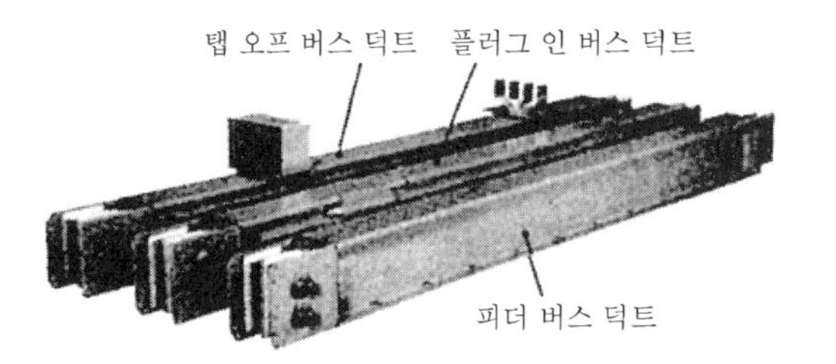

[사진 1] 절연 버스 덕트

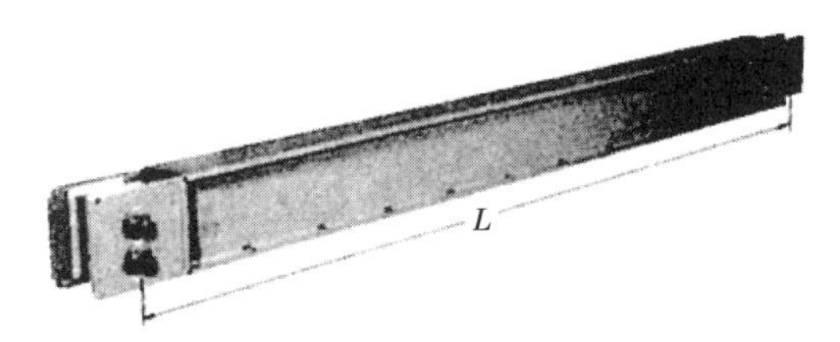

[사진 2] 피더 버스 덕트

④ 피더 버스 덕트 직선은 플러그 소켓이 없는 직선상의 버스 덕트로서 표준 치수(L)가 3m, 최소 치수(L)가 60cm이다(사진 2).

⑤ 탭 오프 버스 덕트 직선은 피더 버스 덕트에 분기 단자(탭오프)를 설치한 부하 전력용 버스 덕트이다(사진 3). 분기는 볼트 온 분기 박스를 사용하여 볼트 접속으로 한다.

⑥ 플러그인 버스 덕트는 피더 버스 덕트에 플러그인 홀을 설치한 부하 전력 분기용 버스 덕트이다. 일반적으로 부하의 이설이 많은 생산 공장 등에 적합하다(사진 4).

⑦ 수평 엘보는 임의의 각도로 구부러져 있는 버스 덕트이며 수평 엘보(사진 5)와 수직 엘보(사진 6)가 있다.

⑧ 수평 오프셋(사진 7)과 수직 오프셋(사진 8)이 있으며 단차가 있는 버스 덕트이다.

⑨ 수평 티(사진 9)와 수직 티(사진 10)는 3시방향으로 접속할 수 있는 버스 덕트이다.

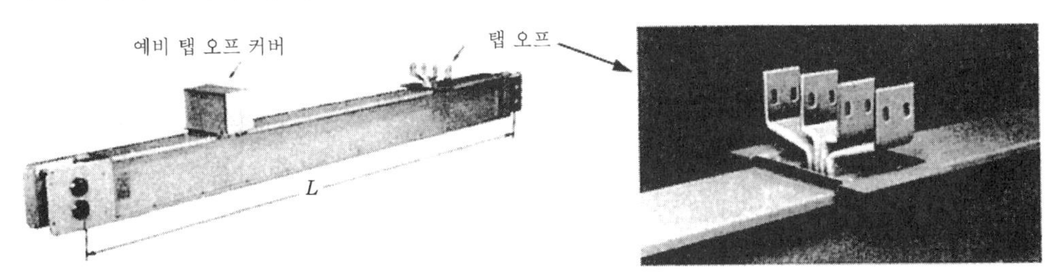

[사진 3] 탭 오프 버스 덕트

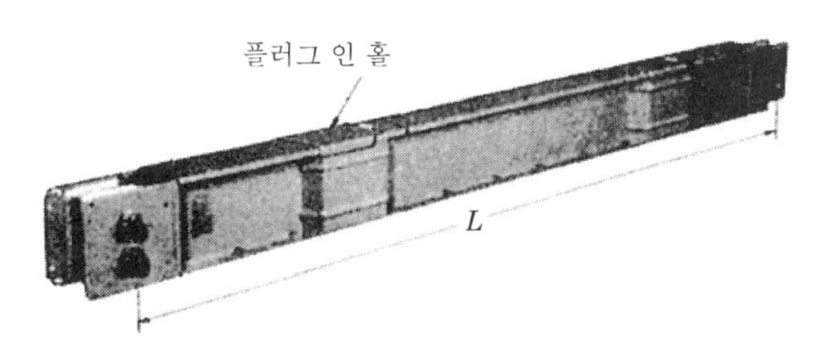

[사진 4] 플러그인 버스 덕트

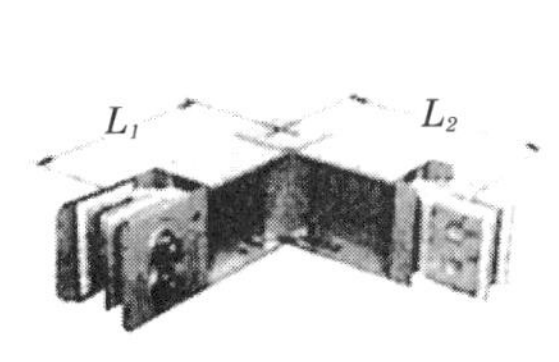

[사진 5] 수평 엘보

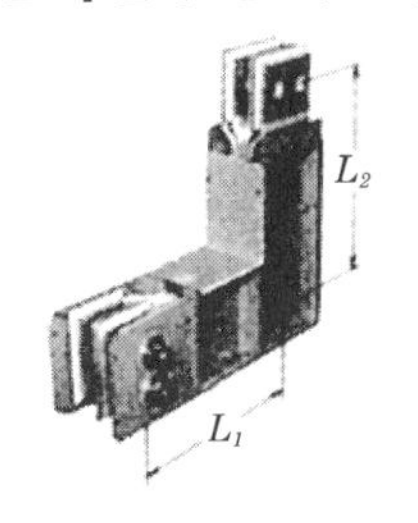

[사진 6] 수직 엘보

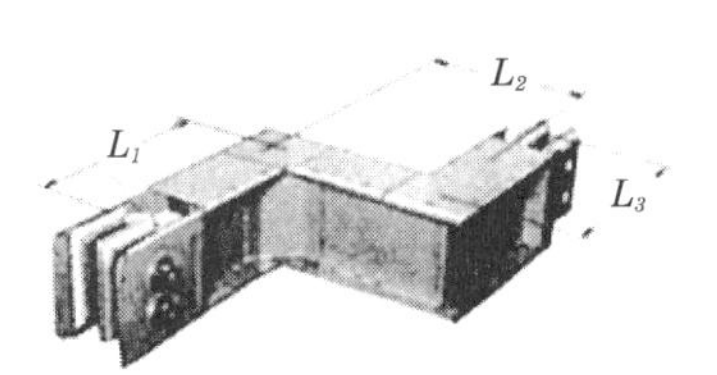

[사진 7] 수평 오프셋

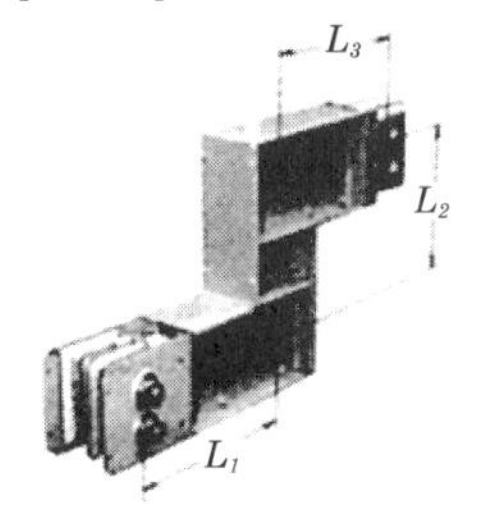

[사진 8] 수직 오프셋

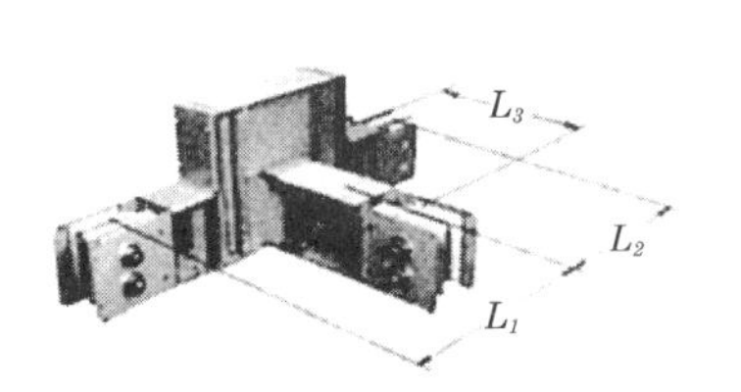

[사진 9] 수평 티

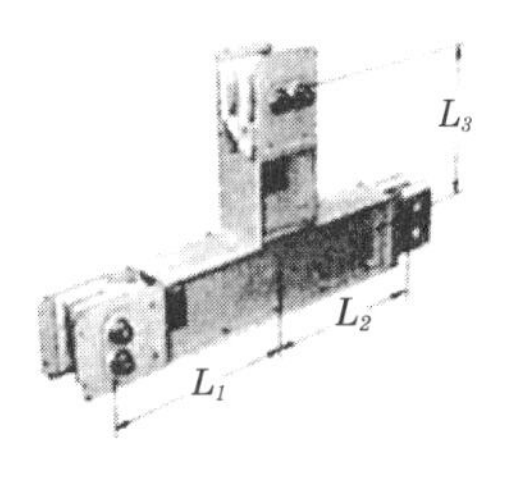

[사진 10] 수직 티

3. 버스 덕트 시공상의 주의

① 버스 덕트는 옥내의 건조한 노출 장소 또는 점검할 수 있는 은폐 장소에 시설한다. 단, 옥외용 버스 덕트를 사용하며 사용 전압이 300V 이하인 경우에는 옥측이나 옥내의 노출 장소 및 점검할 수 있는 은폐 장소에 한하여 시설할 수 있다.

② 동 도체와 알루미늄 도체를 접속하는 경우에는 이종 금속 접촉에 의한 부식이 발생하지 않도록 고려한다.

③ 덕트 상호 및 도체 상호는 기계적으로나 전기적으로나 확실하게 접속한다. 특히 도체 접속 볼트의 체결 부족은 과열의 원인이 되므로 지정된 토크로 주의하여 체결한다.

④ 덕트의 지지점간 거리가 해석에서는 3m 이하로 규정되어 있는데 1.8~2.0m 전후가 바람직하다. 또한 직선 부설이 20m를 초과하는 경우에는 필요에 따라 진동 방지시설을 한다.

⑤ 버스 덕트는 공장에서 제작되어 현장에 납입, 장착(조립), 접속된다. 메이커에 발주할 때에는 건축 구조와 다른 설비, 공조 덕트, 위생 배관 등의 관계를 충분히 검토하여 장착 경로를 조사, 측정하여 발주한다.

⑥ 저압 옥내배선의 사용전압이 300V 이하인 경우에는 D종 접지 공사를 한다. 또한 사용 전압이 300V를 초과하는 경우에는 C종 접지 공사를 한다.

4. 버스 덕트의 시공 방법

① 버스 덕트의 부설 위치와 현수 볼트나 브래킷 등 지지재의 장착 위치에 먹줄치기를 한다. 먹줄치기는 T분기나 굴곡부를 기점으로 하는 것이 좋다. 콘크리트 슬래브 건물에서는 콘크리트 타설 전 필요에 따라 인서트 스탯 등을 매립해 둔다.

② 납입된 덕트는 손상이나 부품의 분실 등이 없도록 배려하여 시공 단위별로 모아, 보관한다.
또한 장착시에는 개개 덕트의 절연을 측정하여 이상이 없는가를 확인한다. 또한 작업 종료시 덕트 전체의 측정값을 평가할 때 참고한다.

③ 버스 덕트를 천장에서 현수하는 경우에는 시공도에 의하여 수평 부설 루트에 현수 볼트를 장착하고 현수 볼트에 지지재(행어)를 장착하여 수평 레벨을 맞추어 둔다(그림 2).

④ 버스 덕트를 수직 부설하는 경우에는 바닥 지지 철물(바닥 관통부)에 채널 베이스(100×50×5t)를 앵커 볼트로 바닥에 고정시켜 둔다(사진 12).

⑤ 버스 덕트 전체를 리프팅해야 하며 도체만을 리프팅해서는 안 된다.
또한 덕트가 손상되지 않도록 리프팅을 한다. 중량물에 대해서는 체인 블록 등의 양중 기기를 사용한다.

⑥ 버스 덕트의 설치 순서는 일반적으로는 반(盤) 등의 접속부, T분기, 굴곡부를 기점으로 하여 실행한다.

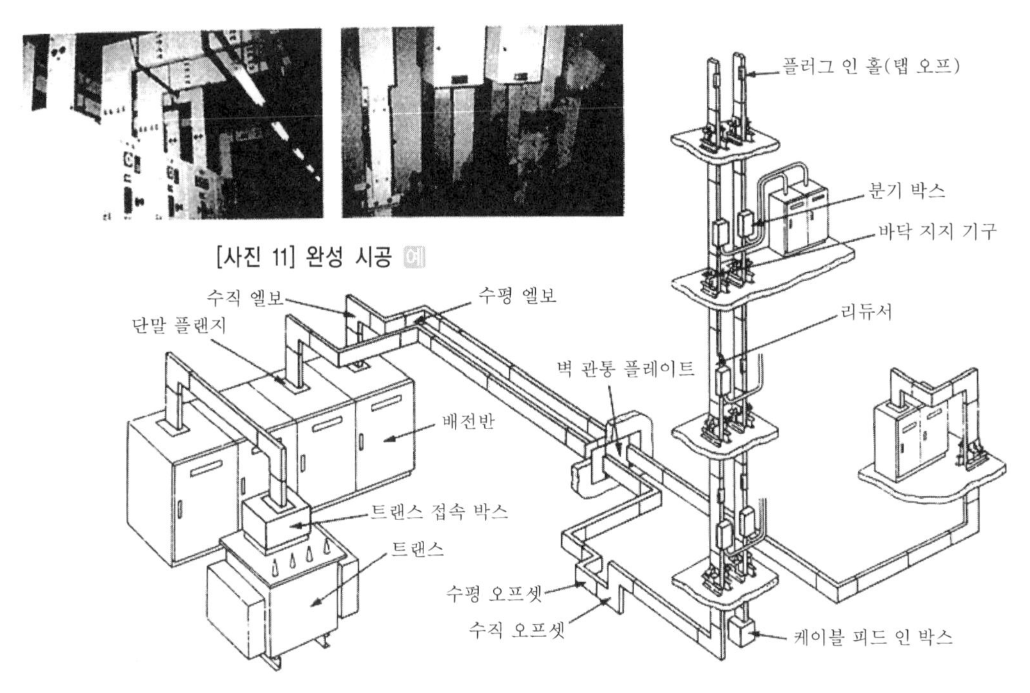

[사진 11] 완성 시공 예

[그림 1] 버스 덕트 공사의 완성도 예

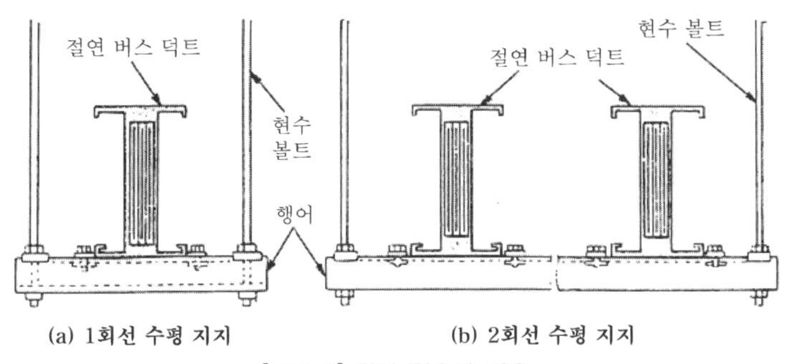

(a) 1회선 수평 지지 (b) 2회선 수평 지지

[그림 2] 천장 현수인 경우

[사진 12] 버스 덕트의 수직 부설

5. 버스 덕트의 접속

① 버스 덕트 상호간의 접속은 접속부 보호용 강제 커버를 벗기고 접속방향 및 덕트 번호를 틀리지 않도록 한다. 단, 직선 정척품인 경우에는 덕트 번호를 표시하지 않는다(그림 3).

② 하우징 접촉측 스토퍼가 충돌할 때까지 서서히 확실하게 삽입한다(그림 4).

③ 삽입이 종료되면 접촉측 판을 비스로 고정시킨다.

④ 접속 볼트는 체결 확인 링(적색 링, 청색 링)을 시공한 후에 육안으로 점검하기 쉬운 방향에서 삽입하며 접속 볼트는 가체결해 둔다(사진 13).

(주) 볼트의 본격적인 체결은 전체를 설치한 후에 한다.

⑤ 접속 상하판을 설치하여 고정 기구로 덕트를 지지재에 고정시킨다. 완료 시점에서 본격적인 체결을 한다. 버스 덕트 시공에서 가장 중요한 것은 접속 볼트의 체결이며 바르게 체결하는 것이 중요하다. 특히 일괄 체결 방식의 절연 버스 덕트인 경우에는

(a) 버스 덕트를 스토퍼가 충돌할 때까지 서로 맞물린다.

(b) 접속 볼트를 고정한다.

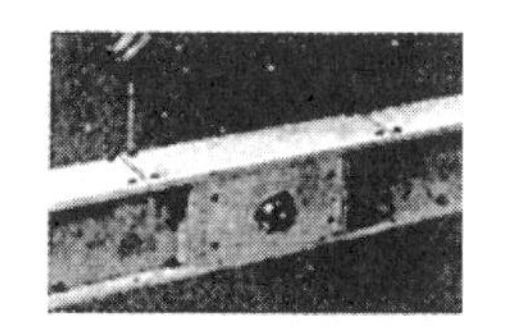

(c) 덕트의 측판, 상하판을 나사로 체결한다.

(d) 루트 전장 부설 후에 전용 렌치로 접속 볼트를 체결한다.

[사진 13] 접속 방법

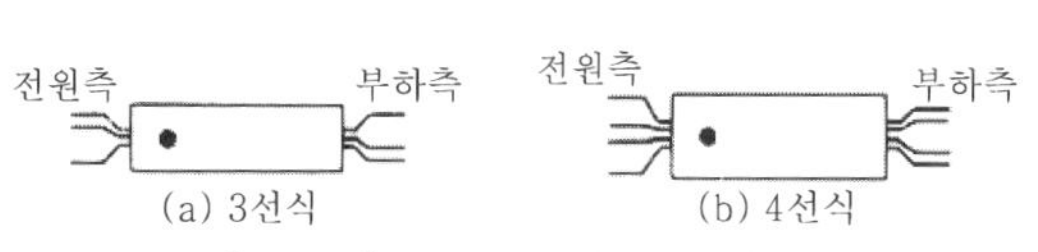

[그림 3] 버스 덕트의 접속 방향

[사진 14] 방화 구획 관통 처리

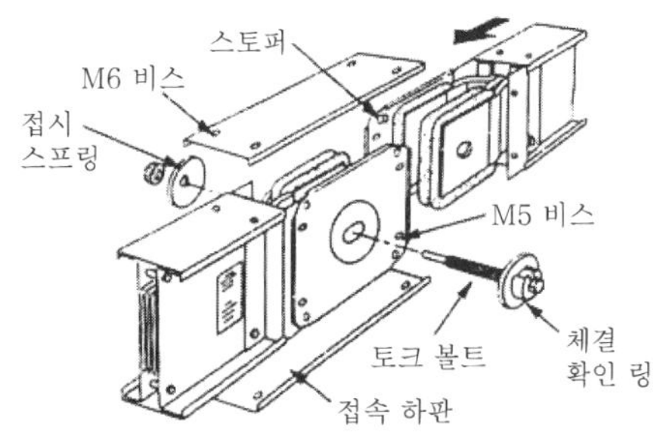

[그림 4] 버스 덕트의 접속부 구조

토크 볼트 머리를 전용 렌치로 체결하면 규정 토크에서 절단되고 적색 링이 이탈된다. 체결 망각, 체결 과부족을 완전히 방지할 수 있어 떨어진 곳에서 육안으로 점검할 수 있는 시스템이다.

[그림 5] 조인트 볼트를 사용한 접속

체결 과잉, 체결 부족 및 체결 망각 등의 체결 불량은 치명적이므로 볼트의 체결 확인 책임자 및 점검자를 선임하여 작업하는 것이 요구된다.

⑥ 체결은 표준 장비의 전용 토크 렌치를 사용하여 체결한다. 규정 토크에 도달하면 볼트 머리가 절단되고 적색 링이 이탈되며, 다시 적색 플레이트를 드라이버 등으로 이탈시킨다. 로크 기구가 세트되고 접속이 완료되면 청색 링이 남는다. 체결의 과부족을 육안으로 점검할 수 있다(그림 5).

⑦ 접지는 전원측 단말에 설치되어 있는 접지용 단자에 접속하고 버스 덕트 상호는 케이스 어스 방식으로 되어 있다.

⑧ 버스 덕트 도체의 상순 확인을 전원단과 부하단에서 한다. 종료 후에 도체 상호 및 도체와 어스간의 절연 저항을 측정하여 이상이 없는지를 확인한다.

(주) 절연 저항 측정 후에는 방전 처리를 한다.

⑨ 필요에 따라 방화 구획 관통 처리를 한다(사진 14).

6. 맺음말

이상, 버스 덕트의 규격, 명칭, 형상 등 시공 방법에 대하여 설명했는데 특히, 도체 상호간의 접속은 적정 토크로 체결하게 되며 고소 작업 및 상하 작업으로 이루어지므로 주의하여 안전하게 작업하는 것이 중요하다.

라이팅 덕트 공사 | 해석 제185조

라이팅 덕트 배선은 전용 플러그에 의하여 조명기구나 콘센트 등의 설치를 덕트 임의의 위치에서 할 수 있는 배선 방식이다. 특히, 점포나 백화점의 배치 변경 등에서 조명기구의 위치 변경이나 공장 등의 각종 소형 전동공구의 급전 등의 대응에 많이 채용된다. 또한 조이너, 엘보, 티, 크로스, 엔드 캡, 플러그, 피드 인 캡 등이 부속품으로서 준비되어 있다.

1. 라이팅 덕트 완성도 예

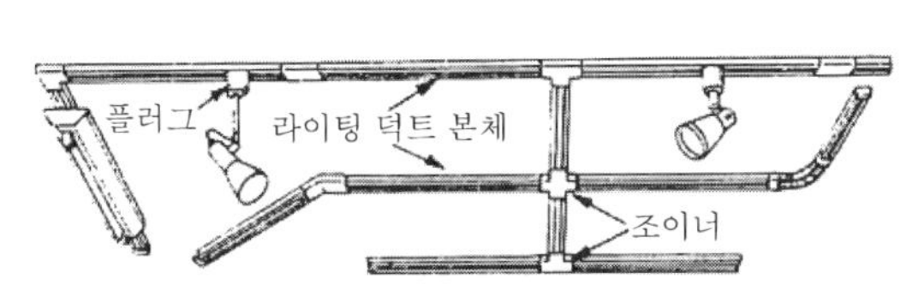

[그림 1] 라이팅 덕트 고정 Ⅰ형의 시공 예
(천장면 설치)

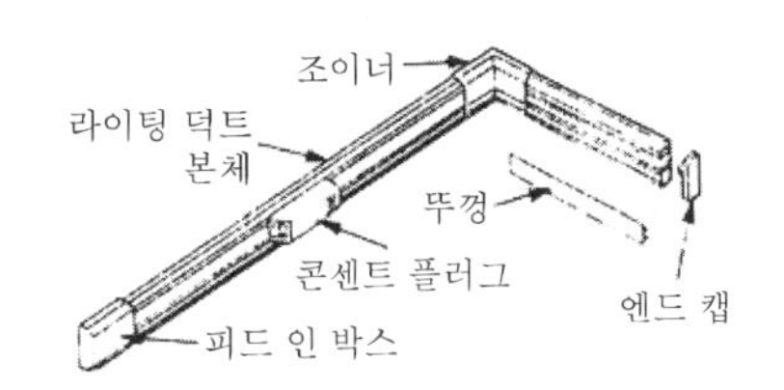

[그림 2] 라이팅 덕트 고정 Ⅱ형의 시공 예
(벽면 설치)

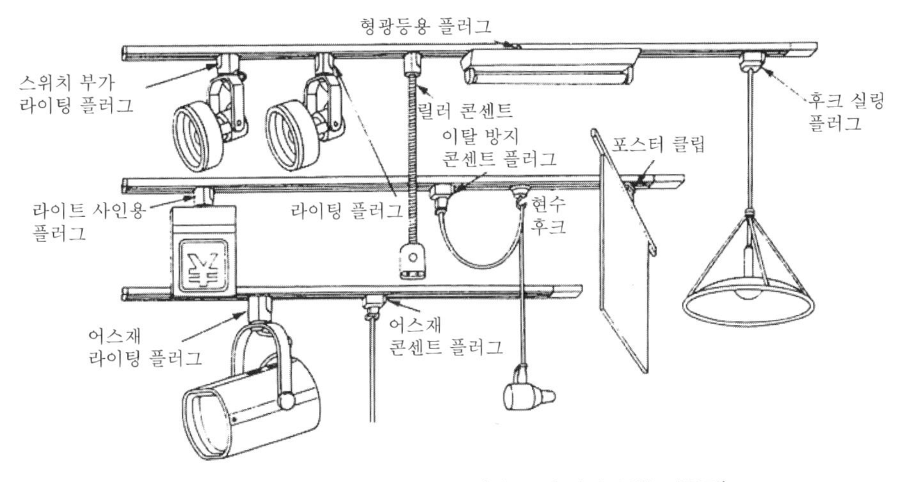

[그림 3] 라이팅 덕트 완성도 예 (피드 인 단자 부착 커플링)

2. 라이팅 덕트의 규격

라이팅 덕트의 규격은 JIS C 8366(KS C 8451)에서 다음과 같이 규정되어 있다. 이 규격은 조명기구, 소형 전기기계 기구에 전기를 공급하는 교류 전압 300V 이하, 정격 전류 30A 이하의 라이팅 덕트 및 그 부속품에 대하여 규정하고 있다.

라이팅 덕트는 절연물로 지지한 도체를 금속제 또는 합성수지제 덕트에 넣어 덕트의 전

[표 1] 종류 및 정격

<table>
<tr><th colspan="3">종 류</th><th>정격 전압[V]</th><th>정격 전류[A]</th></tr>
<tr><td rowspan="3">라이팅 덕트</td><td>고정 Ⅰ형</td><td>도체 커버 및 덕트 커버 없음</td><td>125, 300</td><td rowspan="2">15, 20, 30</td></tr>
<tr><td>고정 Ⅱ형</td><td>도체 커버 및 덕트 커버 있음</td><td>125</td></tr>
<tr><td colspan="2">주행형</td><td>125, 300</td><td>15, 20</td></tr>
<tr><td rowspan="2">커플링, 엘보, 티, 크로스</td><td colspan="2">피드 인 있음</td><td rowspan="3">125, 300</td><td rowspan="3">15, 20, 30</td></tr>
<tr><td colspan="2">피드 인 없음</td></tr>
<tr><td>피드 인 박스</td><td colspan="2">–</td></tr>
<tr><td rowspan="2">플러그, 어댑터</td><td colspan="2">고정형</td><td rowspan="2">125, 300</td><td rowspan="2">6, 10, 15, 20</td></tr>
<tr><td colspan="2">주행형</td></tr>
<tr><td>엔드 캡</td><td colspan="2">–</td><td>–</td><td>–</td></tr>
</table>

체 길이에 걸쳐 연속된 플러그 또는 어댑터의 소켓이 설치되어 있는 것이다. 사용 목적 및 구조에 따라 고정 I형, 고정 Ⅱ형 및 주행형이 있다.

라이팅 덕트의 종류 및 정격을 표 1에 들었다.

(1) 고정 Ⅰ형

조영물의 천장, 벽면 등에 소켓을 하향으로 설치하여 조명기구 또는 소형 전기기계 기구에의 전원 공급용으로서 사용하는 것을 주목적으로 한 것으로 도체 커버 및 덕트 커버가 없고 플러그 또는 어댑터를 장착한 상태로 주행할 수 없는 것이다.

(2) 고정 Ⅱ형

조형물의 부목 등에 소켓을 옆으로 설치하여 콘센트 회로로서 사용하는 것을 주목적으로 한 것으로 도체 커버 및 덕트 커버가 있고 플러그 또는 어댑터를 장착한 상태로 주행할 수 없는 것이다.

(3) 주행형

고정 I형과 설치 및 사용 목적이 같은 것으로 플러그 또는 어댑터를 장착한 상태로 주행할 수 있는 것이다.

(4) 부속품

부속품으로서 다음과 같은 것이 있다.

① 커플링 : 라이팅 덕트 상호간을 직선으로 접속하는 것(사진 1).
② 엘보 : 라이팅 덕트를 직각 또는 기타 각도로 접속하는 것(사진 2).
③ 티 : 라이팅 덕트를 3방향에서 접속하는 것(사진 3).
④ 크로스 : 라이팅 덕트를 4방향에서 접속하는 것(사진 4).

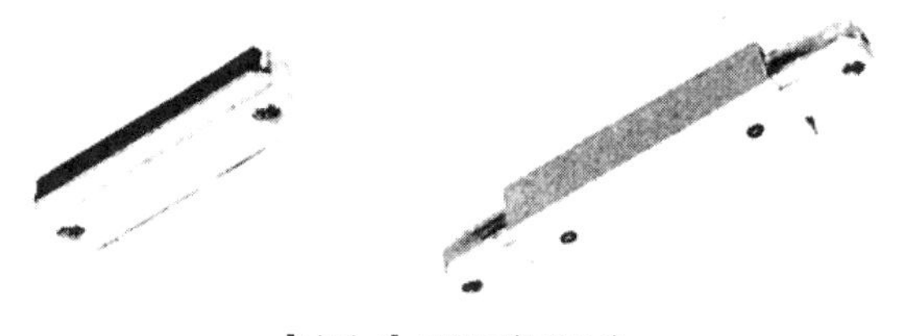

[사진 1] 커플링(조이너)

[사진 2] 엘보(조이너L)

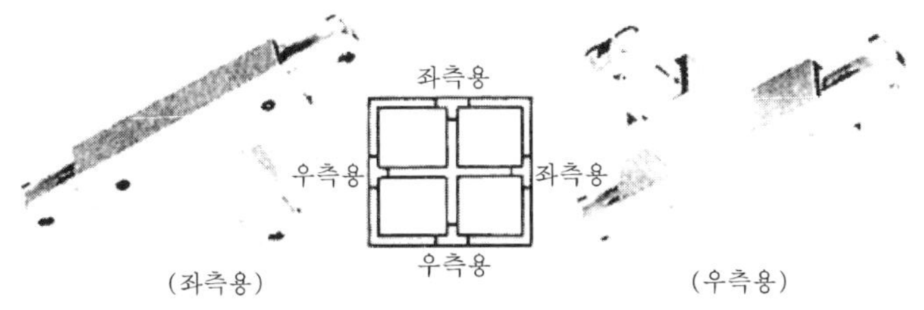

[사진 3] 티(조이너 T)

[사진 4] 크로스(조이너 +)

[사진 5] 피드 인 박스(피드 인 캡)

[사진 6] 엔드 캡

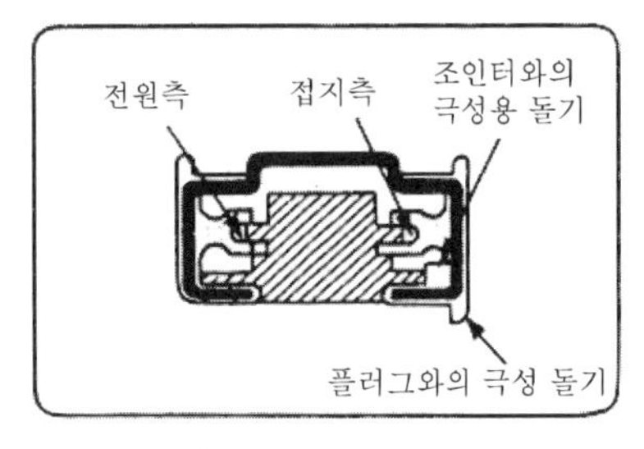

[그림 4] 배선 덕트 본체의 단면

⑤ 피드 인 : 라이팅 덕트와 전원을 접속하는 부분.

⑥ 피드 인 박스 : 라이팅 덕트의 단말로서 전원과 접속하는 부분을 가지고 있는 것(사진 5).

⑦ 엔드 캡 : 라이팅 덕트의 단말을 폐쇄하는 것(사진 6).
기타 플러그, 어댑터 등이 있다. 또한 매립용, 파이프 현수용 부품이 있다(부속품에 대해서는 메이커에 따라 명칭이 다른 경우도 있다). 부속품의 예를 위에 나타냈다.

3. 공사상의 유의사항

① 배선 덕트의 사용전압은 300V 이하로 한다.

② 배선 덕트는 옥내의 건조한 노출 장소 또는 점검할 수 있는 은폐 장소에 시설한다.

③ 배선 덕트를 사람이 쉽게 접촉할 우려가 있는 장소에 시설하는 경우에는 전원측에 정격 감도 전류 30mA 이하에서 동작 시간이 0.1초 이내의 누전 차단기를 시설해야 된다(내선 규정).

④ 배선 덕트는 바닥, 벽, 천장 등의 조영재를 관통하여 시설해서는 안 된다.

⑤ 배선 덕트를 조영재에 지지하는 경우에는 지지 장소를 배선 덕트 1개마다 2곳 이상 설치하고 지지점의 간격은 2m 이하로 한다.

⑥ 배선 덕트는 외부재에 합성수지를 사용하고 있는 경우가 있으므로 50℃를 초과하는 장소에서의 설치는 피해야 된다. 특히 고속 전단기 등으로 절단하면 외부재가 녹는 경우가 있으므로 톱(금속 톱) 등으로 절단한다(사진 7).

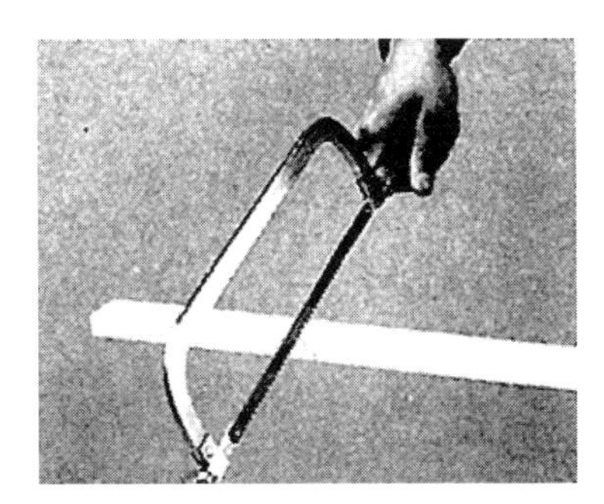
[사진 7] 톱

⑦ 배선 덕트의 종단부는 엔드 캡으로 덮는다.

⑧ 배선 덕트의 도체를 제외한 금속제 부분은 D종 접지 공사에 의한 접지를 해야 한다. 단, 배선 덕트의 길이가 4m 이하인 경우 또는 합성수지 등의 절연물로 금속제 부분을 피복한 배선 덕트 등을 대지 전압 150V 이하에서 사용하는 경우에는 접지를 생략할 수 있다.

4. 라이팅 덕트 공사의 순서

(1) 먹줄치기

① 배선 덕트 부설 위치에 먹줄을 친다. 단, 마무리면에 직접 배선 덕트를 설치하는 경우가 있으므로 먹줄치기는 초크 라인(마커 라인) 등으로 하면 된다.

② 파이프 현수의 경우에 지시 위치에 파이프 행어를 장착할 때는 정밀성이 요구된다.

(2) 배선 덕트의 가공 및 접속

배선 덕트 본체의 길이를 설치 치수에 맞추어 가공하면서 덕트 상호간의 접속을 조이너를 사용하여 실행한다. 배선 덕트는 금속 톱으로 절단하고 줄로 모떼기를 한다(그림 6).

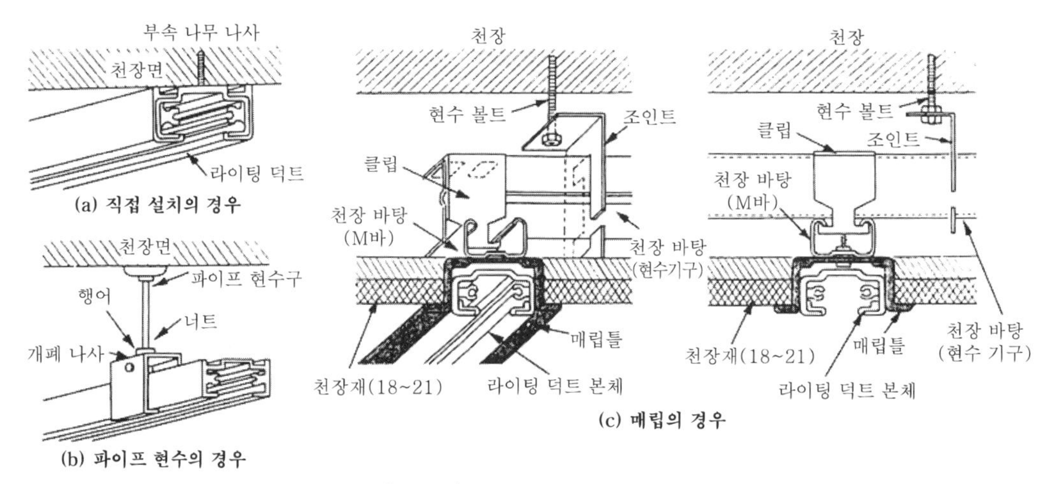

[그림 5] 배선 덕트 설치도 예

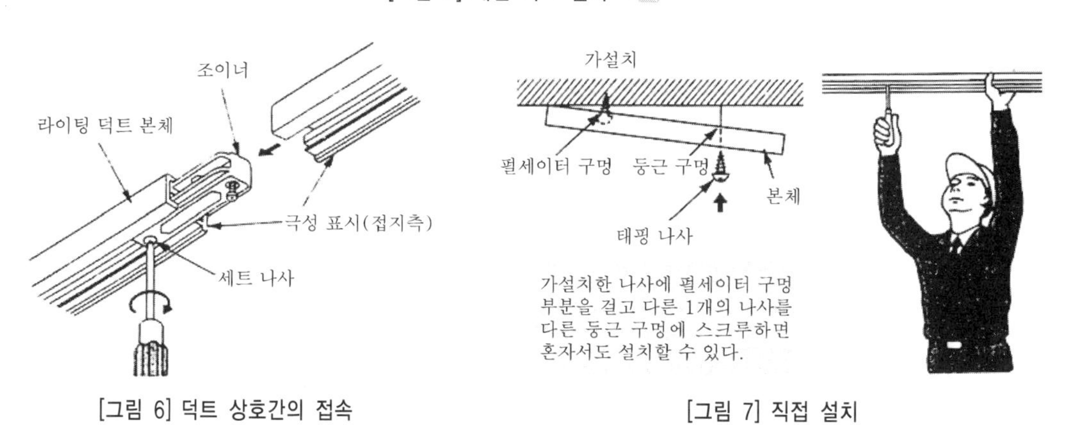

[그림 6] 덕트 상호간의 접속

[그림 7] 직접 설치

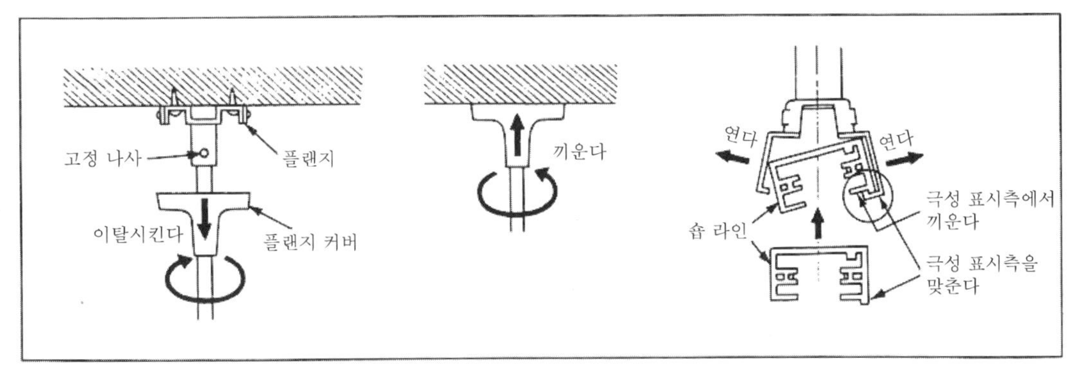

[그림 8] 파이프 현수

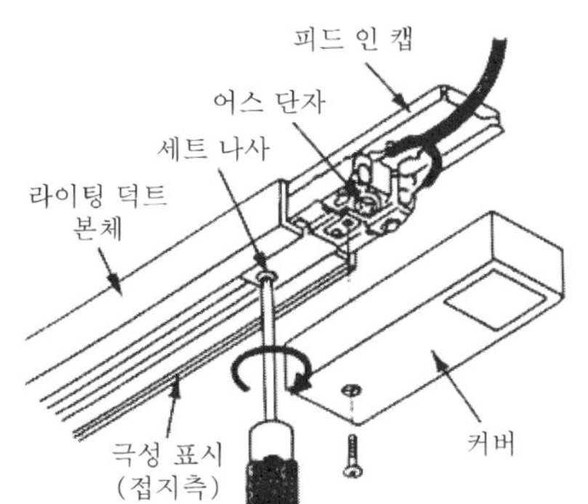

[그림 9] 전원선 접속용 피드 인 캡의 설치

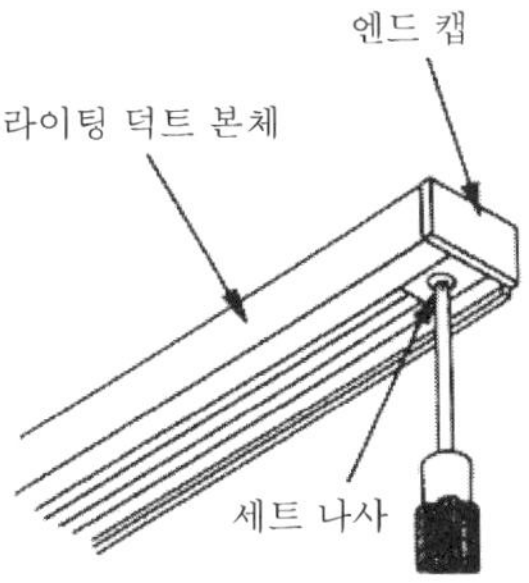

[그림 10] 엔드 캡의 설치

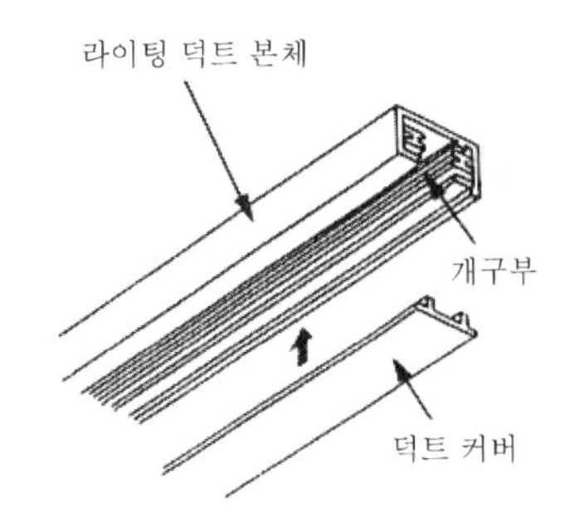

[그림 11] 덕트 커버의 설치

(3) 배선 덕트의 설치

① 직접 시설 : 조영재에 배선 덕트를 직접 설치하는 경우에는 먹줄에 맞추어 부속 나사 등으로 견고하게 한다(그림 7).

② 파이프 현수 : 파이프의 길이는 설치 치수에 맞추어 플랜지측에서 절단, 조정하고 플랜지를 조영재에 고정시킨다(그림 8). 배선 덕트 본체를 행어에 장착한다.

(4) 전원과의 접속

전원 접속용 피드 인 캡을 덕트 본체에 장착하여 세트 나사로 체결한다(그림 9). 그 때 극성에 주의한다.

전원은 스트립 게이지에 맞추어 피복을 단박리로 하여 확실하게 삽입, 접속한다.

(5) 엔드 캡의 설치

배선 덕트 종단부에 엔드 캡을 설치한다(그림 10).

(6) 덕트 커버의 설치

배선 덕트 개구부에 필요에 따라 덕트커버를 설치하여 덮는다(그림 11).

(7) 정리 및 측정

설치 작업의 종료 후에는 정리를 하고 절연저항 측정시험을 한다.

케이블 공사

해석 제187조(비닐 외장 케이블, 클로로프렌 외장 케이블, 캡 타이어 케이블, MI케이블)

케이블 공사는 금속관 공사와 마찬가지로 옥내에서는 어떤 장소에서나 설치할 수 있도록 규정되어 있는 공사 방법으로서 옥내 배선으로 저압, 고압, 특별 고압에서 실행할 수 있다.

여기서는 저압 옥내 배선 공사에 대하여 설명한다.

1. 각종 케이블의 사용상 주의사항

전선에 케이블을 사용하는 경우와 캡 타이어 케이블을 사용하는 경우가 있으며 해석 제9조에 각종 케이블의 사용이 인정되고 있는데 설치 장소에 따라 적당한 케이블을 선택하는 것이 중요하다. 부식성 가스 등이 있는 장소에는 가스의 성질에 따라 내식성이 있는 연 피복 케이블, 비닐 외장 케이블 또는 폴리에틸렌 외장 케이블을 사용하고, 폭발성 또는 가연성의 물질이 있는 장소에는 해석 제134조의 규정에 적합한 외장을 가진 케이블을 사용한다. 기타의 장소에서도 설치 장소의 조건에 따라 적당한 케이블을 선정해야 된다.

또한, 캡 타이어 케이블은 본래 이동 전선으로서 사용하는 것을 목적으로 만들어진 케이블로 일반적인 배선으로 사용하는 경우가 많고 케이블과 동등 정도의 성능을 가진 것으로 생각되는 2종, 3종 및 4종 캡 타이어 케이블 및 비닐 캡 타이어 케이블을 사용하는 배선 공사에서는 전선의 종류에 따라 사용 전압 및 설치 장소에 제한을 두고 있다(표 1).

[표 1] 전선의 종류 및 시설 장소

전선의 종류 \ 시설 장소 / 사용 전압		전개한 장소 또는 점검할 수 있는 은폐 장소		점검할 수 없는 은폐 장소	
		300V 이하	300V 초과	300V 이하	300V 초과
저압 케이블		○	○	○	○
캡 타이어 케이블	1종(천연 고무)	×	×	×	×
	비닐	○	×	×	×
	2종(천연고무)	○	×	×	×
	2종 클로로프렌	○	×	×	×
	2종 클로로술폰화 폴리에틸렌	○	×	×	×
	3종(천연 고무)	○	○	○	○
	3종 클로로프렌	○	○	○	○
	3종 클로로술폰화 폴리에틸렌	○	○	○	○
	4종(천연 고무)	○	○	○	○
	4종 클로로프렌	○	○	○	○
	4종 클로로술폰화 폴리에틸렌	○	○	○	○

(주) ○ : 시설할 수 있다. × : 시설할 수 없다.

2. 케이블의 종류와 특징

해석에서는 특수 용도의 것을 포함하여 15종류를 정하고 있는데 통상적으로 사용되는 저압 케이블에는 다음과 같은 것이 있다.

(1) 비닐 외장 케이블(VVF 케이블(비닐 절연 비닐 시스 케이블), CV 케이블(가교 폴리에틸렌 절연 비닐 시스 케이블)류)

VVF 케이블은 일반 주택 대부분의 옥내 배선 또는 빌딩 등의 조명 설비, 콘센트 설비 등의 배선에 사용된다.

또한, CV 케이블은 빌딩 등의 전원용 배선 또는 간선 설비 등의 배선에 사용된다.

(2) 클로로프렌 외장 케이블(BN 케이블(부틸 고무 절연 클로로프렌 케이블), RN 케이블(고무 절연 클로로프렌 시스 케이블)류)

클로로프렌 외장 케이블은 클로로프렌 시스의 기계적 강도 및 내유성의 강도가 필요한 경우에 사용된다.

(3) 캡 타이어 케이블

캡 타이어 케이블은 공장, 공사 현장 등 항상 굴곡을 반복하는 장소에서 사용하는 이동용 케이블로서 개발된 것으로 공장과 같은 고정된 전기사용 기계기구 등의 단소한 배선에는 가요성이 좋은 캡 타이어 케이블을 사용하는 편이 좋은 경우도 있는데 이와 같은 사용방법으로 할 경우에는 전기(電技)에 의해 사용하는 전압 및 설치 장소가 제한된다.

(4) MI 케이블(무기 절연 케이블)

MI 케이블은 저압 케이블로서 300V급과 600V급의 2종류가 정해져 있으며 용광로 등의 고열을 발생하는 장소 가까이의 배선이나 선박 내의 배선과 같이 내화 케이블로서 사용되고 있었다. 그러나 작업성이 나쁘고 고가이며 또한 소방법에서 내화 케이블로서 인정된 것이 일반화되고 있기 때문에 저압 옥내 배선 공사에는 현재 거의 사용되고 있지 않다.

3. 시공 방법

시공에서는 케이블 자체가 도체간을 절연하는 구조이며 절연체에 손상을 입히는 절연이 파괴되면 지락 사고 또는 선간의 단락 사고가 발생할 우려가 있으므로 특히 주의해야 된다. 따라서「중량물의 압력 또는 현저한 기계적 충격을 받을 우려가 있는 장소에 설치하는 전선에는 적당한 방호 장치를 설치할 것」이라는 해석상의 규정을 충분히 고려하여 시공해야 된다.

① 케이블은 새들이나 스테이플류를 사용하여 조영재에 따라 그 측면 또는 하면에 견고하게 설치, 배선한다(사진 1).

② 조영재를 따르지 않고 배선하는 경우에는 판이나 각재를 걸쳐 여기에 새들 등을 장착하거나 케이블 래크나 메신저 와이어를 깐다(그림 1(a), (b)).

③ 케이블을 새들 또는 스테이플류를 사용하여 지지하는 경우의 지지점간 거리는 케이블의 굵기에 따라 다른데 그림 2에 따르는 것이 표준으로 되어 있다.

④ 일반 옥내 배선 공사에서 케이블을 다수 설치하는 경우에는 일반적으로 케이블 래크가 사용되고 있다. 케이블의 지지점간 거리는, 수평부에서는 케이블이 진동 등으로 이동하지 않을 정도로 고정시키고, 수직부에서는 2m 이하, 캡 타이어 케이블에서는 1m 이하로 하며 그 피복을 손상시키지 않도록 설치한다. 또한 사람이 접촉할 우려가 없는 장소에서 수직으로 설치하는 경우에는 6m 이하로 한다(그림 3).

[사진 1] 유닛 케이블의 시공 예
스테이블을 사용하여 목판에 케이블을 지지한 예

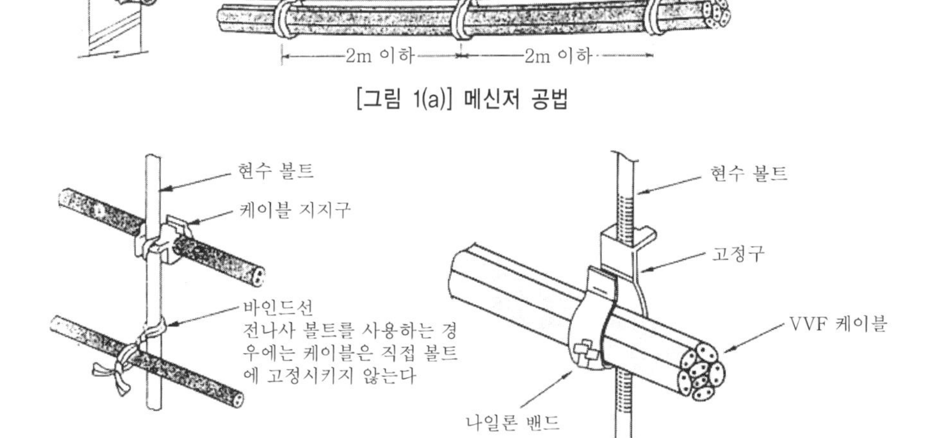

[그림 1(a)] 메신저 공법

[그림 1(b)] 현수 볼트지지 공법

[시공상의 주의]

① 케이블을 조영재의 측면 또는 하면을 따라 설치하는 경우의 지지점 간 거리는 2m 이하로 한다(도체의 지름 3.2mm 이하인 케이블이 노출된 장소로서 사람이 접촉할 우려가 있는 장소에 설치하는 경우에는 1m 이하로 한다).

② 케이블을 선행 공사로서 2중 천장 내에 배선하는 경우, 메신저 공법 또는 현수 볼트 공법 등으로 배선한다. 이 경우, 특히 분전반 주위의 케이블 수가 많은 장소에는 래크로 지지한다.

③ 은폐 배선하는 케이블은 박스 주위 등 요소를 고정시켜 케이블에 장력이 가해지지 않도록 배선한다.

④ 케이블은 약전류 전선, 수도, 가스관, 덕트 등과는 직접 접촉하지 않도록 설치한다.

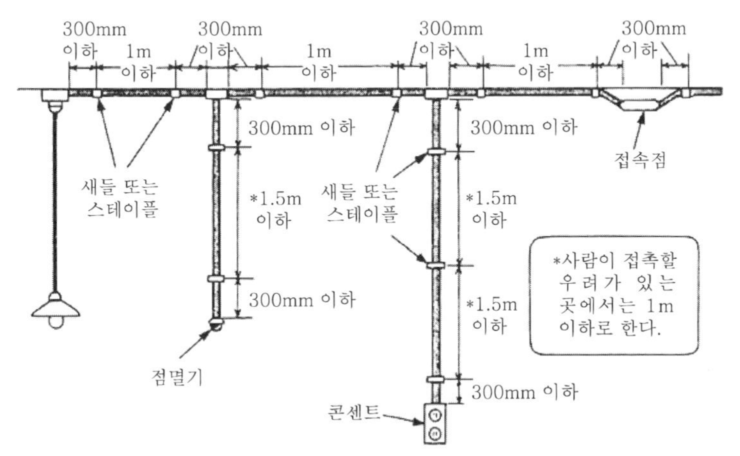

[그림 2] 설치의 구분 및 지지점 간 거리

시설의 구분	지지점간의 거리
조영재의 측면 또는 하면에서 수평 방향으로 시설하는 것	1m 이하
사람이 접촉할 우려가 있는 것	1m 이하
케이블 상호 및 케이블과 박스, 기구와의접속 장소	접속 장소로부터 0.3m 이하
기타 장소	2m 이하

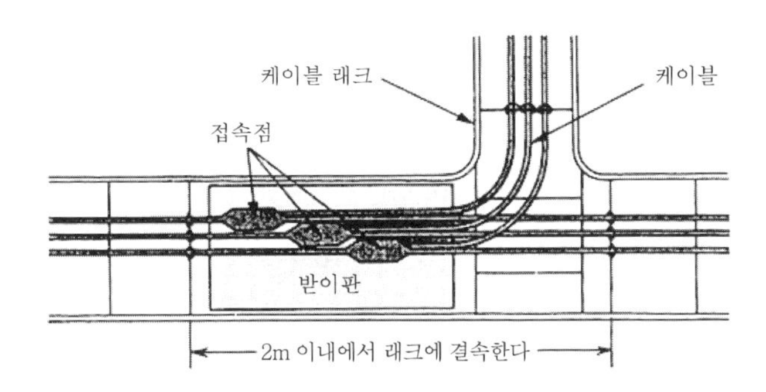

케이블 분기 처리

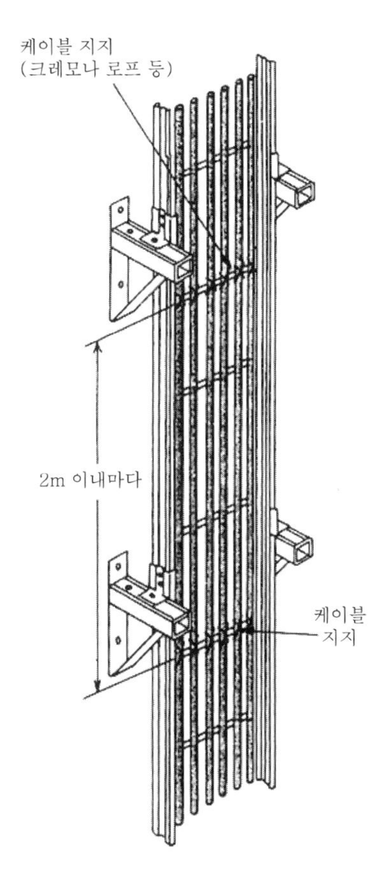

[그림 3] 케이블 래크에 의한 케이블의 지지

[시공상의 주의]

① 케이블의 지지점 간 거리는 수평부에서는 케이블이 지진 등으로 이동하지 않도록 고정시키며 수직부에서는 2m 이내마다, 굴곡 장소에서는 그 요소에서 고정시킨다(일본 건설부 사용에서는 수평부 3m 이내 수직부 1.5m 이내).

② 수직부분에서는 케이블의 중량에 의하여 피복을 손상시키지 않도록 타르드 크로스 등으로 방호하여 견고하게 고정시킨다(굵은 케이블 부설의 경우에는 요소에 지지 기구의 사용 및 지지 거더를 분산하는 등의 유의를 한다).

③ 단심 케이블을 고정시키는 경우, 자기 회로를 발생시키지 않도록 비자성재를 사용한다.

④ 케이블 굴곡부의 내측 반지름은 마무리 바깥 지름의 6배(단심 또는 고압은 8~10배) 이상으로 하며 피복을 손상시키지 않는다.

⑤ 케이블 래크상에서 굵은 케이블 상호간을 접속하는 경우에는 접속부를 비닐 테이블 등으로 충분히 피복하거나 PVC 분기 커버로 보호한다(풀 박스 내에서 접속하거나 분기 케이블 사용이 요구된다).

⑤ 상승 덕트 및 케이블 래크 지지는 중량 지지에 주의해야 된다. 케이블 지지는 중량을 1개소의 작은 거더에 집중시키지 않도록 분산하여 지지할 필요가 있다(그림 4, 사진 2).

⑥ 케이블이 충격을 받을 우려가 있는 장소에는 금속관, 합성수지관 등에 수납하는 등 적당한 방호 조치가 필요하다.

⑦ 은폐 장소로서 케이블에 장력이 가해지지 않는 경우에는 케이블을 고정시키지 않고 롤링 배선으로 해도 무방하다.

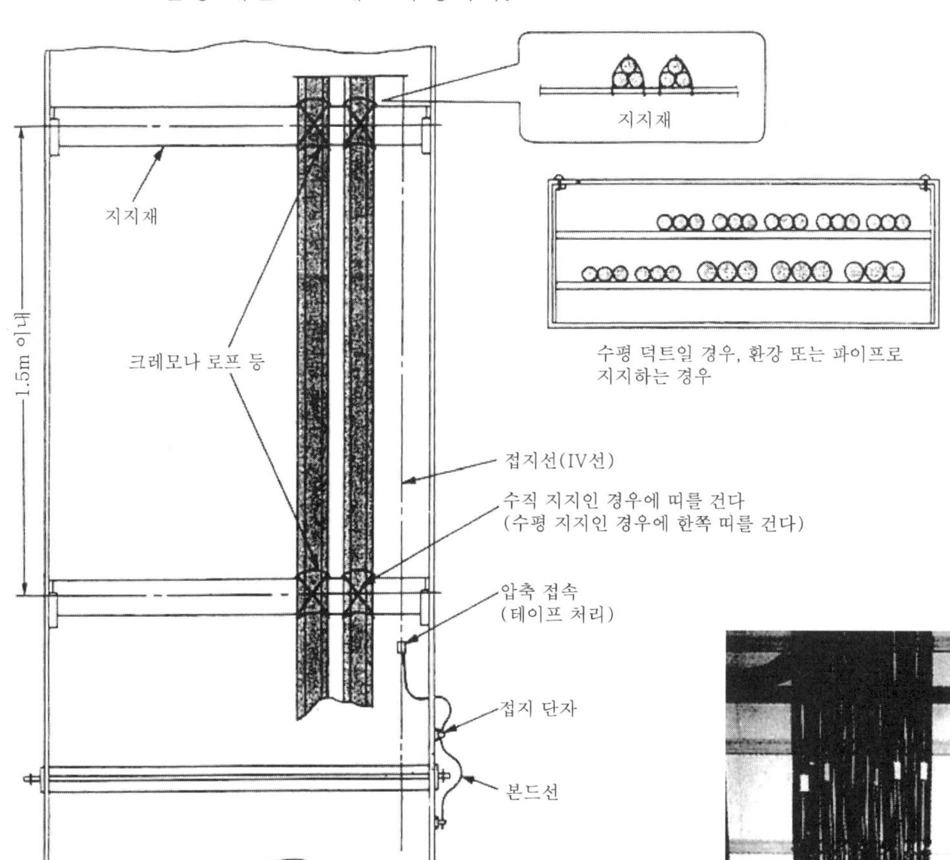

수직 덕트의 경우

[시공상의 주의]

① 전선은 원칙적으로 회선별로 결속한다.
② 수직 덕트의 경우에는 1.5m 이내의 간격으로, 수평부는 요소에 크레모나 로프 등으로 견고하게 결속한다(수지제 바인드의 사용에 대해서는 인장 강도의 경년 변화를 나타내는 것이 있으므로 1개소마다 사용함을 유의해야 한다).
③ 덕트 접속부는 원칙적으로 외측에 접지 단자를 설치하여 본드 선으로 접속한다.
④ 절연전선과 케이블 또는 약전류 전선을 동일 덕트 내에 부설하는 경우에는 세퍼레이트로 이격시킨다(전기 제197조에 「전선은 절연전선일 것」이라고 되어 있다).

[그림 4] 케이블 결속 방법

[사진 2] 작은 거더 분산 고정의 예

케이블 래크 공사

최근 고층빌딩, 고층맨션, 대형공장 등의 전기설비 간선공사에는 케이블 래크에 의한 케이블 배선이 많이 채용되고 있다.

간선공사는 종전에 금속관 공사, 금속 덕트 공사 및 버스 덕트 공사로 시공되고 있었는데 현재는 케이블 래크에 의한 CVT 케이블 배선공사가 주류로 되고 있다.

케이블 래크는 케이블 공사에서 배선용 지지재이며 전로재의 일종이다. 케이블 래크 공사 그 자체는 「전기설비기준의 해석」에서는 직접 규정된 조항은 없고 제187조(케이블 공사) 및 내선 규정의 450절(케이블 배선)에 표시되어 있는 정도이다. 현장에 있어 시공 공정에서는 케이블 래크 설치 공사와 케이블 연선 시기가 다르므로 일반적으로는 케이블 배선과는 별도의 시공 공정에서 계획, 시공되고 있다.

1. 케이블 래크의 종류

케이블 래크의 종류에는 형상, 재질, 구성 부품 등으로 구별된다.

(1) 형 상

형상은 사다리형(a)과 트로프형(b)으로 크게 분류된다(그림 1).

사다리형은 주 거더에 보조 거더를 일정한 간격으로 설치한(용접, 비스 고정) 사다리 모양의 것으로 일본에서는 케이블 래크의 주류이다.

트로프형은 재료를 "ㄷ"자로 한 것으로 아래에서 케이블이 보이지 않고 통신 케이블 등의 가는 것이나 유연한 케이블이라도 늘어질 우려가 없는 등의 특징이 있다.

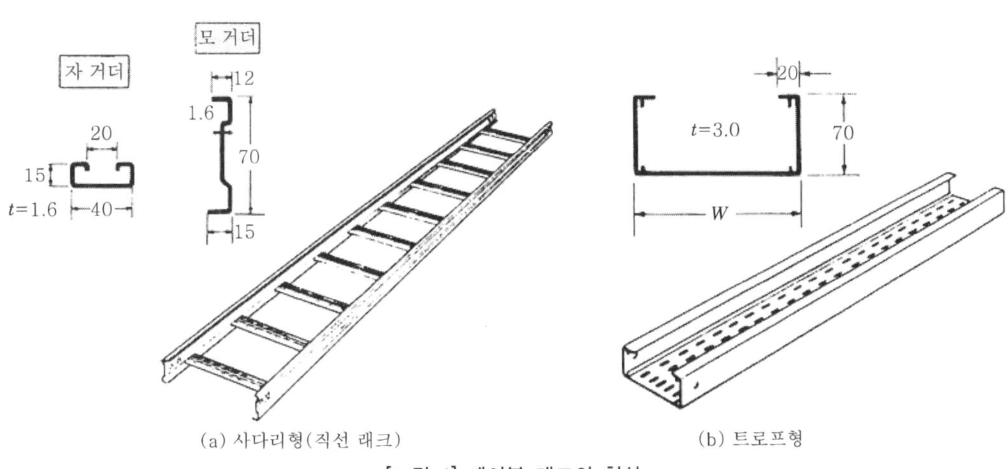

(a) 사다리형(직선 래크)
(b) 트로프형

[그림 1] 케이블 래크의 형상

(2) 재 질

- 강제(아연 도금강, 표면 무처리 강판 등)
- 알루미늄 합금제
- 수지제(염화 비닐(PVC), 강화 플라스틱(FRP) 등)

특징으로, 알루미늄 합금제의 경우는 매우 가볍고 강제의 약 1/3이며 설치, 운반이 용이하다. 또한 쉽게 발청되지 않는 깨끗한 마무리를 할 수 있다는 것을 들 수 있으며, 수지제의 경우는 내식성이 우수하다. 가볍고 가공이 용이하며 절연성이 좋다. 또한 FRP에 대해서는 강도도 우수하다는 것을 들 수 있다.

(3) 구성 부품

구성부품은 주요 부품(본체)·부속품 및 지지 재료까지 포함하여 수가 매우 많다. 케이블 래크의 주류로 되고 있는 강제 사다리형의 대표적인 구성 부품에 대하여 아래에 소개한다. 메이커 재료를 보고 이 부품에 대해 숙지하면 유효하게 부품을 선정·사용할 수 있고 작업 효율의 향상(시간단축)을 기할 수 있다.

① 직선 래크(그림 2)

직선 래크는 케이블 래크의 주요 부분이며 표준형은 정척이 3m이고 모 거더의 높이가 70mm, 자 거더 피치가 300mm이며 지지 고정은 아크 용접·비스 고정이다. 모 거더의 높이는 중량(中量)형이 100mm, 중량(重量)형이 150mm이다.

② 벤드 래크(그림 3)

벤드 래크는 굴곡 부분에 사용되는 래크로, 수평·수직 래크가 있으며 분기 부분에 사용되는 래크이다.

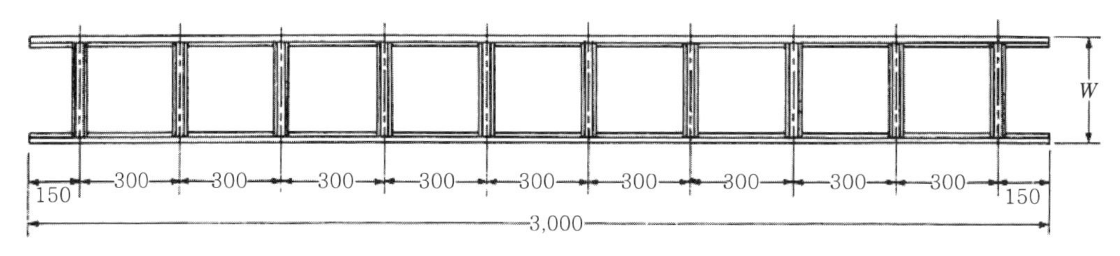

[그림 2] 직선 래크

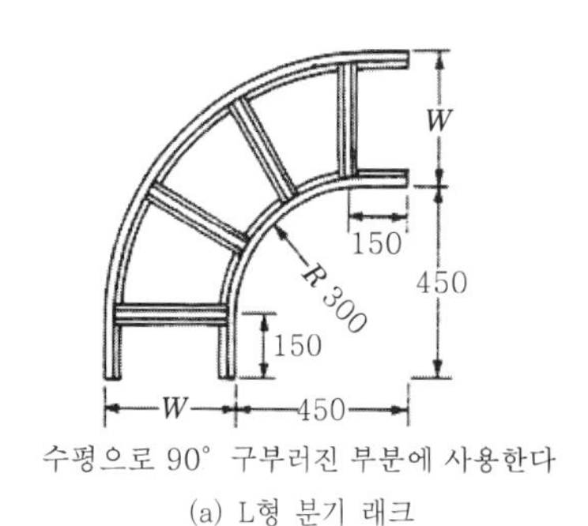

(a) L형 분기 래크

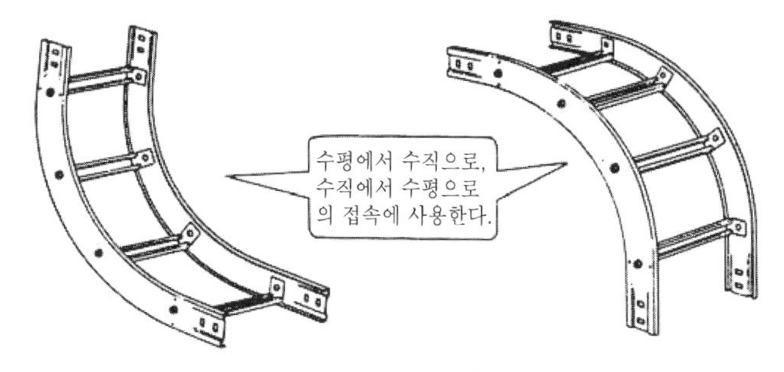

(b) 인사이드 벤드 래크 (c) 아웃사이드 벤드 래크

[그림 3] 벤드 래크

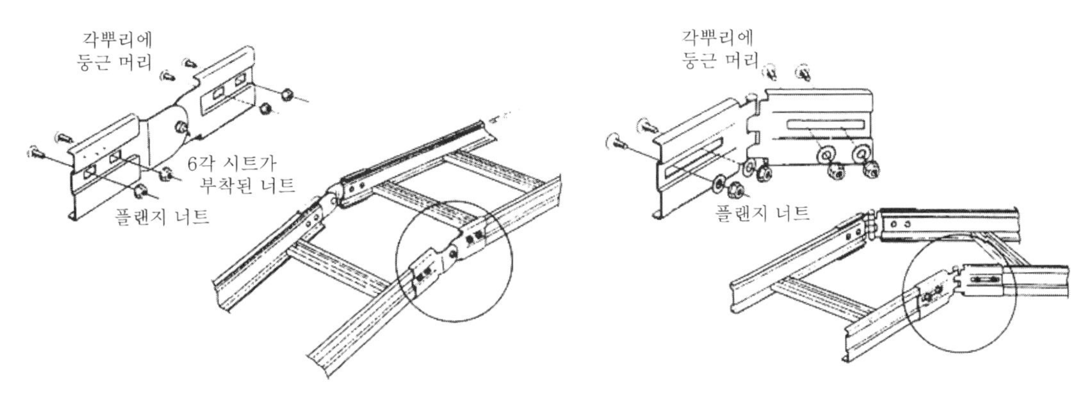

(a) 자재 이음 기구(상하 방향으로 흔든다)　　(b) 경첩 이음 기구(수평 방향으로 흔든다)

[그림 4] 접속 기구

③ 부속품

부속품은 주로 래크 상호의 접속기구 등으로 다음과 같다.

커플링 기구 : 래크 상호의 접속에 사용한다.

자재 커플링 기구 : 상하 방향으로 흔드는 경우에 사용한다(그림 4(a)).

경첩 커플링 기구 : 수평 방향으로 흔드는 경우에 사용한다(그림 4(b)).

엔드 캡 : 래크의 단말을 덮는 경우에 사용한다.

세퍼레이터 : 고압과 저압 케이블, 저압 케이블과 제어 케이블 등을 설치하는 경우에 격벽으로서 사용한다. 기타, 단말 보호 캡 등이 있다.

④ 지지재

지지재에는 현수 볼트, 덕트(C형강) 고정기구, 진동방지 기구, 현수기구, 브래킷 등이 있다.

2. 케이블 래크의 선정

설치 장소, 케이블의 종류, 개수, 중량 등을 고려하여 래크를 선정한다. 또한 시공 환경에 견딜 수 있는 시공을 한다.

(1) 케이블의 중량

케이블의 중량에 따라 래크를 선정한다.

(2) 케이블 래크의 폭

케이블 사이즈, 개수(장차의 증설을 예상한 수량) 등에 의하여 래크의 크기(폭)를 결정한다. 또한 케이블의 허용 벤딩 반지름을 충분히 확보할 수 있는 폭으로 한다(표 1).

[표 1] 케이블 최소 벤딩 반지름

	트리플렉스 3심		단심 케이블	
차폐 동 테이프	없음	있음	없음	있음
저압 케이블	6배 이상	8배 이상	8배 이상	10배 이상
고압 케이블		8배 이상		10배 이상

(주) 벤딩 반지름이 케이블 마무리 외형의 1배

(3) 설치 장소

설치 장소의 환경에 적합한 래크를 선정한다.

3. 케이블 래크의 수평 설치

케이블 래크의 설치, 시공 순서는 그림 5와 같다.

(1) 관통 프레임

케이블 래크 배선이 벽, 바닥을 관통하는 경우에는 개구부를 설치하기 위해 그 장소에 관통 프레임을 설치한다.

① 관통 프레임의 치수(크기)

관통 프레임의 치수는 공법의 개구부 면적(케이블이 벽, 바닥을 관통하는 개구의 크기로, [m^2]로 표시한다)에 맞추어 목제(임시 프레임) 또는 강제의 프레임을 제작한다. 가령, 공법의 개구부 면적이 0.24m^2이면 관통 프레임의 치수는 1.2m×0.2m 이하가 된다. 제작에서는 공법의 개구부 면적을 확인하여 한다.

② 벽 관통

구체 공사의 벽 거푸집 시공시에 맞추어 거푸집에 설치 위치를 먹줄치기하고 먹줄에 맞추어 관통 프레임을 못 등으로 설치한다(사진 1~3).

(2) 인서트 스터드의 설치

케이블 래크의 지지는 천장에서 현수 볼트로 지지하는 방법이 일반적이다.

인서트 스터드의 설치는 슬래브 콘크리트 타설 전에 슬래브 거푸집에 못으로 고정시키거나 덱 플레이트(강판 파형 플레이트)의 경우에는 구멍을 뚫고 박아넣어 설치한다(사진 4, 그림 6).

천장에는 공조 덕트, 위생 배관 등이 시공되므로 케이블 래크의 설치 위치(환경・높

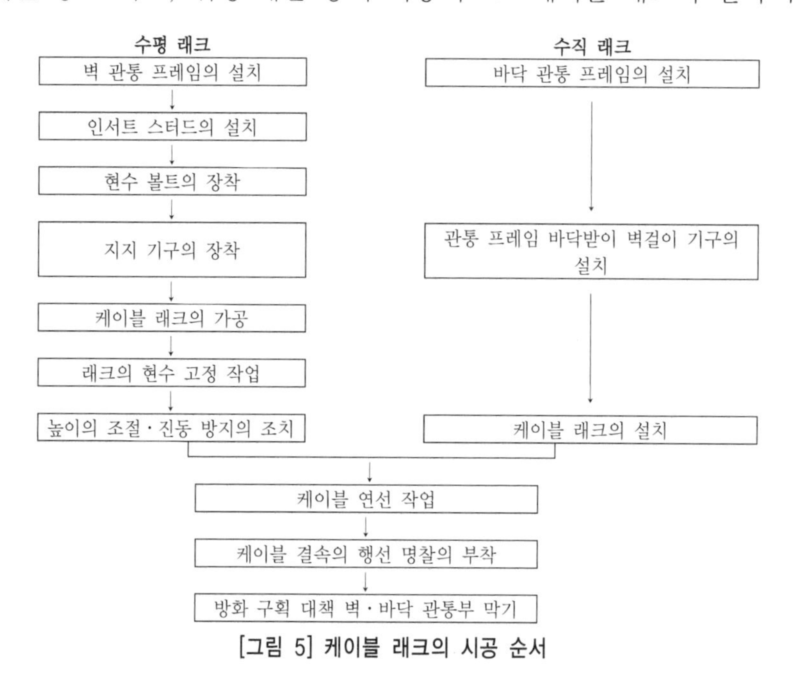

[그림 5] 케이블 래크의 시공 순서

[사진 1] 콘크리트 타설 전의 벽 프레임(강제) 설치도

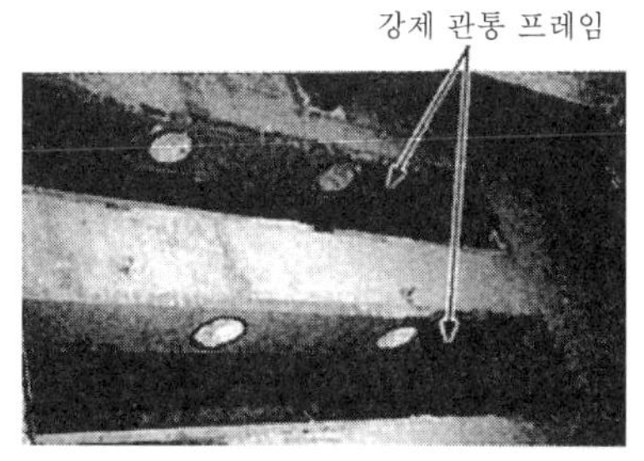

[사진 3] 콘크리트 타설 후의 벽 관통 프레임 설치도

[사진 2] 콘크리트 타설 전의 벽 관통 프레임(목제) 설치도

[사진 4] 인서트 스터트 설치를 위한 드릴링

이)의 관계를 협의하여 고저(상하)·굴곡(좌우)이 적은 위치, 루트를 결정한다.

(3) 현수 볼트와 지지 간격

현수 볼트는 주로 9mm(3분), 12mm(4분)가 사용되고 있다.

현수 볼트의 간격은 강제 래크에서는 2m 이하, 알루미늄 래크에서는 1.5m 이하로 되어 있다. 또한 래크의 굴곡, 접속한 장소에는 필요에 따라 현수 볼트로 지지한다.

(4) 래크의 가공

시공상 상하·좌우로 구부리거나 길이를 좁히는 경우에는 래크의 절단·드릴링 가공 작업이 수반된다.

(5) 지지 방법

래크의 지지 방법에는 기성 제품인 현수 기구, 강재(홈형강·덕터·앵글 등), 브래킷(벽면에서의 지지) 등을 사용하여 실행한다. 케이블의 중량, 래크 폭, 설치 장소에 따라 지지 방법을 선택한다.

① 현수 기구를 사용하는 방법

현수 기구를 사용하는 방법은 일반적으로 경량 래크에 사용된다. 지지하기 위해서는 기구로 모 거더를 끼워 지지한다(그림 7).

② 강재를 사용하는 방법

중중량형(中重量型), 중량형 및 폭이 넓은 래크는 강재(홈형강·덕터·앵글 등)를 사용하여 지지한다(그림 8). 지지 기구(현수 기구·강재)에 대해서는 자 등을 사용하여 바닥에서 대략적인 높이·수평을 맞추어 설치한다.

(6) 래크의 현수

케이블 래크는 수평·수직 모두 직선 시공이 이상적인데 설치 장소에 따라 상하·좌우로 래크를 구부려서 설치하는 것이 필요하다. 굴곡 장소에는 벤드 래크를 사용한다.

케이블 래크를 소정의 장소에 설치하기 전에 바닥 위에서 이들 부품을 한쪽에 임시로 장치하여 차례로 현수 기구 또는 강재에 실어 조립한다.

(7) 높이의 조정, 고정, 진동방지

① 높이의 조정

케이블 래크의 높이 조정은 지지 기구가 대략적인 높이에 설치되어 있으므로 미조정은 실을 치거나 레벨을 사용하여 래크의 수평을 조정한다.

② 고 정

고정은 너트를 상하에서 체크하여 래크를 고정시킨다.

③ 진동 방지

진동 방지는 현수 볼트가 긴 경우 또는 래크가 직선으로 긴 경우에 설치 장소에 따라 래크가 가로로 흔들리는 것을 방지하기 위해 벽, 들보, 천장 등에서 볼트·강재를 사용하여 진동방지 조치를 한다.

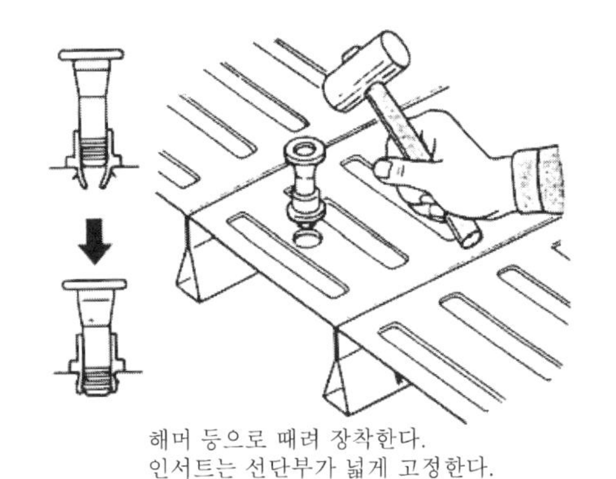

해머 등으로 때려 장착한다.
인서트는 선단부가 넓게 고정한다.

[그림 6] 인서트 스터드의 설치

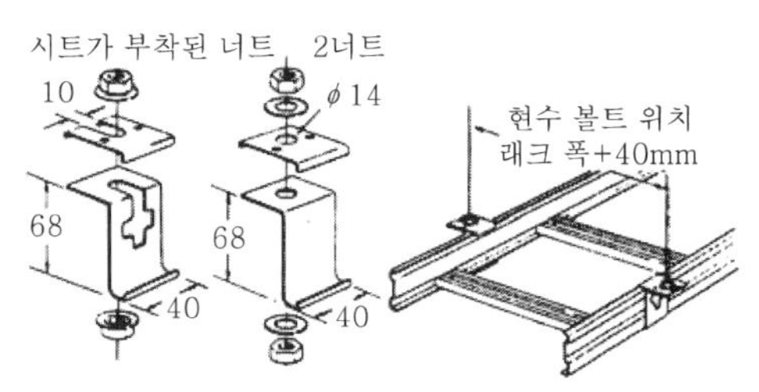

현수 기구(모 거더에 현수 볼트를 장착하여 지지하는 기구)

[그림 7] 현수 기구를 사용하는 지지 방법

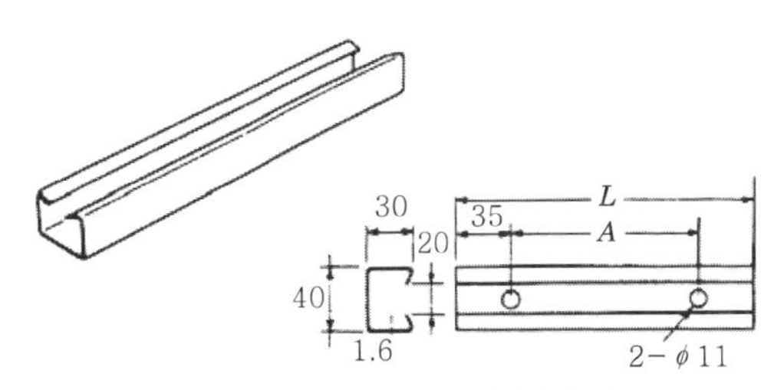

(a) 덕터(C형강)(현수 볼트를 사용하여 래크를 현수하여 지지하는 경우에 사용한다)

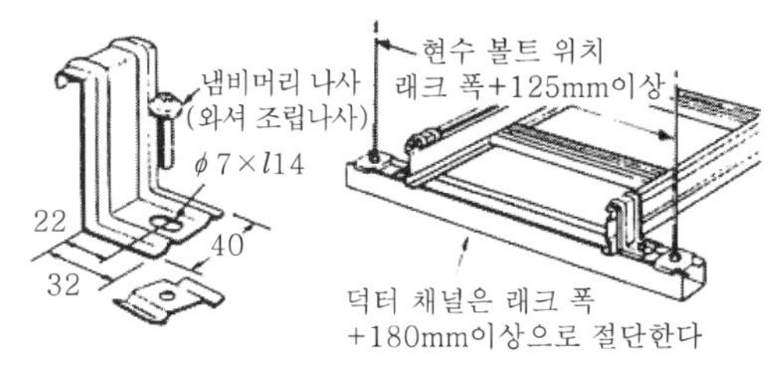

(b) 지지 고정 기구(지지 덕터에 모 거더를 외측에서 고정시키는 진동 방지 기구)

[그림 8] 강재를 사용하는 지지방법

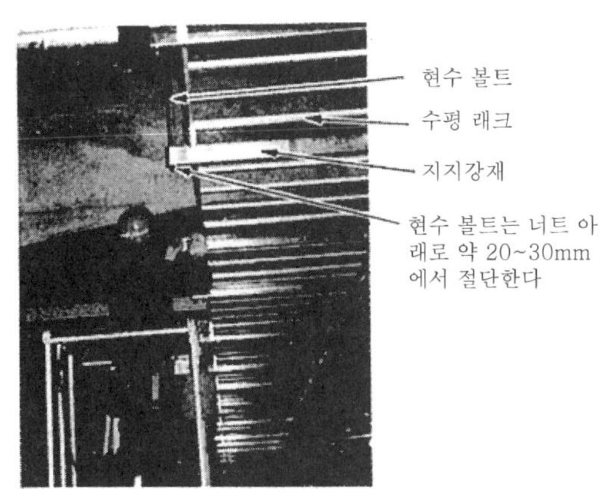

[사진 5] 케이블 래크 시공 예 (a)

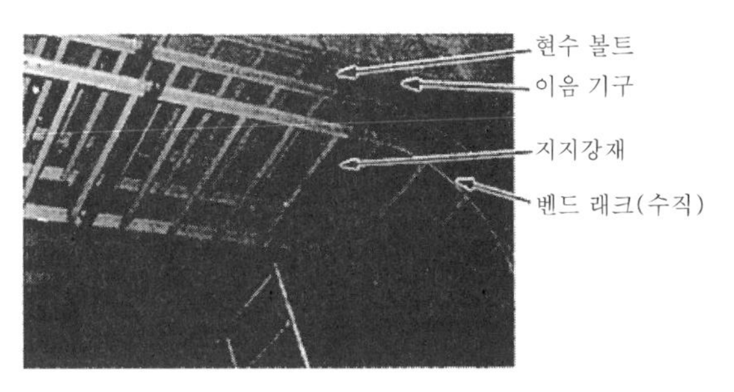

[사진 6] 케이블 래크 시공 예 (b)

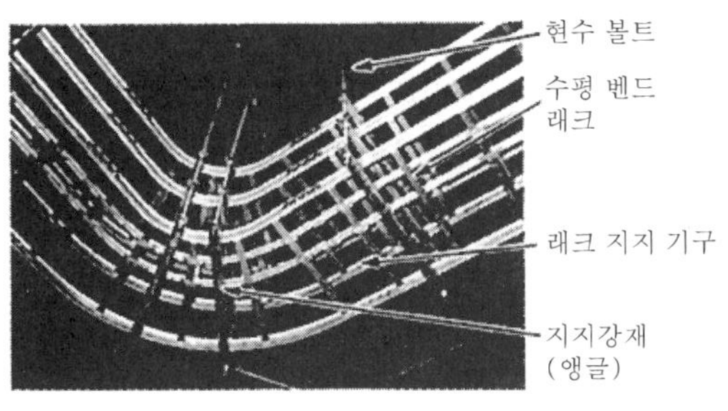

[사진 7] 케이블 래크 시공 예 (c)

[사진 8] 케이블 래크 시공 예 (d)

높이, 진동 방지, 고정의 조정 후에 현수 볼트 너트 밑의 길이를 약 20~30mm에서 절단한다(사진 5~8).

4. 케이블 래크의 수직 설치

전기 샤프트(EPS) 내는 케이블 래크를 수직으로 설치하여 고압, 저압 및 제어, 약전 케이블 등이 배선된다.

(1) 바닥 관통 프레임의 설치(시공 순서는 그림 5 참조)

수변전 설비는 지하층 또는 옥상층에 설치되는 수가 많다. 수변전 설비에서 각 층에 전력 또는 정보를 공급하는 케이블 지지재로서 래크가 설치된다.

관통 프레임은 슬래브 콘크리트 타설 전에 먹줄치기를 하여 설치하고 개구부를 만든다. 래크폭에 대해서는 철판 프레임 또는 임시 프레임(목제)을 필요에 따라 사용한다(사진 9).

바닥 관통 프레임은 주로 강제가 사용되고 있다. 슬래브가 파형 강판(덱 플레이트)인 경우, 프레임은 용접(아크) 또는 철판 나사 등으로 설치한다. 관통부의 덱 플레이트 절단에는 콘크리트 타설 후 에어 플라스마 등을 사용하여 실행한다(사진 10, 11).

(2) 케이블 래크의 지지

래크의 중량(케이블의 중량)은 각 층의 바닥 및 벽으로 지지한다. 바닥에 강재(채널·앵글)를 설치하여 강재에 래크를 볼트 체결 등으로 설치한다(그림 9).

[사진 9] 바닥 관통 프레임 설치도

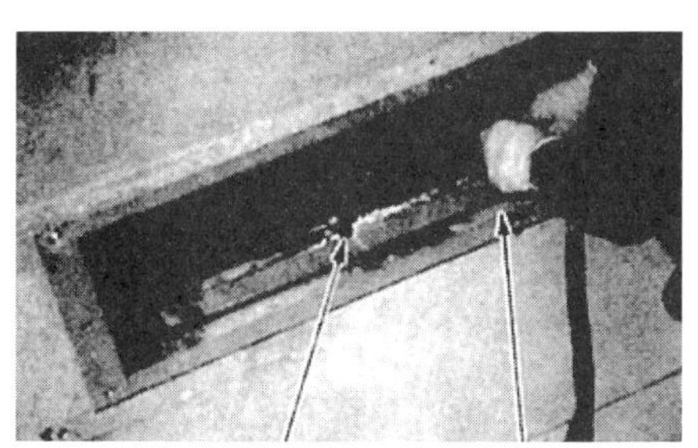

[사진 10] 덱 플레이트 절단 작업중

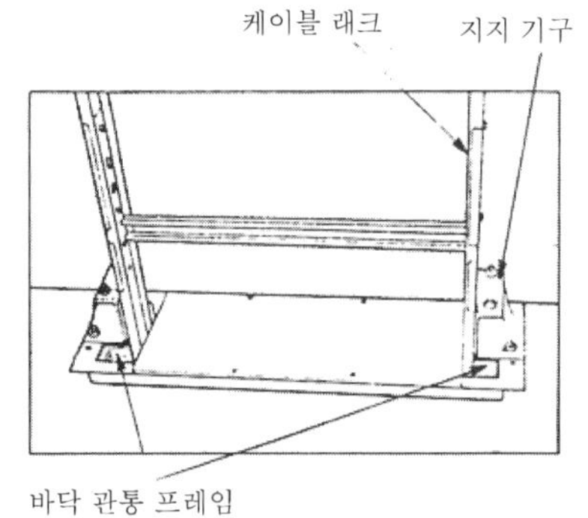

[그림 9] 케이블 래크의 바닥지지 시공 예

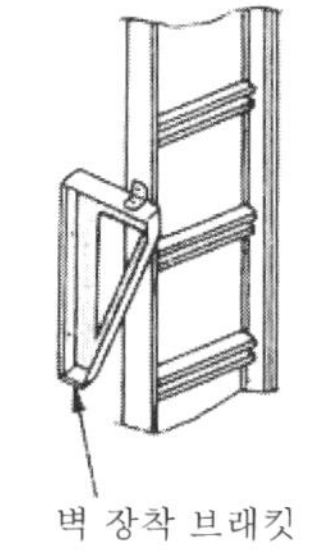

[그림 10] 수직 래크의 중간지지

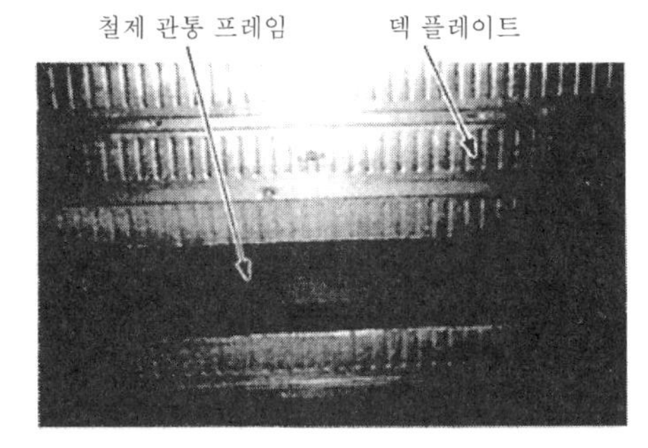

[사진 11] 바닥 관통 프레임 설치를 올려다 본 그림(덱 플레이트 절단 완료도)

수직 래크의 지지 간격은 3m 이하(EPS 내는 6m 이하)로 하며 천장과 바닥의 중간에 1~2개소의 브래킷을 설치하여 지지한다. 브래킷에 지지하는 방법은 L 기구를 사용하는 방법(그림 10)과 브래킷 위에 강재를 걸쳐 여기에 래크를 설치하는 방법이 있다. 이 방법은 래크를 2개 이상 평행으로 설치하는 경우 가로로 흔들리는 것을 방지한다.

5. 케이블 래크의 접지

케이블 래크의 접지는 배선하는 케이블의 사용 전압으로 한다.

사용 전압에 의한 접지 공사는 다음과 같이 한다.

- 300V 이하는 D종 접지 공사
- 300V를 초과하는 저압의 경우는 C종 접지공사
- 고압 또는 특별 고압의 경우는 A종 접지 공사

케이블 래크 본체 상호간의 접속은 이음 기구를 사용하여 볼트에 의해 기계적 또는 전기적으로 접속해야 된다.

또한 자재 이음 기구, 익스팬션 장소에는 어스 본드선을 설치하여 전기적으로 접속한다(사진 12).

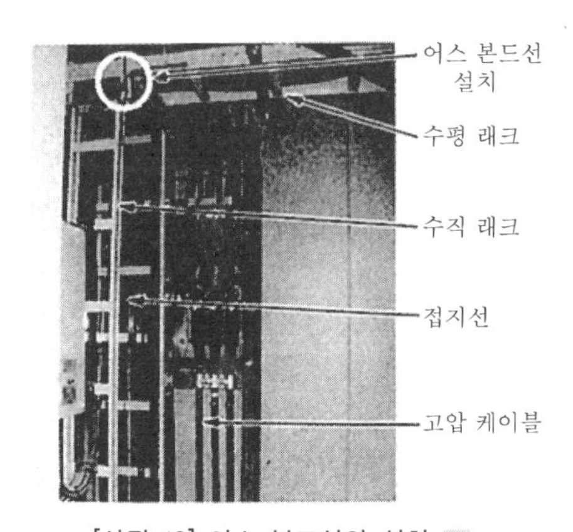

[사진 12] 어스 본드선의 설치 예

케이블 연선 공사

빌딩, 맨션의 고층화, 공장의 대형화에 따라 간선 케이블도 대용량 대경화·장대화되므로 연선(延線) 작업의 안전성, 생력화 및 작업 능률의 향상을 기하기 위해 공구의 개발, 개량이 이루어져 왔다. 여기서는 수평 래크상의 연선, 전기 샤프트 내의 수직 연선 등에 사용되는 공구 및 공법에 대하여 소개한다.

1. 케이블 연선 공구의 종류 및 사용법

케이블 연선에 사용하는 공구는 다음과 같다.

① 드럼 잭, 드럼 롤러
② 전동 윈치, 전동 체인 블록
③ 전동 캐터필러, 전동 롤러, 전동 볼
④ 메시 그립
⑤ 연선 롤러
⑥ 정보 연락 기기
⑦ 시험기

등이다.

(1) 드럼 잭, 드럼 롤러

① 드럼 잭(사진 1)

드럼 잭은 케이블 드럼을 들어 올려 드럼을 회전시켜서 케이블을 풀어 주는 공구이다.

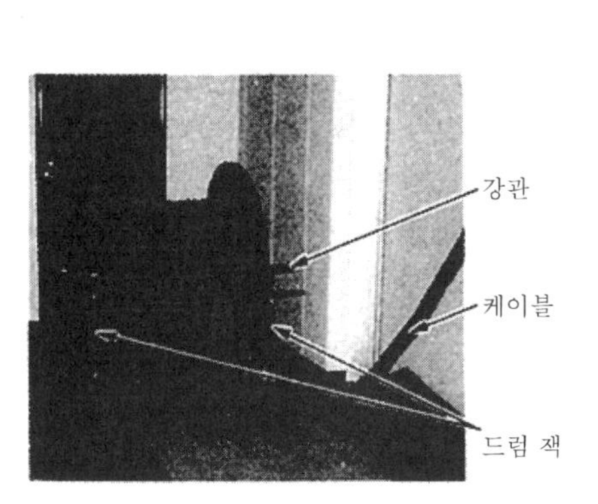

[사진 1] 드럼 잭과 사용 예

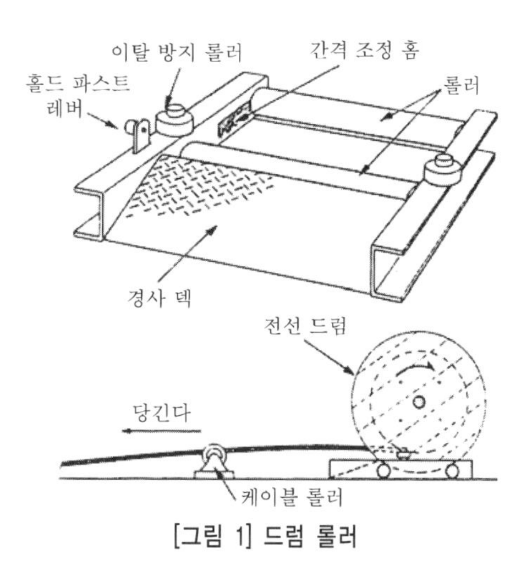

[그림 1] 드럼 롤러

② 드럼 롤러(그림 1)

드럼 롤러는 케이블 드럼을 롤러 위에 놓고 회전시켜서 케이블을 인출하는 공구이다. 전동식과 수동식이 있으며 드럼 중량 50kg 정도까지는 수동식을, 그 이상은 전동식을 사용한다.

③ SB 연선기(스러스트 볼 베어링)(사진 2)

SB 연선기는 케이블 드럼을 옆으로 눕히고 회전시켜 케이블을 풀어주는 공구이며 현장 요구에 의하여 개발된 것이다.

(2) 전동 윈치, 전동 체인 블록

① 전동 윈치

전동 윈치는 견인력, 속도, 설치 장소 등에 따라 선정되는데 다음과 같은 방식이 있다. 호이스팅 드럼식은 확실하게 와이어를 당겨 감는 것으로, 권취 와이어의 굵기와 길이에 한정이 있다. 권선(인발)식은 와이어의 길이를 임의대로 사용할 수 있는데 중량에 따라 기종을 선정한다(사진 3).

② 전동 체인 블록

호이스팅 하중이 큰 전동 체인 블록은 수직 연선인 경우에 사용된다. 1회의 호이스팅 길이가 짧기 때문에 고층 빌딩에서는 여러 회에 걸친 호이스팅을 필요로 한다(사진 4).

(3) 전동 캐터필러, 전동 롤러, 전동 볼

케이블을 견인할 때 전동 윈치와 병용하여 부설 케이블 중간에 설치해서 케이블을 송출

[사진 2] 스러스트 베어링

[사진 3] 권선식 윈치

(a) 수동

(b) 수동

(c) 전동

[사진 4] 전동 체인 블록

[사진 5] 전동 캐터필러식 연선기

[사진 6] 롤러식 연선기

[사진 7] 볼식 연선기

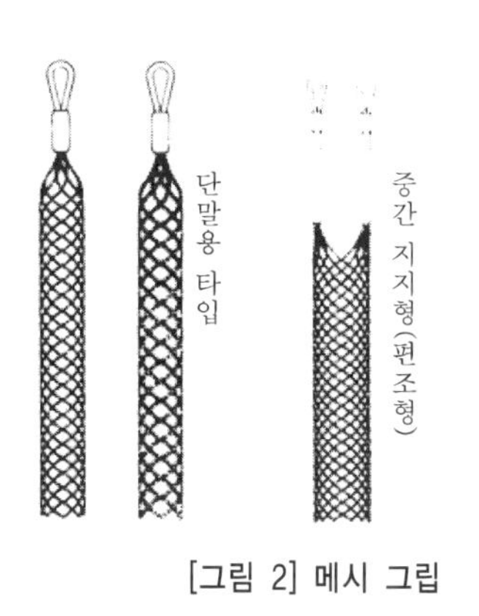

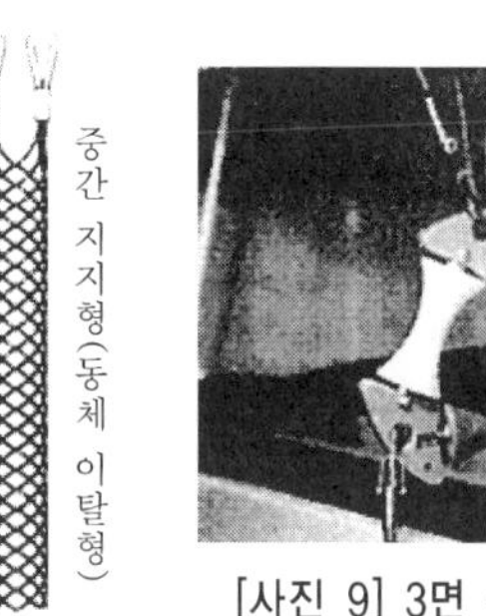

[그림 2] 메시 그립

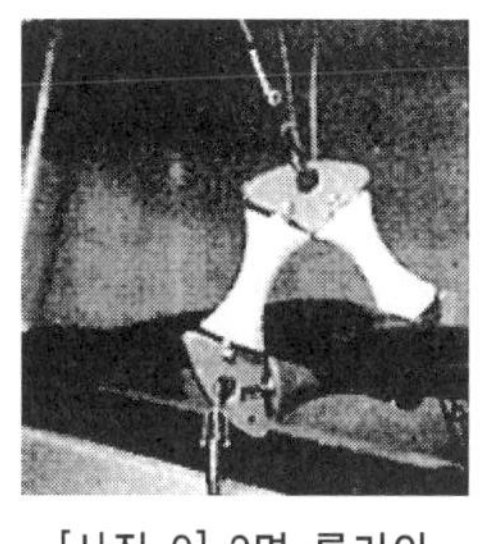

[사진 9] 3면 롤러의 사용 예

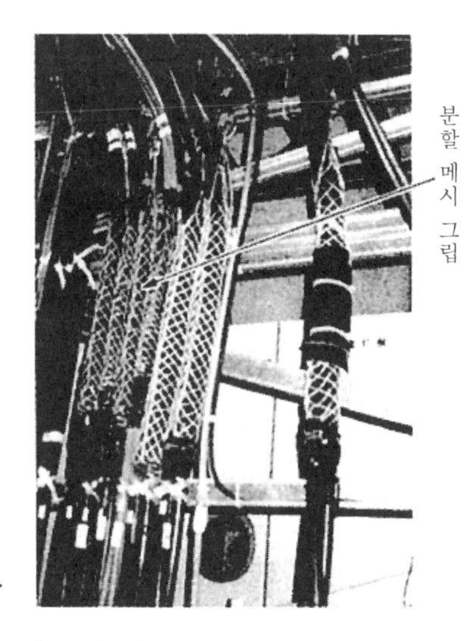

[사진 8] 분할 메시 중간 지지 시공 예 ▶

하는(밀어 내는) 연선기이다. 케이블의 길이 또는 굴곡 장소에 따라 여러 대를 설치한다. 케이블 연선기는 송출의 구조에 따라 캐터필러식, 롤러식, 볼식 등이 있다(사진 5, 6, 7).

(4) 메시 그립(그림 2)

메시 그립은 풀링아이라고도 하며 연선 케이블의 선단에 설치한다. 연선시 견인 와이어 로프와 메시 그립 사이에 꼬임을 푸는 장치를 설치하면 좋다.

분할 메시 그립은 중간 견인을 하는 경우에 사용한다. 또한 메시 그립은 케이블을 현수 지지하는 경우에, 분할 메시 그립은 중간 지지하는 경우에도 사용한다(사진 8).

(5) 연선 롤러

연선 롤러는 케이블이 바닥면, 케이블 래크 현수 볼트, 구조재 등에 접촉하지 않도록 하고 케이블 피복을 손상시키지 않은 채, 마찰 저항을 감소시킴으로써 적은 힘으로 연선하기 위해 사용한다.

① 3면 롤러(사진 9)
3면 롤러는 케이블 래크 등의 굴곡 부분에서 주로 사용한다. 케이블 등의 방향으로 진행해도 롤러면에 접촉하므로 연선이 효율적이다.

② 케이블 롤러(사진 10)
케이블 롤러는 주로 바닥, 수평 케이블 래크에 사용한다.

③ 알루미늄 대경 견인차(사진 11)
수직 샤프트 부분 등에서 케이블이 수직 부분에서 수평 부분으로 이행할 때에 견인차 속에 케이블을 통하여 견인한다.

(6) 정보 연락 기기

기계에 의한 연선이 주류로 되고 있는 현재, 효율적으로 안전하게 연선 작업을 하기 위해서는 작업 지휘자가 작업의 진행이나 요소요소의 상황, 기계 운전 등의 정보를 정확히 파악하여 세심하게 작업을 지휘해야 된다. 지시 연락용으로서 전화 브레스트나 동시 통화가 가능한 인터폰이 일찍부터 많이 사용되고 있다. 무선기는 공공 전파를 이용

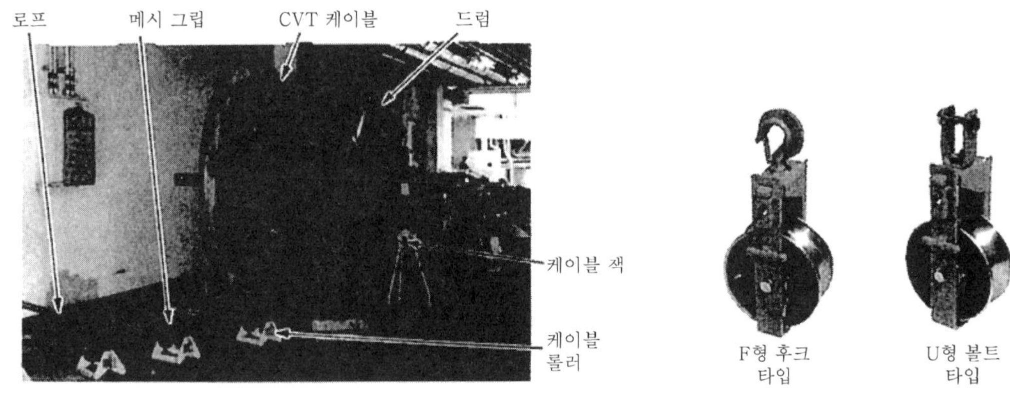

[사진 10] 케이블 롤러와 사용 예　　　[사진 11] 알루미늄 대경 견인차

하기 때문에 통화 시간 등에 제약이 있으므로 순간적인 상황 판단을 할 수 없다.

ITV 카메라 및 모니터 등 영상에 의하여 확인할 수 있는 장치가 채용되고 있으며 최근에 그 사용이 증가되고 있다.

(7) 시험기

케이블을 연선하기 전과 연선한 후에 케이블의 절연 성능을 절연 저항계를 사용하여 확인할 필요가 있다.

2. 케이블 연선의 시공 방법

전기 수요의 증대에 따라 간선 설비도 대용량화되고 있다. 케이블 연선 시기를 정확히 포착하여 안전하고 효율적인 계획을 세움으로써 작업을 공정 내에 종료시킬 필요가 있다.

(1) 케이블 드럼의 반입 계획

① 반입 경로

케이블 드럼의 높이, 폭, 중량 및 임시 거치장이나 연선시의 설치 장소를 고려하여 경로를 결정한다. 바닥의 보강, 가설물의 철거가 필요한 경우도 있다.

② 반입 시기

반입 시기는 케이블 연선 공정 및 건축, 타 직종의 공정 검토 및 조정을 하여 반입 시기를 결정한다. 조례시 또는 공정 협의 회의에서 반입 시기, 경로를 설명하고 협력을 구한다. 또한 반입에 대해서는 전선 메이커와 일시 및 중량, 높이, 지역에 따른 시간제한 등을 협의하여 앞의 사항을 엄수한다.

③ 양중기

타워 크레인, 롱 리프트, 포크리프트 등을 사용할 예정이라면 미리 준비한다.

후에 슬래브 공사를 할 구멍을 이용하여 지하층 등에 반입하는 경우에는 건축 공정을 검토하고 양중기의 능력도 확인한다. 빈 드럼의 반출 방법도 검토하여 불용재로 연선 작업에 장애가 되지 않도록 주의한다.

(2) 연선 계획

① 연선 방법

부설하는 루트의 상황을 정확하게 검토하여 안전하면서도 효율적인 방법을 선택한다. 연선 방법에는 다음과 같은 것이 있다.

㉠ 부설 루트 전역의 수평 부분에서 수직 부분까지 동시에 연선하는 방법

㉡ 수직 부분과 수평 부분을 분리하여 연선하는 방법

㉢ 고층계에서 저층계로 향하여 연선하는 방법

이것은 중력을 이용한 방법으로 인력에 의존하기 때문에 약전 케이블, 짧은 케이블 등 소용량 케이블로 한정된다. 현장에서는 다각적으로 연구, 고안된 각종의 간이 연선기가 사용되고 있다. 어느 것이나 제동력이 그 연선기의 성능이 된다(그림 3, 4).

케이블 래크의 연선에서 수평 부분이 많은 장소에서는 케이블 래크나 다른 케이블 등을 손상시키지 않을 목적에서 견인에는 섬유 로프를 사용하고 수직 부분에서는 와이어 로프를 사용하는 등 로프의 사용 구분이 요망된다. 샤프트에서 케이블을 리프팅에 사용하는 후크는 케이블의 중량과 연선 하중이 집중되므로 충분히 보강된 슬래브에 미리 설치해 둔다(그림 5).

② 연선 기기의 선정

선정에서는 연선 방법에 적합하면서도, 안전하고 생력화를 기할 수 있는 공구를 선정하는 것이 중요하다. 견인 와이어 로프와 메시 그립과의 접속은 그림 6과 같이 한다. 케이블을 견인하기 위해서는 전동 윈치의 와이어 권선(인발)식 또는 와이어 인벌루트식을 사용한다. 능력면에서 충분히 여유가 있는 기종을 선정하도록 한다.

견인력 뿐만 아니라 케이블을 송출하는(밀어내는) 힘을 이용하는 연선기를 병용하는

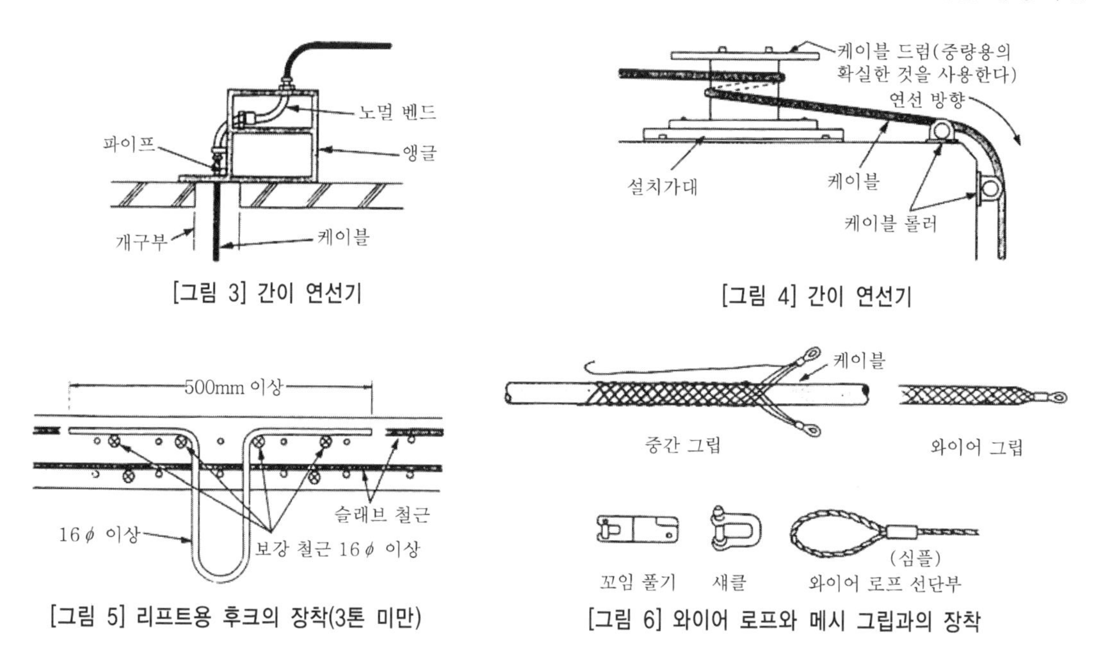

[그림 3] 간이 연선기

[그림 4] 간이 연선기

[그림 5] 리프트용 후크의 장착(3톤 미만)

[그림 6] 와이어 로프와 메시 그립과의 장착

경우에는 당기는 속도와 송출하는 속도를 동기시켜 케이블에 무리한 힘이 발생하지 않도록 주의한다.
케이블 시스를 손상시키지 않도록 연선 롤러 등을 사용하면 휜 부분에는 작업원을 배치한다. 또한 보조적인 것으로서 파형 합성수지관(에플렉스)을 이용하면 좋다.
끌어 올린 케이블의 가현수, 비계 옮김용으로 체인 블록, 대부착 와이어, 새클, 활차 및 연선 공구를 사용한다.

[사진 12] 드럼 이동용 롤러

케이블 드럼의 지지 송출용으로 드럼 잭, 롤러를 사용한다. 대용량 케이블 드럼을 이동할 때에 방향전환 등으로 무리하게 반복하면 드럼을 파손시킬 우려가 있으므로 이동용 롤러를 사용한다(사진 12). 연선 작업은 광범위한 작업이므로 상호 연락에는 브레스트 또는 트랜시버 등을 병용하여 긴밀하게 연락하여 시공한다.

③ 연선 순위

부설하는 케이블의 종류, 사이즈, 행선지, 길이, 중량, 선수나 케이블 래크 등의 굴곡 상태 및 폭, 단수 등을 고려하여 연선 순위를 결정해서 표를 작성하고, 간선 번호도 표에 기입해 두면 좋다. 이 연선 순위표는 다음 연선 작업시의 자료가 되어 효율화 및 작업 능률의 향상을 기할 수 있다.

(3) 연선 작업

① 안전 대책

연선 작업에서 가장 주의해야할 점은 수직 부분(샤프트 내)의 연선 중 케이블의 탈락, 개구부에서의 자재, 공구 등의 낙하 및 드럼의 전도 등이다.
케이블의 낙하 방지에는 케이블 그리퍼를 사용한다. 샤프트 내의 바닥에는 물품을 일체 놓지 않도록 하여 개구부에서의 낙하를 방지한다. 또한 제3자에 대한 위험 방지 대책으로서 연선 작업 구역 전반에 관계자 이외의 출입금지 조치를 한다.
전용 샤프트 등은 잠궈 놓고 작업 중에는 문에 출입금지 표시를 하게 되는데, 이때 작업 내용 및 기간을 명기하여 표시한다.
그 이외의 부설 루트 부근에서는 로프, 컬러 컨디셔닝 등으로 다른 직종의 사람이 부주의하게 접근하지 않도록 표시한다. 수평 케이블 래크상의 연선은 고소 작업이므로 비계를 준비하고 안전대를 활용하여 추락을 방지한다.

② 연선 기기, 공구의 설치

윈치의 설치는 리프트용의 경우 케이블 고정층 또는 그 바로 위층으로 하며 케이블 상승 개구부보다 3~4m 이상 떨어진 장소에 12m 이상의 앵커 볼트로 4점 이상 고정시키고, 부근의 충분한 강도를 가진 구조체에서 와이어 로프로 지지하여 좀더 안전을 확보한다. 또한 케이블이 바닥 개구부의 중심을 통과하도록 철차를 설치한다.
전동 윈치의 와이어를 케이블 송출 장소까지 연장한다. 도중에 케이블이 관통 프레임, 지지재 등에 접촉되지 않도록 케이블 롤러, 연선 롤러 등을 적절하게 배치하여 케이블 외장을 손상시키지 않도록 한다.

부설 루트가 크게 굴곡을 이루는 장소에서는 내측에 큰 힘이 작용하므로 커브 롤러 등을 사용하며 굴곡 반지름에 주의한다(표 1).

케이블 드럼은 드럼 잭, 드럼 롤러, SB 연선기 등을 사용하여 송출용으로 설치한다.

③ 연선 작업

작업 책임자는 연선 계획을 잘 이해하여 적성이 맞도록 인원을 배치한다. 또한 분담하는 작업 내용을 명확히 하여 이해, 납득시킨 후에 연선 작업에 들어간다.

㉠ 케이블을 송출하는 그룹

연선 순위에 따라 케이블 드럼을 설치한다. 드럼이 이동할 때에는 드럼이 구르는 방향 화살표에 따른다(그림 7). 구르는 방향 화살표가 없는 드럼은 케이블을 감아 빼는 방향으로 굴린다. 와이어 로프와 케이블 선단의 접속은 가장 중요한 작업이다. 접속은 일반적으로 와이어 그립을 사용한다. 그 접속은 확실하게 한다.

㉡ 케이블의 선단을 유도하는 그룹

연선을 위해 견인되고 있는 케이블의 선단은 반드시 작업원이 수행하며 윈치의 조작원, 케이블 송출 작업원, 작업 책임자 등과 긴밀하게 연락하여 통과 상황을 상세히 보고한다. 연선 거리가 길어지면 적당한 장소에 작업원을 배치하여 감시한다.

㉢ 윈치를 조작하는 그룹

와이어 로프의 취급이 많아지므로 가죽 장갑을 착용한다. 연락용 통신기는 항상 사용 상태로 해 둠으로써 작업 책임자나 각 분담 장소의 지시에 순간적으로 대응할 수 있는 체제를 유지하며 윈치나 와이어의 부담 상황을 감시한다. 케이

[표 1] CV 케이블의 벤딩 반지름

케이블 구조	선 심		벤딩 반지름	
차폐 테이프가 부착된케이블 (3kV 이상)	단 심	분할 도체	마무리 바깥 지름의 12배 이상	D, R, 케이블 D : 케이블의 마무리 바깥 지름 R : 허용 벤딩 반지름
		환도체	마무리 바깥 지름의 10배 이상	
	다 심		마무리 바깥 지름의 8배 이상	
차폐 테이프가 없는케이블 (1.5kV 이하)	단 심	분할 도체	마무리 바깥 지름의 12배 이상	
		환도체	마무리 바깥 지름의 8배 이상	
	다 심		마무리 바깥 지름의 6배 이상	

(주) 고압 케이블 공사위원회의 자료에서

[그림 7] 케이블의 송출

블이 목표 지점에 도달하면 신속히 케이블의 가고정 또는 지지를 한다. 와이어를 케이블 송출 장소로 되돌려 다음의 연선 작업을 한다(그림 8).

(4) 케이블의 지지

해석 제187조 제1항 제3호에서는 케이블을 조영재의 하면 또는 측면을 따라 설치하는 경우 2m 이하마다 지지한다. 전기 샤프트 내 등 사람이 접촉할 우려가 없는 장소에서는 수직으로 설치하는 경우 또는 전선관에 수납된 케이블은 6m 이하로 지지한다고 정해져 있다.

케이블 지지재(결속재)로는 다음과 같은 것이 있다. 새들, 크리트, 지지 기구, 마직 끈, 면직 끈, 화학섬유 끈, 나일론 밴드 등이 있다. 이들 지지재를 사용하여 케이블 피복을 손상시키지 않도록 확실하게 지지한다. 케이블 래크의 수평 부분의 지지는 2~3m 이내마다 결속하며 수직 부분에서는 동일 자 거더에 지지를 집중시키지 않고 각 자 거더 전반에 지지를 분산시키는 것이 래크 구조상으로도 바람직하다. 특히 래크의 폭이 넓고 케이블의 중량이 무거우며 선수가 많은 경우에는 분산 지지하는 것이 중요하다(그림 9).

(5) 벽, 바닥 관통부의 방화 조치

케이블 래크에의 케이블지지(결속)가 종료되었으면 방화 구획의 벽·바닥 관통부에 방화 조치(BCJ 평정 공법)를 해야 된다.

① 벽 관통부의 시공 예(사진13)

벽 관통부의 시공 방법, 순서 예는 다음과 같다.

㉠ 내화 구획판(규산칼슘판)의 가공

골판지 등을 이용하여 케이블 래크,

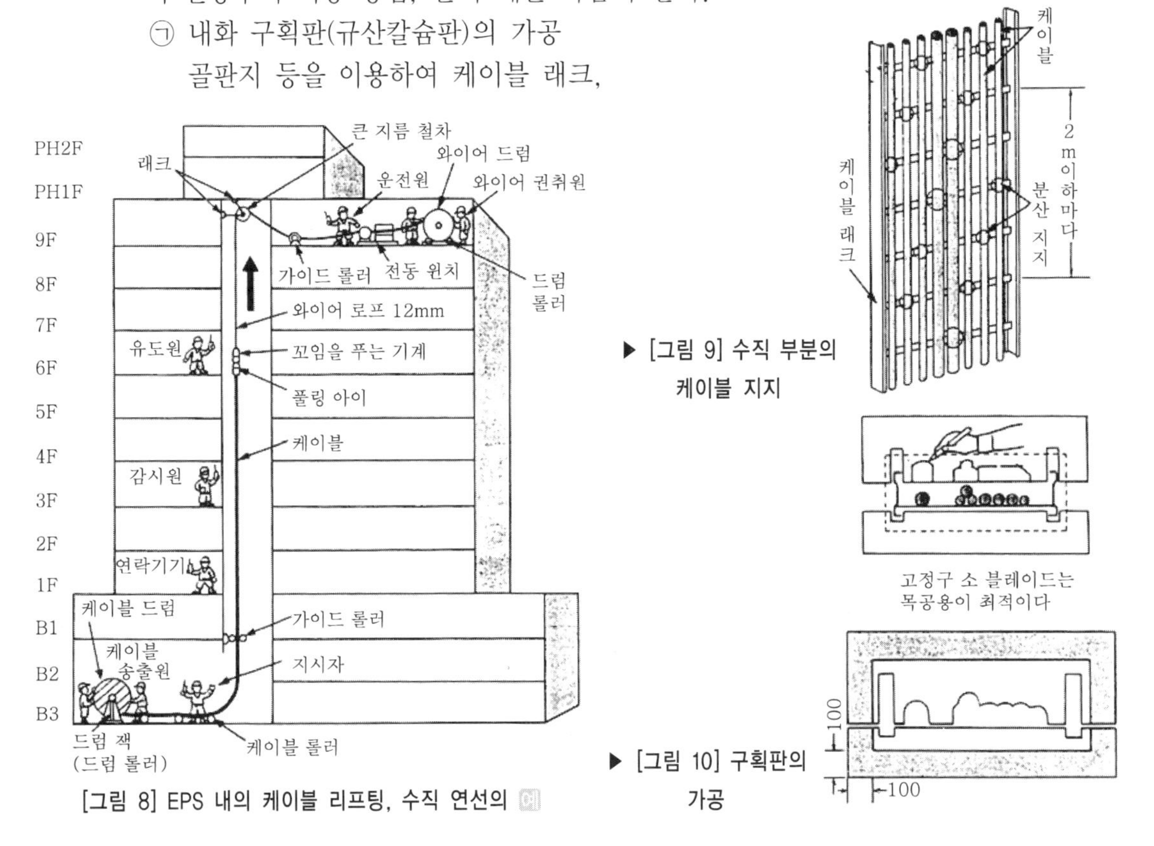

[그림 8] EPS 내의 케이블 리프팅, 수직 연선의 예

▶ [그림 9] 수직 부분의 케이블 지지

▶ [그림 10] 구획판의 가공

케이블의 본을 뜨고 구획판에 모사한다.

그림 10과 같이 케이블 래크의 자 거더 상면을 기준으로 구획판을 지그 소 등으로 2분할하고 모 거더 및 케이블을 커팅 절단하여 설치 구멍을 뚫는다. 가공 후 구획판에 내열 실을 첩부한다. 첩부에는 접착제를 사용한다.

㉡ 구획판의 설치

위치 결정 후에 앵커 볼트 장착 위치의 먹줄치기를 하고 해머 드릴 등으로 구멍을 뚫어 볼트 및 구획판을 설치, 너트를 넣어 고정시킨다.

㉢ 틈 메우기

케이블의 먼지나 오염을 충분히 닦고 케이블의 틈을 내열 실로 메운다(그림 11).

㉣ 록 울의 충전

한쪽면의 구획판 설치, 틈 메우기를 한 후에 벽 두께의 틈에 록 울을 300kg/m^3 이상의 밀도로 충전한다(그림 12).

㉤ 내열 실의 부착

실을 잘 문질러 구획판의 표면에서 50mm 이상의 높이로 일체화시켜 정형한다(그림 13).

㉥ 완 료

반대면도 마찬가지로 조치하여 완성시킨다(그림 14).

끝으로 공법(BCJ 평정 공법) 표시 라벨에 필요한 사항을 표시하여 첩부한다.

② 바닥 관통부 시공(그림 15)

샤프트 내 수직 케이블 래크 배선, 바닥 관통부의 시공 방법 및 순서 예에 대하여

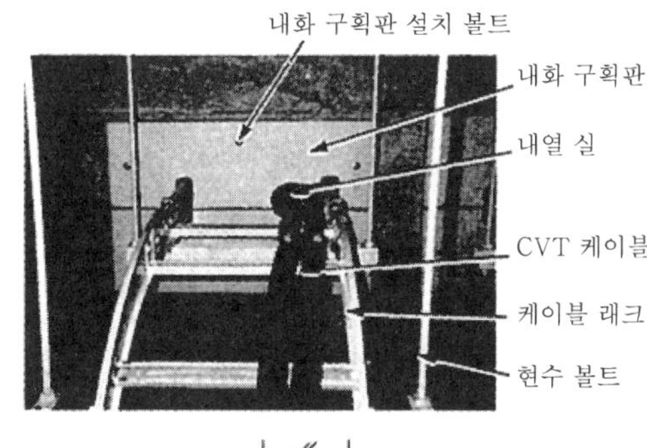

◀ [사진 13] 벽 관통부 방화 조치 공법 예

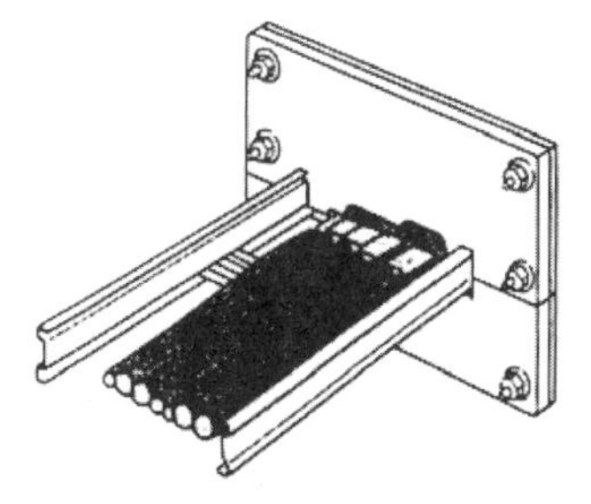

[그림 11] 내열 실에 의한 틈 메우기

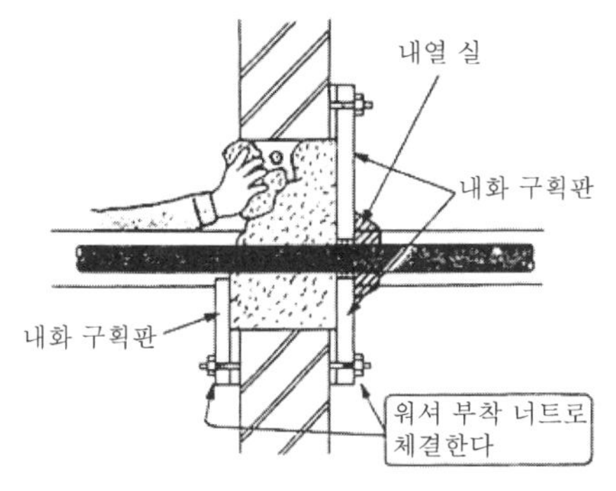

◀ [그림 12] 록 울의 충전

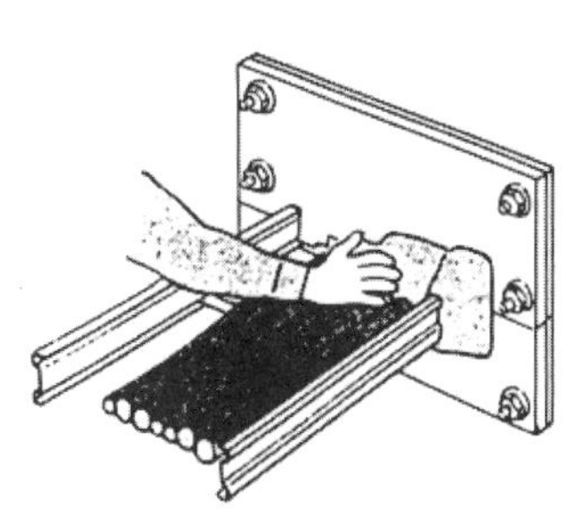

[그림 13] 내열 실의 설치

다음에 설명한다.

㉠ 내화 구획판(규산칼슘판)의 가공

- 먹줄치기(커팅 치수)

  구획판에 케이블의 커팅 치수를 기입한다(케이블 래크가 관통하고 있는 경우에는 래크 모 거더의 커팅 치수도 기입한다)(사진 14).

- 구획판의 커팅 절단

  커팅 치수에 맞추어 지그 소 등으로 절단 가공한다(커팅이 너무 커지지 않도록 주의한다(사진 15).

- 드릴링

  관통 프레임에 구획판을 설치할 구멍을 전기 드릴을 사용하여 뚫는다.

㉡ 구획판(하측)의 설치

천장면(바닥 부분)의 관통 프레임에 구획판을 볼트・너트로 설치하고 고정시킨다(사진 16).

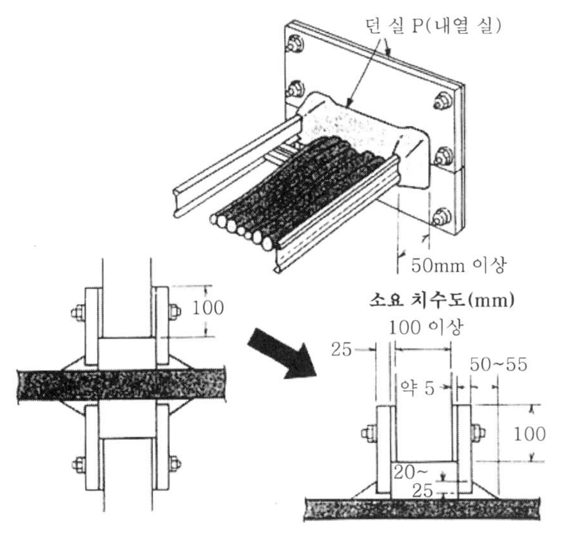

[그림 14] 완성도(「네그로스 전공」 자료에서)

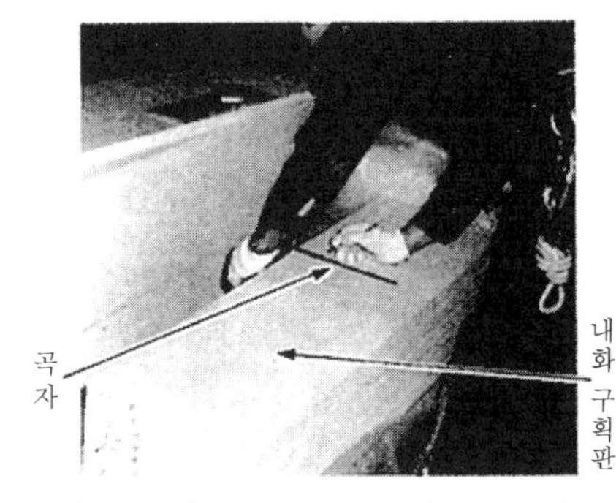

[사진 14] 구획판 먹줄치기(커팅 치수)

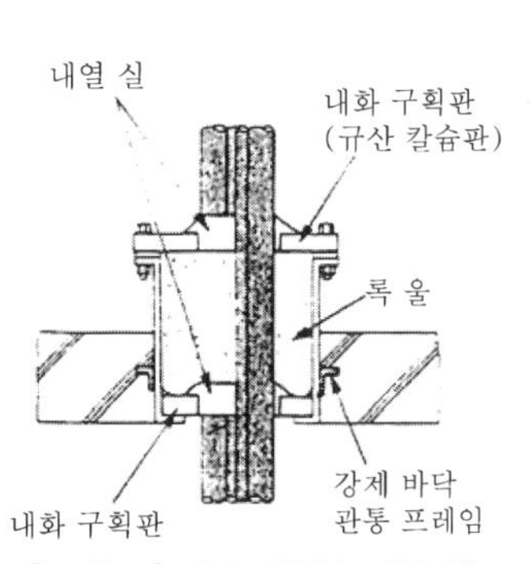

[그림 15] 바닥 관통부 시공 예

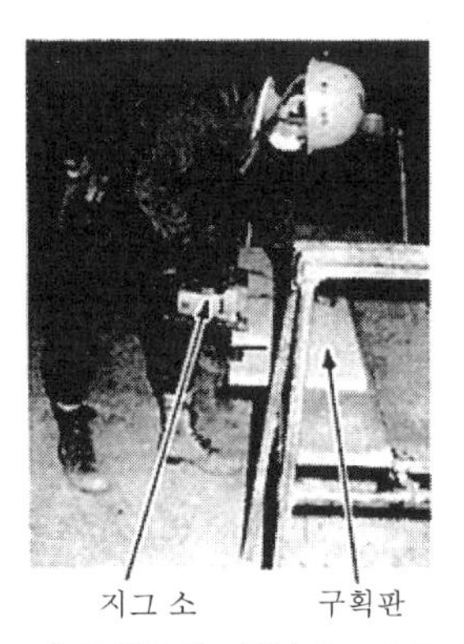

[사진 15] 구획판의 가공(지그 소로 절단)

[사진 16] 구획판(하측)의 설치

ⓒ 내열 실의 부착(저부)

구획판의 설치 후에 바닥측에서 케이블의 주위 및 구획판을 맞대는 장소를 내열 실로 50mm 이상의 높이로 정형한다(사진 17).

ⓔ 록 울의 충전(내화 충전재)

관통 프레임 내의 소정(300kg/m³)의 양(용적)의 록 울을 넣는다. 록 울은 미리 소정의 양을 주머니에 넣어 두면 좋다(사진 18).

ⓜ 상측 구획판의 설치(바닥면)

관통 프레임의 구획판을 볼트·너트로 설치, 고정시킨다(사진 19).

ⓗ 상열 내열 실의 부착(바닥면)

케이블의 주위를 내열 실로 구획판의 표면에서 50mm 이상의 높이로 정형하여 완성시킨다. 끝으로 공법 표시 라벨에 필요한 사항을 기입하여 첨부한다(사진 20). 이상으로 내화 처리가 완성된다.

케이블 래크 공사(종류와 구성 부품 및 설치 방법), 케이블 연선 공구의 종류와 사용 방법 및 연선의 시공 방법, 관통부의 방화 조치에 대하여 소개했는데 래크에는 많은 구성 부품이 있으므로 숙지하는 것이 중요하다. 또한 표준품을 사용하여 현장 가공을 적게 하는 것이 작업 능률을 향상시키는 포인트이다. 연선 공구(기기류)에 대해서는 취급 설명서를 잘 읽고 이해하여 안전하게 사용한다(사용 전, 후의 점검을 한다).

연선 작업에 대해서는 작업 책임자는 작업자 전원에게 작업 공정, 내용 및 작업 방법, 안전 조치 등에 대하여 잘 설명하여 철저히 주지시킨다. 또한 생력화, 작업 능률의 향상을 기한다.

작업자는 지시, 명령에 따라 순서대로 안전하게 작업해야 된다.

방화 구획 관통부의 조치에 대해서는 공법(BCJ 평정 공법)에 의하여 개구부 면적 및 사용재를 확인하고 조치하는 것이 중요하다.

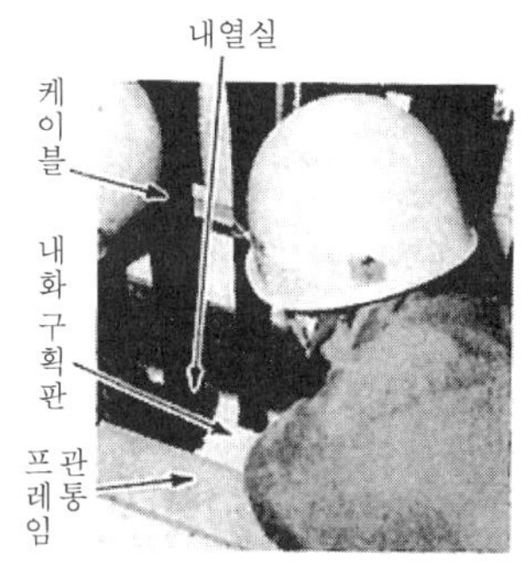

[사진 17] 저부의 내열 실 처리

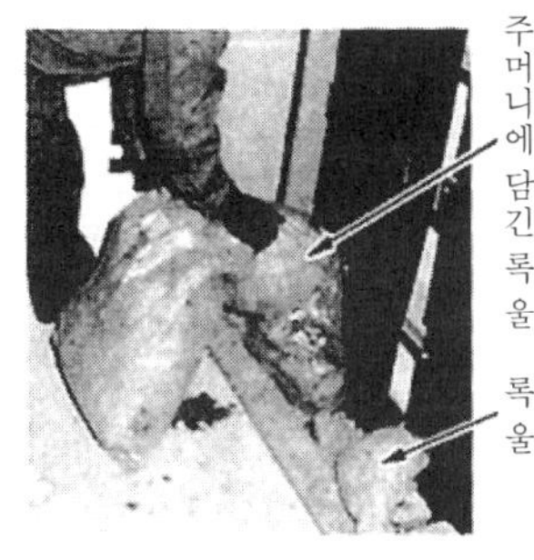

[사진 18] 록 울의 충전 (메우기)

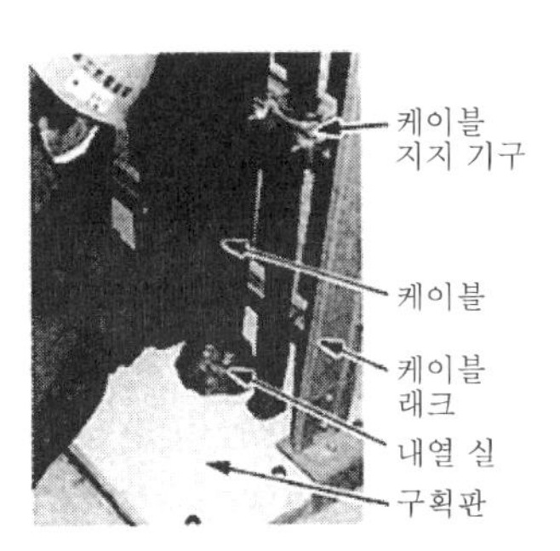

[사진 19] 상측(바닥면) 내열 실의 처리

[사진 20] 내화 처리 완료도

OA플로어 배선 공사 | 액세스 플로어 배선 공사

최근에는 사무실의 OA화에 따른 전력, 전화, 데이터용 배선량의 증가에 대응하기 위해 또 카펫의 사용 등에 따른 사무실 환경의 향상으로, 통칭 OA 플로어라고 하는 높이가 낮은 프리 액세스 플로어를 사용한 2중 바닥 내 배선 방식이 많이 채용되고 있다.

또한 내선 규정(JEAC 8001-1995)에서는 전기(電技) 등의 개정에 따라 다시 고쳐짐으로써 4장 저압 배선 방법의 451절에서 "액세스 플로어 내의 케이블 배선"이 플로어 내의 배선 증가에 의하여 보안상 필요한 사항으로 추가 규정되어 있다.

액세스 플로어란 주로 컴퓨터실, 통신 기계실, 사무실 등에서 배선 및 기타의 용도를 위한 2중 구조의 바닥을 말한다(내선 규정에서). 액세스 플로어(2중 바닥 내)의 배선 방법은 1945년 이후부터 전산기실 등 대량의 배선을 필요로 하는 장소에서 채용되고 있었다.

1. OA 플로어(액세스 플로어)의 종류와 특징

(1) OA 플로어의 종류와 특징

OA 플로어에는 높이, 바닥 패널의 크기·재질 등에 따라 많은 종류가 있는데 그 형상이나 시공 방법 등에 따라 그림 1과 같이 3개로 대별된다.

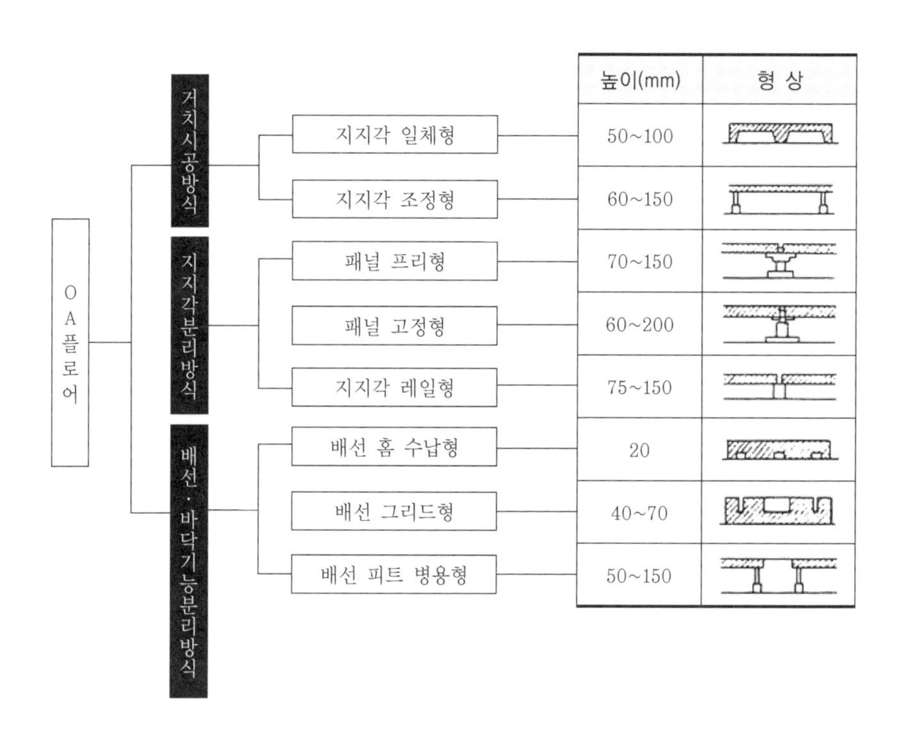

① 종 류

㉠ 거치 시공 방식

바닥면에 패널을 놓는 것만으로 시공할 수 있는 지지각 일체형과 지지각 조정형이 있다(그림 2).

㉡ 지지각 분리 방식

지지각을 바닥면에 설치하고 레벨을 조정한 후에 바닥 패널을 설치하는 방식으로 1945년 이후부터 사용되고 있는 것에는 이 방식이 많다.

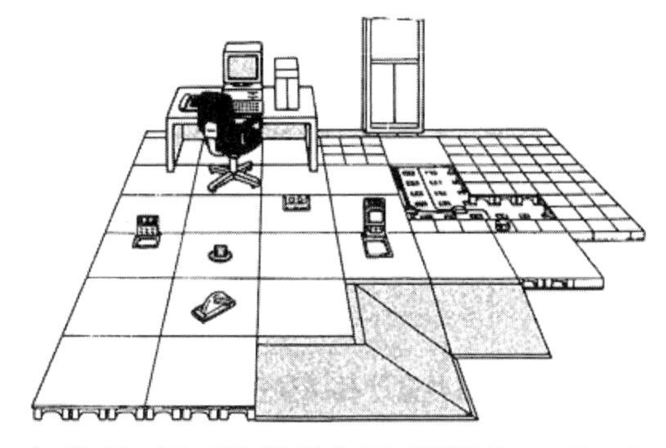

[그림 2] 거치 시공 방식(지지각 일체형의 OA 플로어

이들은 패널 프리형, 패널 고정형, 지지각 레일형으로 분류된다.

㉢ 배선·바닥 기능 분리 방식

케이블의 배선 스페이스를 분리한 구조로 그 형상에 따라 배선 홈 수납형, 배선 그리드형, 배선 피트 병용형으로 분류된다.

② 특 징

㉠ 거치 시공 방식

지지각의 위치를 고려하여 배선 루트를 결정해야 된다. 바닥 패널을 원래대로 복귀시킬 때에는 배선한 케이블을 밟을 우려가 있으므로 주의가 필요하다. 지지각 조정형은 이탈시킨 패널의 위치나 방향도 함께 복귀시킨다.

㉡ 지지각 분리 방식

지지각의 배치를 알고 있어 배선 작업이 용이하다. 바닥 패널 고정형에 대해서는 바닥 패널의 이탈·복구에 공수가 소요된다.

㉢ 배선·바닥 기능 분리 방식

ⓐ 배선 홈 수납형

홈이 작아 다량의 배선을 할 수 없다. 또한 부설 시에는 케이블을 가이드할 필요가 있다.

ⓑ 배선 그리드, 배선 피트형

배선용 피트부의 커버를 벗기고 바닥 위에서 배선 작업을 할 수 있으므로 작업성이 양호한 것.

등을 들 수 있다. 또한 공통의 특징으로는 다음과 같은 것이 있다.

- 배선 공사에 특수한 케이블을 사용할 필요가 없기 때문에 배선 코스트가 저렴하다.
- 배선 스페이스가 크고 또한 배선 루트가 한정되어 있지 않으므로 레이아웃 변경 등에 대한 유연성이 높다.
- 콘크리트 내의 배선이 적고 바닥 마무리 후의 공사가 되므로 타 직종과의 관련이 적어 작업성이 양호하다.
- 바닥면을 높게 하므로 천장면 높이, 층 높이 등에 영향이 크고 또한 건축비가 증가한다.

• 기성 빌딩 등에 채용하면 복도 부분 등과 단차가 생겨 좋지 않다.

2. 시공상의 유의점

이 OA 플로어에 의한 배선 공사는 기본적으로 케이블 공사(해석 제187조)에 따르는데 내선 규정 451절 「액세스 플로어 내의 케이블 배선」에서는 보안상 필요한 사항에 대하여 규정되어 있다.

(1) 전선(케이블)에 대하여

해석 제187조에 의거한다.

(2) 설치 방법(배선 방법)

플로어 내의 케이블 배선에 대해서는

① 플로어 내의 페인트 표시나 테이프에 의한 색 구분 또는 세퍼레이터 등에 의하여 케이블 배선과 약전류 전선의 루트 식별 및 접촉방지 조치를 한다.

② 플로어 관통부에는 보호재를 삽입하여 케이블의 손상을 방지한다.

(3) 케이블 배선의 지지

케이블에 적합한 새들, 스테이플을 사용하여 케이블을 손상시키지 않도록 견고하게 고정시킨다. 조영재의 측면 또는 하면을 따라 배선하는 경우의 지지점간 거리는 케이블은 2m 이하, 캡 타이어 케이블은 1m 이하로 하며 플로어 내의 바닥에 설치하는 경우에는 굴림 배선으로 할 수 있다.

(4) 케이블 배선의 굴곡

케이블의 벤딩은 내측 반지름을 케이블 마무리 바깥지름의 6배(단심은 8배) 이상으로 한다.

(5) 케이블 배선의 접속

플로어 내의 케이블 상호간 접속은 플로어상에서 접속 장소를 용이하게 확인할 수 있는 장소로 한다.

(6) 콘센트 등의 설치

콘센트는 원칙적으로 플로어 내에 설치하지 않는다. 플로어 내에 설치하는 경우에는 이탈 방지형 또는 후크형 콘센트를 사용한다. 또한 설치 위치를 쉽게 알 수 있도록 플로어면상에 마킹 등의 조치를 한다(사진 1).

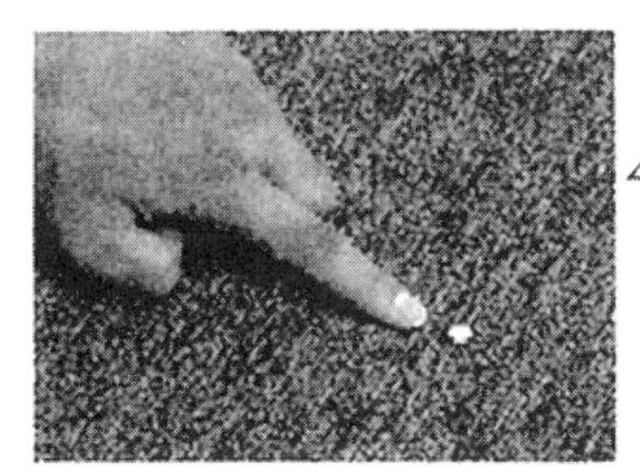

[사진 1] 콘센트 마커의 표시

(7) 분전반의 설치

분전반의 경우, 원칙적으로는 플로어 내에 설치하지 않는다. 단, 당해 플로어 내에만 전기를 공급하는 보조적인 분전반에 한하여 설치할 수 있다.

(8) 접 지-해석 제187조에 의거한다.

OA 플로어 배선에서 주요한 유의점은 다음과 같다.

① 배선 루트는 부설 전에 잘 검토하며 통신용 배선과 전력용 배선과의 교차를 피하도록 배려한다. 또한 이격 거리도 충분히 확보한다.

② 전력용 케이블을 너무 과도하게 결속하면 케이블의 허용 전류가 감소되므로 주의한다.

③ 케이블을 증설, 변경할 때에는 필요 없게 된 케이블을 반드시 철거하여 항상 배선 관리에 유의한다.

④ 벗겨진 바닥 패널, 타일, 카펫을 복구시킬 때에는 원래의 위치로 복귀시킨다. 바닥 패널을 원래 방향으로 복귀시키지 않으면 진동이 발생할 위험성이 있다.

3. 시공 예 ①

OA 플로어 지지각 분리 방식에 의한 배선 공사 시공 예를 그림과 사진에 의거하여 소개한다.

(1) 복합반

사진 2, 그림 3은 복합반(전력용, 통신용)이며 반은 복도(방과 접하는 면)에 설치되고 반전원(1차측) 케이블은 전기용 샤프트에서 배선되고 있다.

반(2차측)에서 전등·콘센트에 배선되고 있다. 실내 바닥 밑의 배선은 트레이 및 굴림 배선이다.

(2) 플로어 내 배선 시공 순서(예)

플로어 내 배선 시공 순서를 그림 4에 들었다.

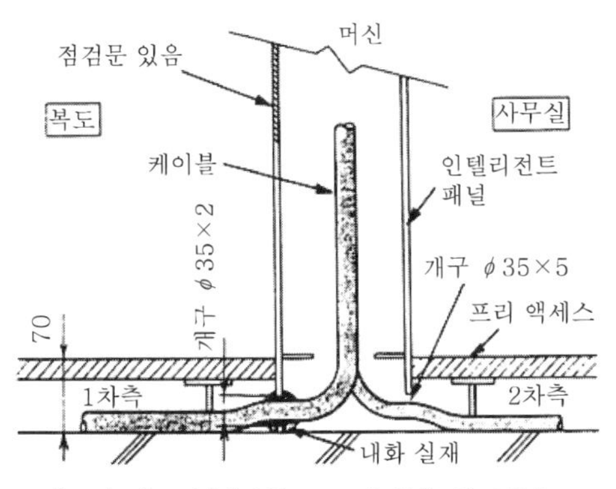

[그림 3] 1차측(전원-CV 케이블) 및 2차측 (부하-VVF케이블)의 배선도

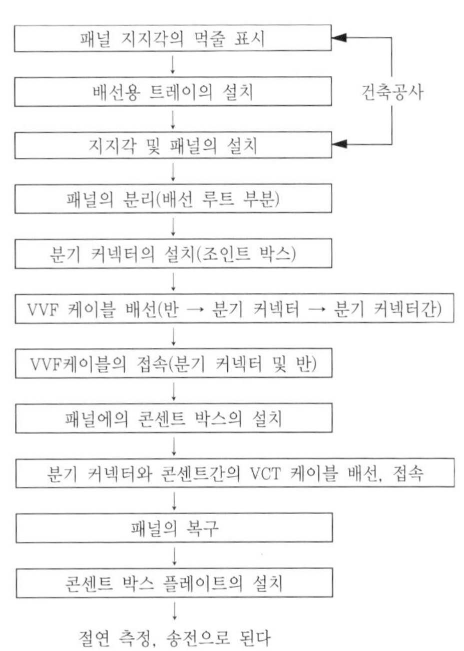

[그림 4] OA 플로어 내 배선 공사의 시공 순서 예

(3) 반 내 배선

사진 3은 반 내 배선도이며 반 내 전력용 배선 스페이스 내에 케이블을 병행으로 맞추어 케이블 지지 기구에 나일론 밴드 등으로 지지한다.

(4) 반에서 실내 배선

사진 4는 반 하측에서의 실내 트레이 배선도이며 좌측이 콘센트용 케이블이고 우측이 통신용 케이블이다.

(5) 분기 커넥터(조인트 박스)

사진 5는 분기 커넥터 설치도이며 콘크리트 바닥에 베이스를 설치하고 베이스에 분기 커넥터를 장착한다. 본선은 반에서 분기 커넥터에 배선 접속되며 또한 다음의 분기 커넥터에 배선된다. 분기 배선은 VCT 케이블을 사용하여 콘센트에 배선된다. 접속에 대해서는 분기 커넥터의 스트립 게이지에 맞추어 VVF 케이블의 외장 및 절연 피복의 박리(단박리) 접속을 한다. VCT 케이블(연선)은 절연 피복된 봉형 압착 단자를 사용하여 압착, 접속한다.

(6) 플로어 내 케이블(전력용과 통신용)의 교차

그림 5는 플로어 내 배선에서 케이블의 교차 장소에 세퍼레이트 브리지를 사용한 것이다.

전력용과 통신용 케이블이 교차되는 경우에는 교차 장소에 세퍼레이트 브리지 등을 사용하여 직접 접촉하지 않도록 배선한다. 또한 가급적 교차시키지 않도록 유의한다.

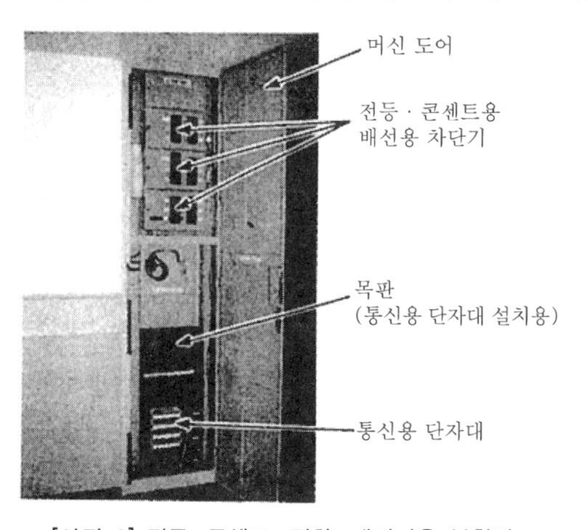

[사진 2] 전등, 콘센트, 전화, 데이터용 복합반

[사진 3] 반 내 배선도

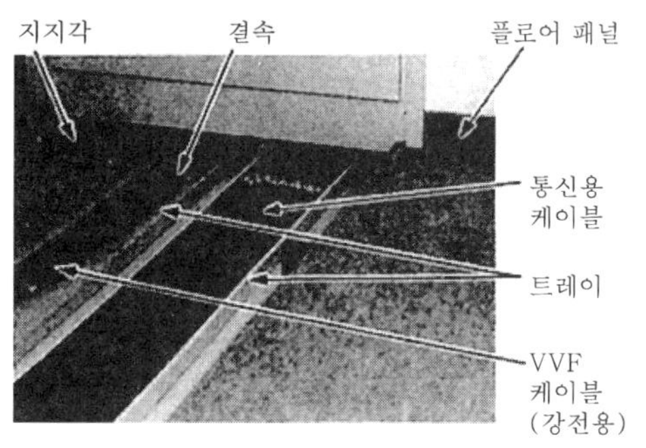

[사진 4] 반 하측 이면에서의 플로어 내 배선 상황

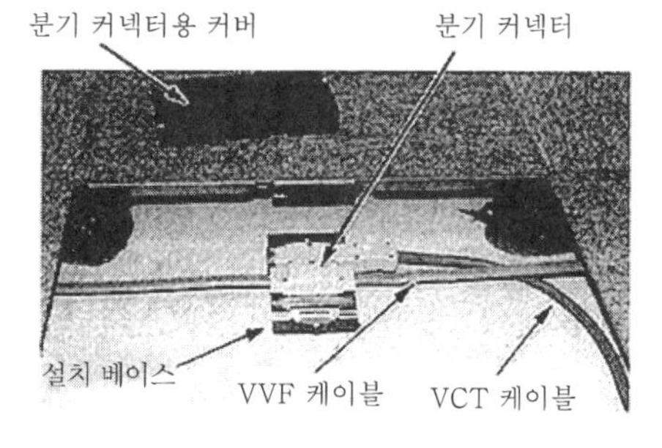

분기 커넥터는 콘센트 박스 가까이의 바닥면(콘크리트면)에 설치한다. 전원(반에서) 및 다음의 분기 커넥터에의 배선은 VVF 케이블, 분기 커넥터에서 콘센트까지는 VCT 케이블로 배선되어 있다.

[사진 5] 분기 커넥터(조인트 박스) 설치도

해석 제189조「저압 옥내 배선과 약전류 전선 및 관과의 접근 또는 교차」에서 전력용 케이블과 통신용 케이블이 직접 접촉하지 않도록 설치해야 된다고 규정되어 있다.

(7) 플로어 내 배선(사진 6)

(8) 콘센트 박스 및 기구 설치

사진 7과 그림 6은 플로어 패널에의 콘센트 박스 및 기구의 설치, VCT 케이블의 접속도이다. 여기서는 분기 커넥터에서 콘센트까지의 VCT 케이블은 단말 처리 공장에서 가공한 케이블을 사용하고 있다. 한쪽은 삽입 커넥터, 다른 한쪽은 절연 피복된 봉형 압착 단자를 장착한 케이블을 사용하고 있다.

(9) 플로어 콘센트 설치

사진 8은 플로어 콘센트 설치도이다.

(10) 전화선 인출

사진 9는 전화용 플로어 박스에서 전화선을 인출한 그림이다.

(11) 플로어 패널 이면

사진 10은 일반용(좌측)과 설비용(우측) 패널의 이면이다.

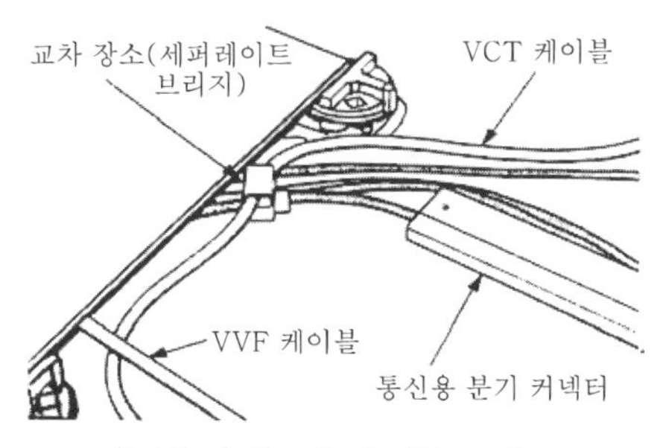

[그림 5] 플로어 내 배선 교차도

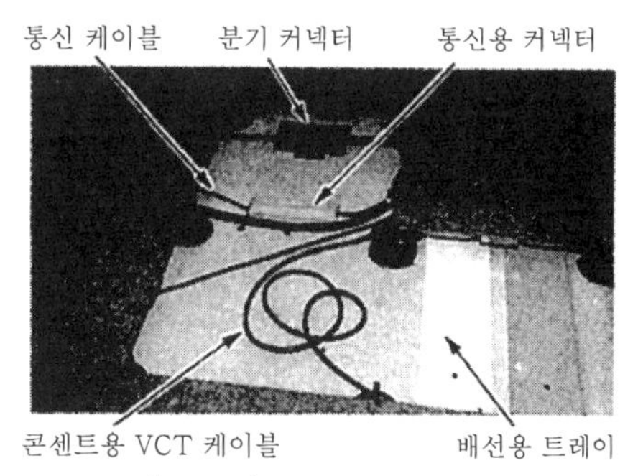

[사진 6] 플로어 내 배선도

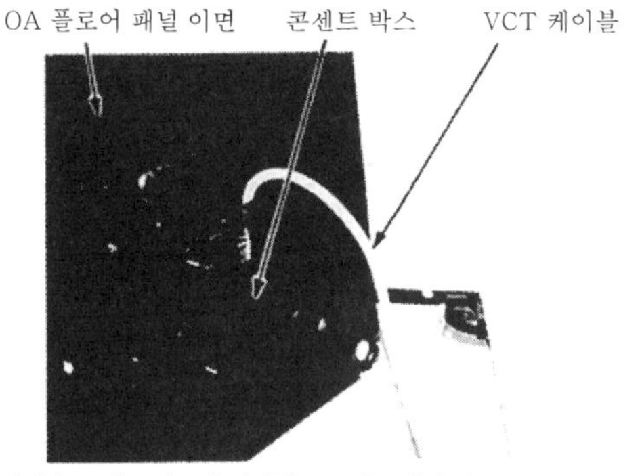

패널은 콘센트 박스가 설치되도록 가공되어 있는 것. 패널 블랭크 커버를 떼내어 콘센트 박스와 콘센트를 설치하고 단말 처리(봉형 압착 단자)된 케이블을 콘센트 단자에 삽입하여 접속한다. 카펫을 박스에 맞추어 절단하고 플레이트를 설치한다.

[사진 7] 콘센트 박스 및 기구의 설치

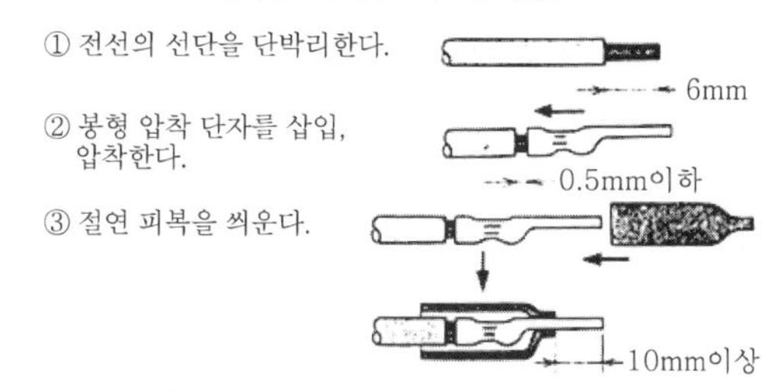

(주 1) 연선의 경우에는 절연 피복된 봉형 압착 단자를 사용한다.
(주 2) 현장에서 압착 작업을 하는 경우에는 봉형 압착 단자에 적합한 압착 펜치(KS C 9323 옥내 배선용 전선 접속 공구)를 사용한다.

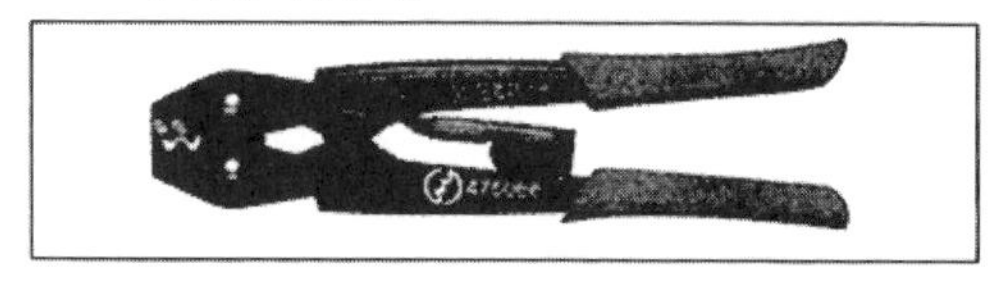

[그림 6] 절연 피복된 봉형 압착 단자의 시공 방법

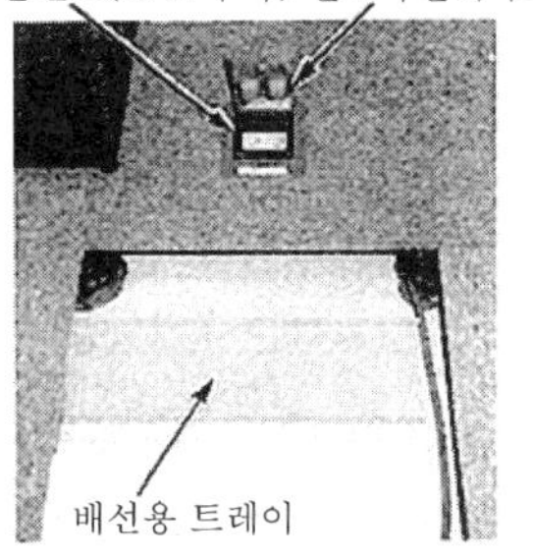

[사진 8] 이너 콘센트의 설치

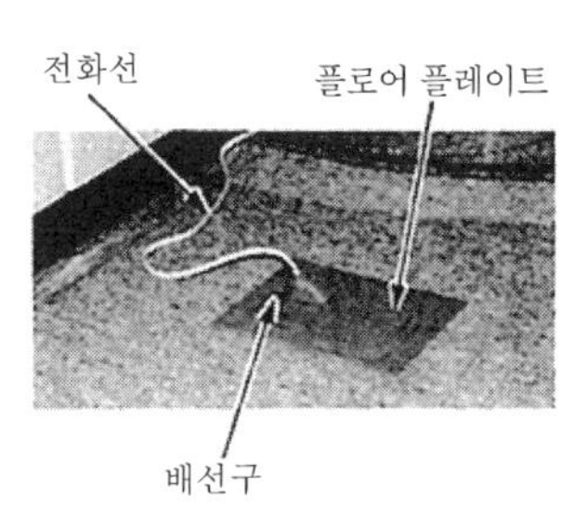

[사진 9] 전화선 인출도

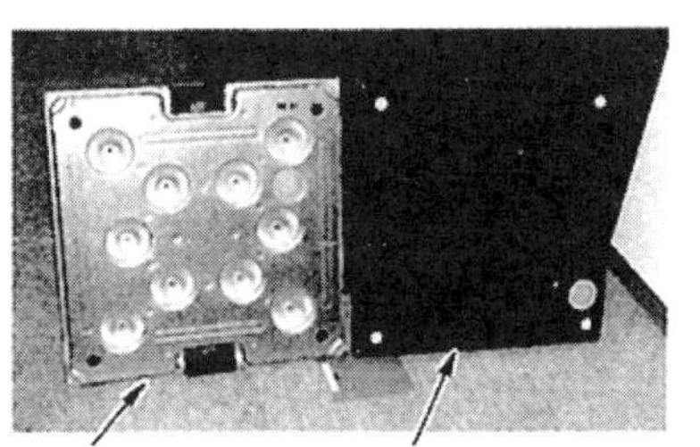

[사진 10] 플로어 패널 이면

4. 시공 예②

시공 예②의 OA 플로어는 지지각 분리 방식으로 높이가 300mm이다.

(1) 단말기용 플로어 콘센트

플로어 콘센트는 일반용과 단말기용이 있으며 단말기용 배선은 무정전 전원 회로이며 전기 샤프트 분전반에서 VCT 케이블에 의하여 배선(2중 바닥 내)되어 있다. 또한 약전 케이블도 전기 샤프트에서 2중 바닥 내에 배선되어 있다(사진 11).

(2) 강전 케이블과 약전 케이블의 바닥 내 교차

강전 케이블과 약전 케이블이 교차되는 경우에는 세퍼레이트 브리지를 사용하여 케이블 상호간을 직접 접촉시키지 않도록 한다(그림 7).

(3) 일반용 분전반

일반용 분전반은 페리미터 존(방의 주위)에 설치되어 있다(사진 12, 13). 전원은 전기 샤프트에서 CV 케이블로 2중 바닥 내에 배선되어 있다. 분전반에서 콘센트까지의 배선은 VVF 케이블로 배선되어 있다.

(4) 일반용 콘센트

콘센트 박스는 2중 바닥 내 알루미늄 베이스에 설치되어 있다(사진 14, 15).

콘센트는 접지극이 부착된 이탈 방지 더블 콘센트가 3개 설치되어 있다. 콘센트 박스

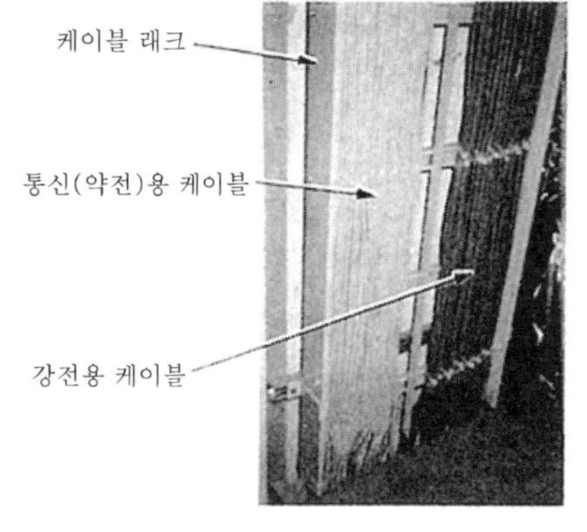

[사진 11] 샤프트 내 케이블 래크 배선 상황

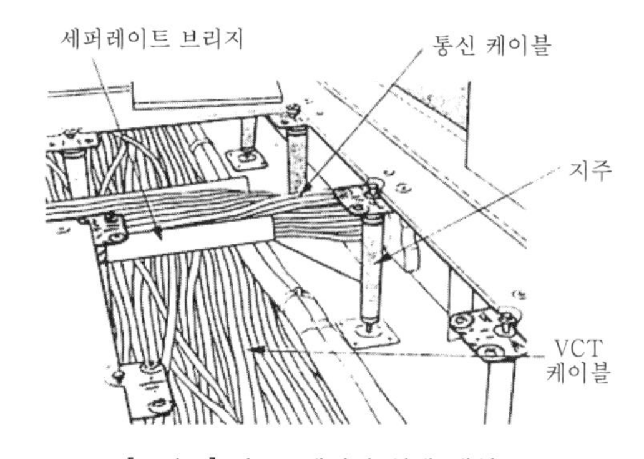

[그림 7] 샤프트에서의 실내 배선도
(강전 케이블과 약전 케이블의 교차 상황)

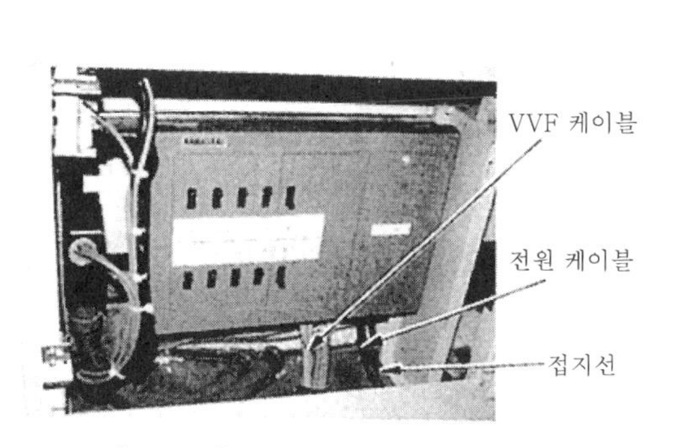

[사진 12] 플로어 콘센트용 분전반

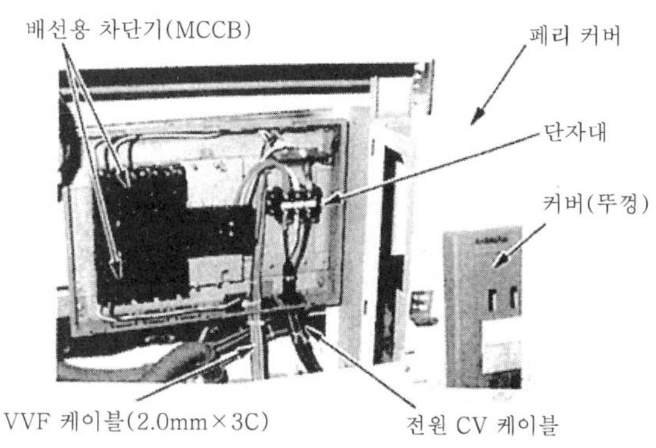

[사진 13] 플로어 콘센트용 분전반의 내부 배선

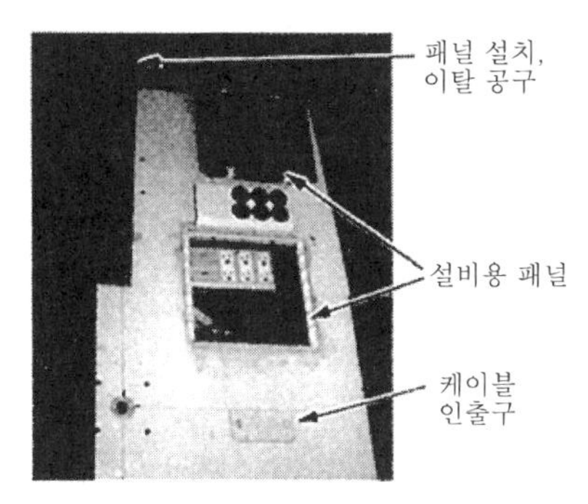

[사진 15] 설비용 패널도

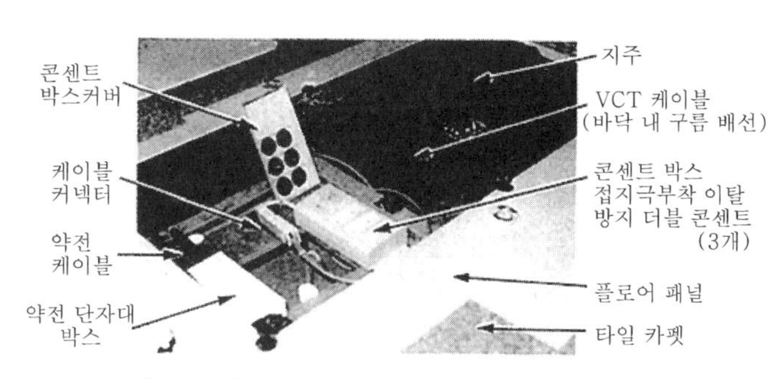

[사진 14] 바닥 내 플로어 콘센트 박스 설치 상황

및 삽입 커넥터까지 메이커에서 제작된 것이 사용되고 있다. OA 플로어 내 배선은 시공 예 ①과 같은 순서로 한다.

5. 시공 예 ③

시공 예 ③의 OA 플로어도 지지각 분리 방식이다. 플로어 콘센트용 분전반의 설치 위치는 실내의 벽 패널 내와 자립형 반이 설치되어 있다(사진 16).

콘센트 박스는 2중 바닥 내와 플로어 패널에 설치되어 있다(사진 17).

플로어 패널을 설치하거나 떼어낼 때는 공구를 사용한다(그림 18).

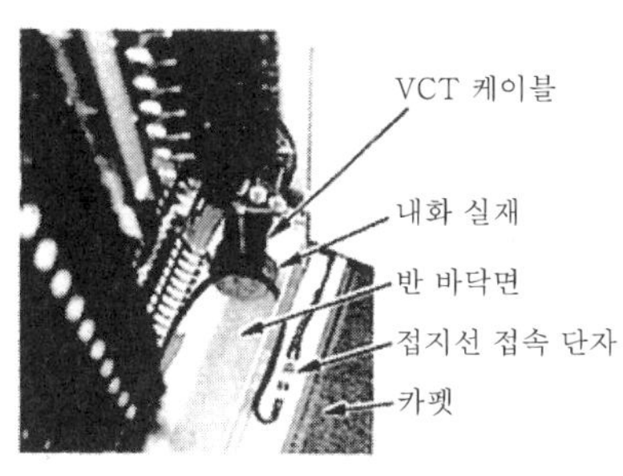

[사진 16] 분전반 내 배선 상황
(프로어 콘센트용)

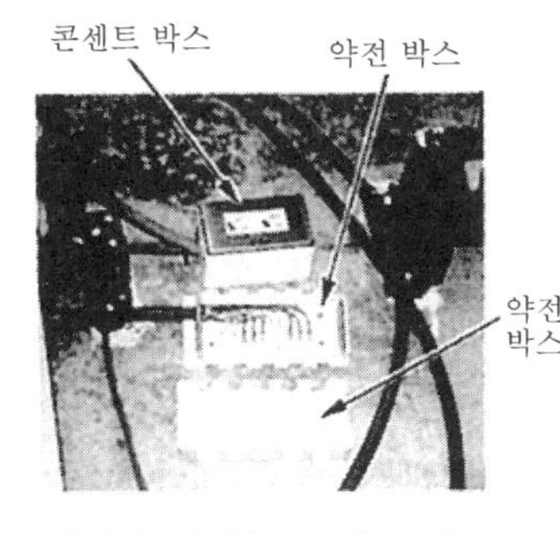

[사진 17] 플로어 내 콘센트 박스,
약전 단자대 설치 상황

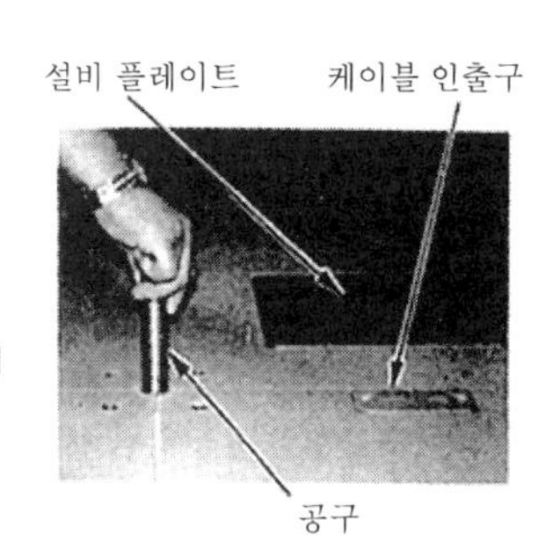

[사진 18] 플로어 패널의 이탈

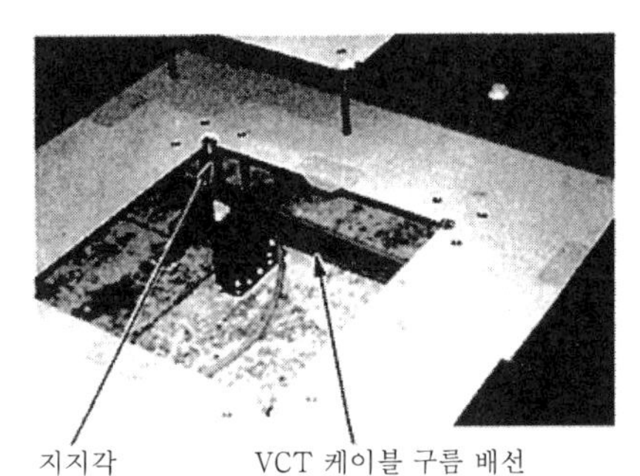

[사진 19] 플로어 내 배선 상황

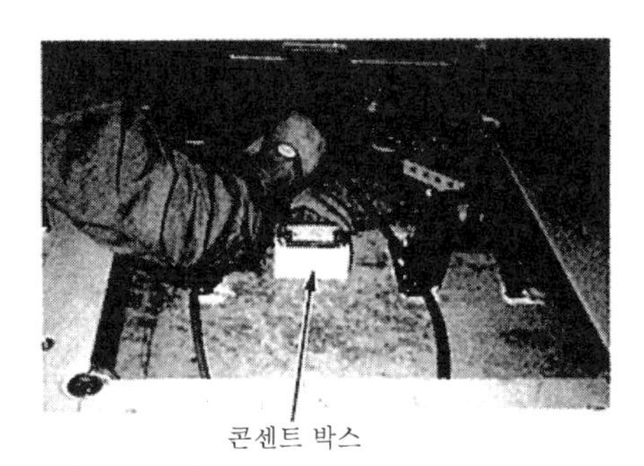

[사진 20] 배선 기구, 콘센트 설치 상황

2중바닥 내의 배선 및 콘센트의 설치는 사진 19, 20과 같다.

시공시에는 전선(케이블)의 외장 및 절연 피복의 박리, 접속, 극성 등 기본 작업을 지키며 케이블의 교차는 절연재 등을 사용하여 직접 접촉하지 않도록 하고 또한 플로어 콘센트 박스의 장착 등에 대해서는 메이커의 카탈로그를 잘 읽고 설치하는 것이 중요하다.

평형 보호층 공사 | 해석 제186조

평형 보호층 배선 방식은 사무실, 전시장, 점포 등의 장소에서 전력용 플랫 케이블을 바닥면과 타일 카펫 사이에 설치하는 배선 방식이다.

전력용 플랫 케이블은 얇고, 보호층을 포함하여 약 2mm 정도이며 타일 카펫 밑에 설치되므로 방의 미관이나 통로의 안정성, 방 안의 책상, 단말 기기 등의 레이아웃(위치 변경) 변경 시 쉽게 배선을 변경할 수 있는 방식이다.

전력용 플랫 케이블의 배선 예를 그림 1에 들었다.

(주) 일본 공업규격 JIS C 3652(전력용 플랫 케이블의 시공방법)에서는 평형 보호층 배선을 「전력용 플랫 케이블」, 「평형 도체 합성수지 절연전선」을 「플랫 절연 도체」라고 부르고 있다.

1. 전력용 플랫 케이블의 기본 구성

전력용 플랫 케이블의 기본 구성을 그림 2에 들었다.

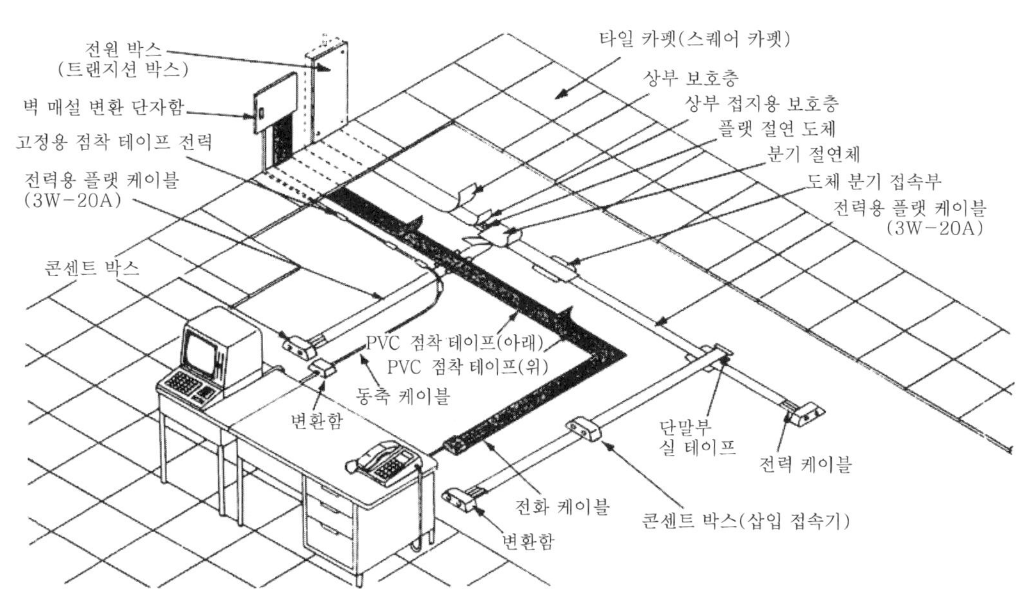

[그림 1] 전력용 플랫 케이블의 배선 예

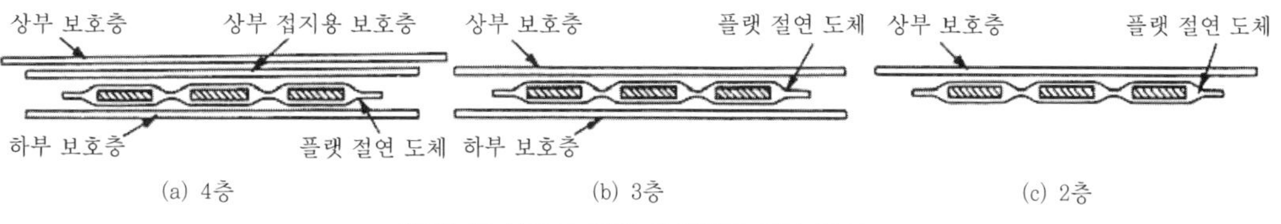

[그림 2] 전력용 플랫 케이블의 기본 구성

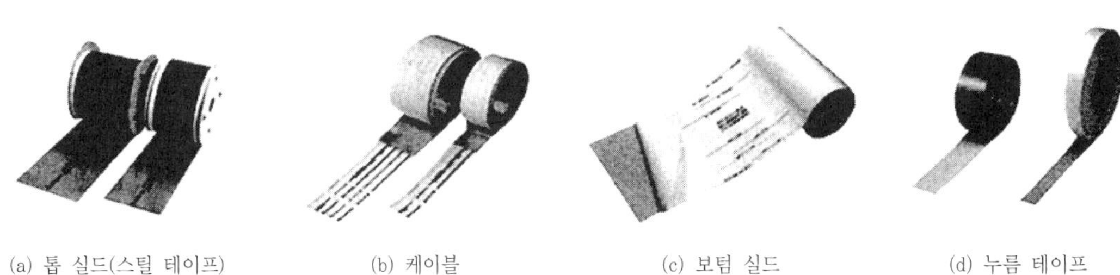

[사진 1] 케이블의 구성 부품

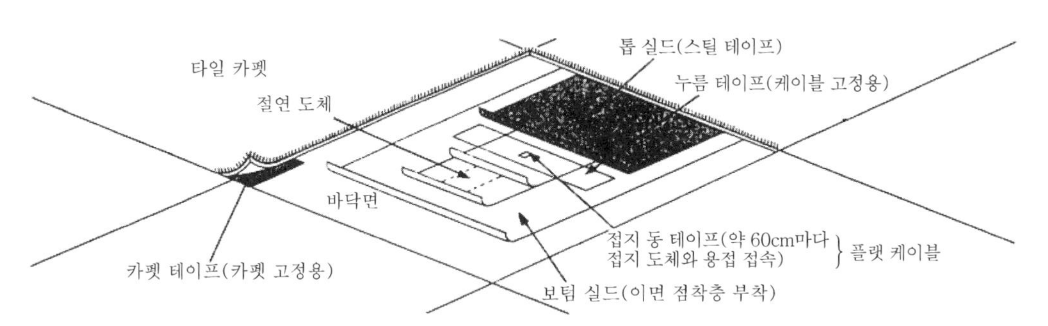

[그림 3] 전력용 플랫 케이블의 구성 예

2. 전력용 플랫 케이블 시방 예(케이블의 구성 부품)

(1) 상부 보호층(사진 1(a))

플랫 절연 도체의 상부를 덮어 기계적으로 보호하는 금속 또는 판

(2) 플랫 절연 도체(사진 1(b))

동선을 도체로 하여 각 도체가 병렬이 되도록 도체의 주위를 절연체로 피복한 것. 도체 중의 1도체를 접지용 도체로 한다. 케이블 본체에서 접지 동 테이프와 조합한 것이다.

(3) 하부 보호층(사진 1(c))

플랫 절연 도체를 바닥면의 미소 돌기 및 습기로부터 보호하는 절연 테이프

(4) 누름 테이프(사진 1(d))

케이블의 고정과 스틸 테이프의 분기부, 단부 등의 고정에 사용한다.

3. 공사상의 유의점(주의 사항)

(1) 전력용 플랫 케이블의 사용 장소는 사무실, 전시장, 점포 등에서 사용 전압이 교류 300V 이하일 것. 사용 금지 장소는 다음과 같다.

① 주택 ② 여관, 호텔(숙박소 등의 숙박실) ③ 초,중학교, 맹학교, 농아학교, 양호설치, 유치원·보육원의 교실, 기타 이와 유사한 장소 ④ 병원, 진찰실 등의 병실 ⑤ 플로어 히팅 등 열선을 설치한 바닥면 ⑥ 분진이 많은 장소, 가연성 가스 등이 존재하는 장소, 위험물 등이 존재하는 장소, 화약고, 부식성 가스 등이 존재하는 장소 등이다.

(2) 전력용 플랫 케이블은 바닥면과 타일 카펫(스퀘어 카펫) 사이 또는 벽면에 설치한다.

(3) 전원측에 누전 차단기를 설치한다(정격 감도 전류 30mA 이하, 동작 시간 0.1초 이내의 것으로 한정된다).

(4) 플랫 절연 도체의 녹/황색 또는 녹색으로 표시된 접지용 도체는 접지선으로 사용하며 전원 접속 박스 또는 중계 접속 박스의 내부에서 D종 접지 공사를 한다. 전원·중계 접속 박스 및 삽입 접속기(콘센트 박스)의 금속제 외함에도 D종 접지 공사를 한다.

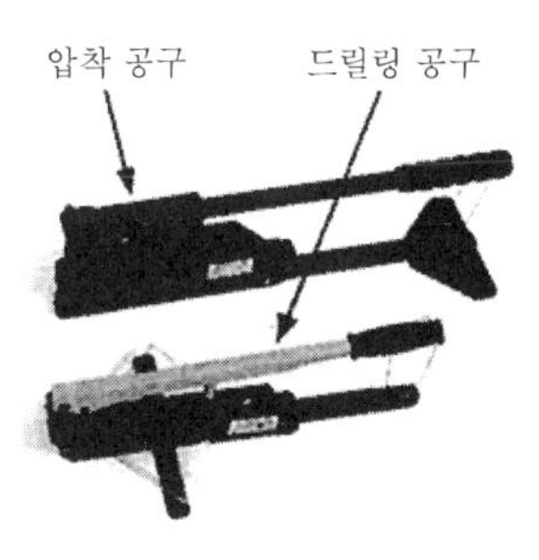

[사진 2] 압착·드릴링 공구

(5) 전기를 공급하는 분기 회로의 전류 용량은 30A 이하로 한다.

(6) 전로 대지 전압은 150V 이하로 한다.

(7) 전력용 플랫 케이블은 조영재를 관통하여 설치해서는 안된다.

(8) 메이커에 따라 케이블 및 보호층의 두께나 폭이 다르기 때문에 동일 메이커의 것을 사용하는 것이 바람직하다. 또한 도체 상호간을 접속하는 공구도 다르기 때문에 동일 메이커의 전용 공구를 사용한다(압착, 드릴링 공구. 사진 2 참조). 기타 공구로서 ① 절단 가위 ② 나무 해머 ③ 진동 드릴 ④ 압착 펜치 ⑤ 단말 접속용 압착기 등이 있다.

(9) 각 메이커의 시공 매뉴얼에 따라 바르게 시공한다.

4. 기타의 구성 부품

기타 구성 부품(부속품)에는 다음과 같은 것이 있다(사진 3).

(1) 전원 접속 박스, (2) 중계 접속 박스, (3) 분기 커넥터, (4) 단말 커넥터, (5) 분기·직선·단말 절연 실, (6) 플로어 콘센트 등이다.

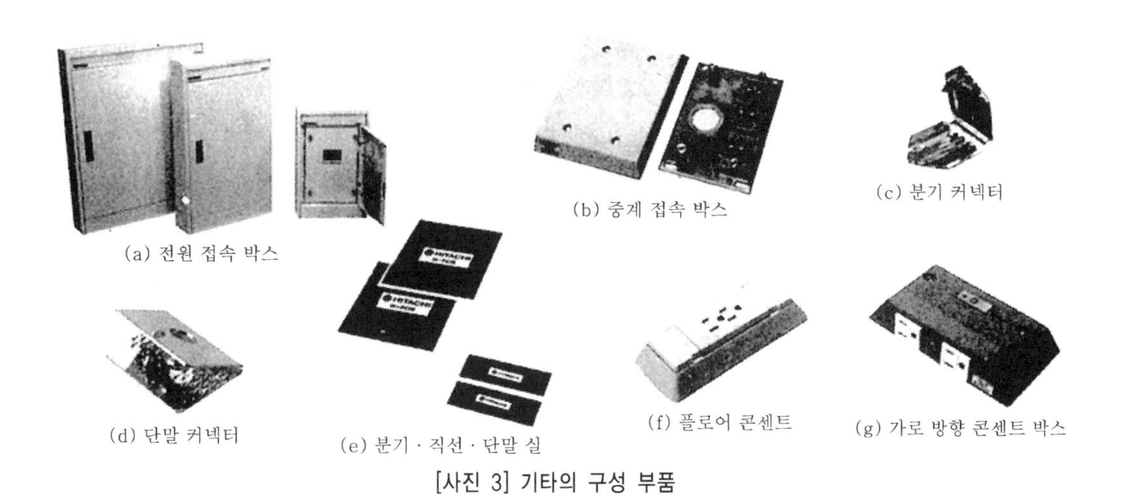

[사진 3] 기타의 구성 부품

5. 전력용 플랫 케이블 공사의 순서

(1) 전원 접속 박스의 설치. 박스 설치 위치의 먹줄치기를 하고 커버·프레임 등을 떼어내 벽면에 보드 앵커, 플러그 및 볼트, 나무 나사 등을 사용하여 설치한다(그림 4).

(2) 부설 루트의 확보 및 청소. 배선 루트 위에 있는 타일 카펫을 벗기고 부설 루트의 바닥면을 청소하여 부착·돌기물 등을 제거, 평활하게 해서 배선 루트를 확보한다. 부설은 타일 카펫의 중앙부가 바람직하다(그림 5).

(3) 하면 보호층(보텀 실드)의 부설. 배선 루트에 하면 보호층을 부설한다. 보호층 이면의 세퍼레이터를 벗기면서 점착면에 공기가 들어가지 않도록 바닥면에 접착시킨다. 카펫의 라인과 평행하게 부설한다(그림 6).

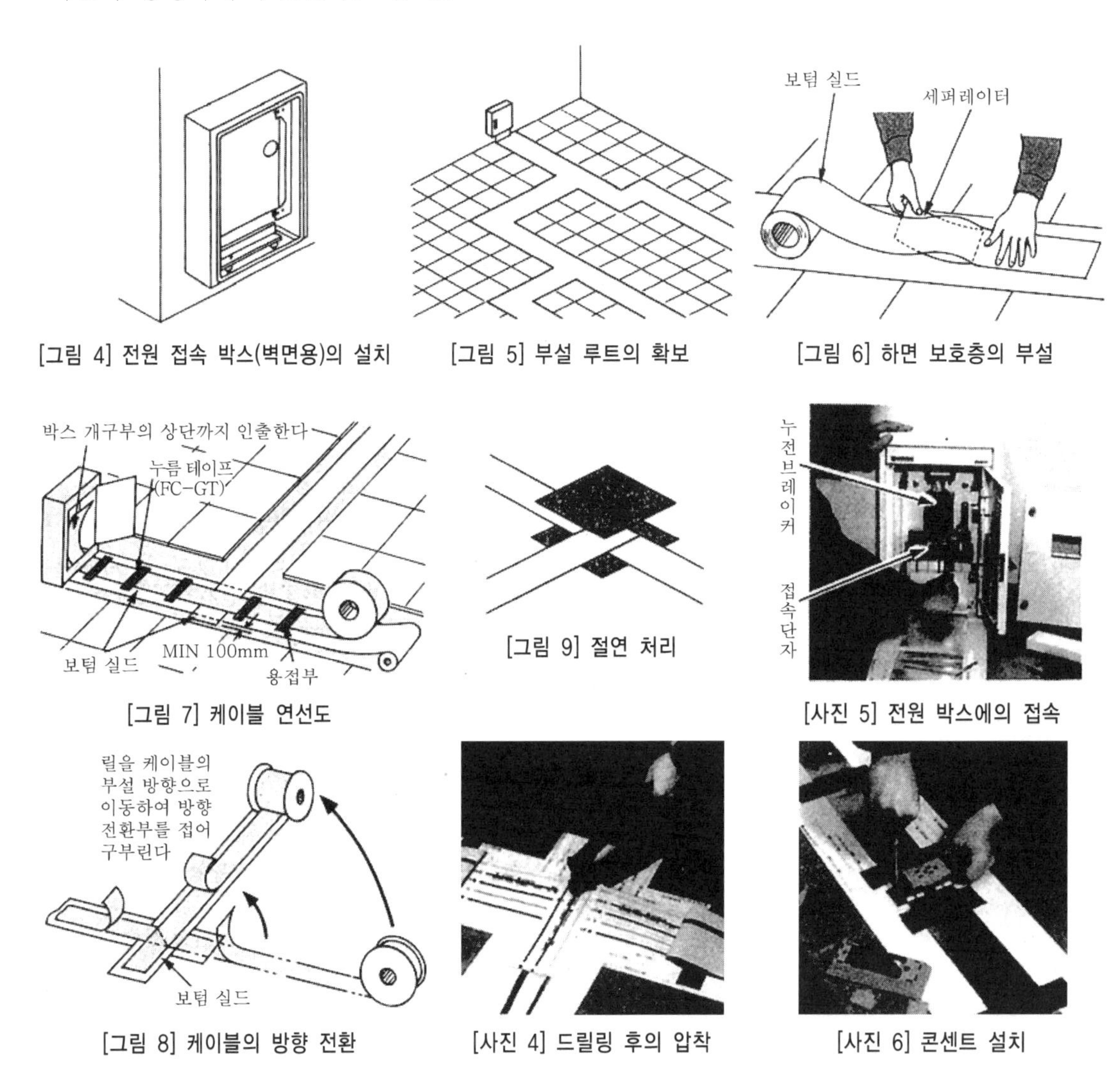

[그림 4] 전원 접속 박스(벽면용)의 설치

[그림 5] 부설 루트의 확보

[그림 6] 하면 보호층의 부설

[그림 7] 케이블 연선도

[그림 9] 절연 처리

[사진 5] 전원 박스에의 접속

[그림 8] 케이블의 방향 전환

[사진 4] 드릴링 후의 압착

[사진 6] 콘센트 설치

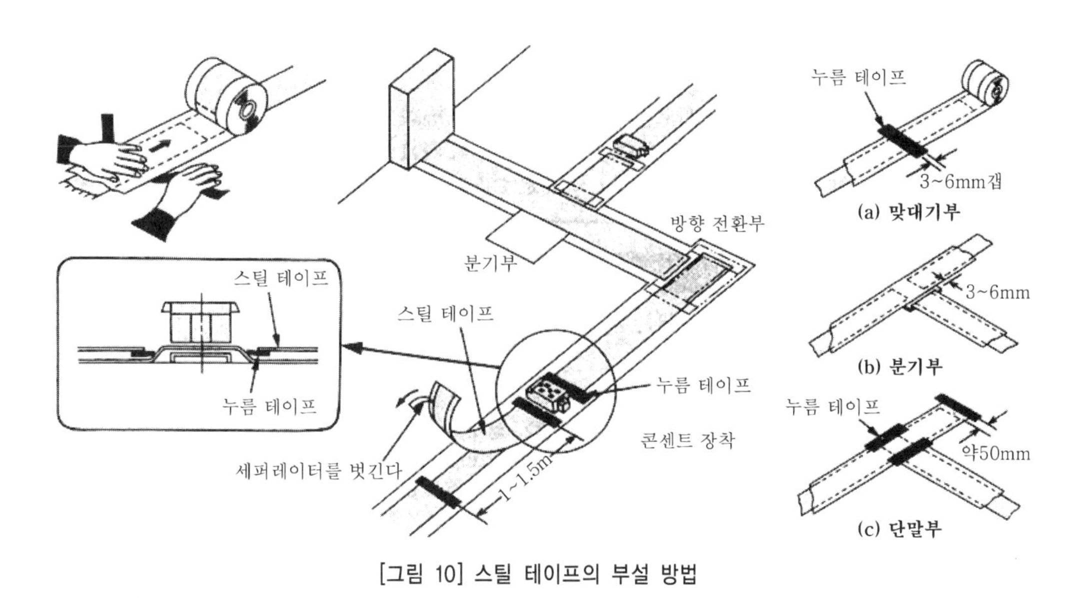

[그림 10] 스틸 테이프의 부설 방법

(4) 케이블(접지 동테이프 부착 절연 도체)의 부설. 하면 보호층(시트)상에 전원측에서 연선하여 누름 테이프를 사용, 고정시킨다. 케이블의 방향 전환은 접어 구부려서 하고 직선·분기 접속은 전용 공구를 사용해서 접속하며 배선 작업을 한다. 전용 드릴링 공구를 사용하여 분기 커넥터의 삽입 구멍을 뚫는다. 또한 분기 커넥터를 구멍에 삽입하여 압착 접속한다. 끝으로 절연 실을 사용하여 상하에서 끼우듯이 처리한다(그림 7~9, 사진 4).

(5) 전원 박스에의 접속 및 콘센트 설치. 케이블 배선 후에 전원 박스 단자대에 케이블을 삽입하여 콘센트, 접지 바 등을 설치한다(사진 5, 6). 진동 드릴로 바닥에 구멍을 뚫어 플러그, 나무 나사, 콘센트의 베이스 플레이트를 고정시킨다.

(6) 상면 보호층(스틸 테이프)의 부설(그림 10). 스틸 테이프는 양단 이면의 세퍼레이터를 벗기면서 손바닥의 공기를 밀어 내듯이 하여 케이블 위에 부설한다. 긴 루트(3m 이상)의 경우에는 점검을 용이하게 하기 위해 약 1.5m마다 절단하여 단척인 것을 설치하면 된다. 방향 전환, 분기 부분 등에서 이 스틸 테이프는 맞대는 사이의 틈을 3~6mm 정도로 하여 겹치지 않도록 한다. 또한 스틸 테이프 위에서 누름 테이프로 바닥에 고정시킨다. 특히 단부나 맞대는 부분은 누름 테이프로 확실하게 고정시킨다.

(7) 타일 카펫의 재부설 및 절단. 플로어 콘센트 부분 등의 카펫을 절단하여 카펫을 부설(원상 복귀)한다.

(8) 회로 시험. 회로별의 절연 저항은 250V 또는 500V 메가(절연 저항계)를 사용하여 측정하며 각 상간, 대지간을 측정하여 1MΩ 이상일 것. 회로마다의 도통은 전원부에서 전압을 인가하여 각 콘센트에서의 전압에 의하여 확인한다.

특수 장소의 공사

폭발 등 위험 장소의 시설
해석 제193조(1)

특수 장소란 폭연성 분진, 가연성 가스 및 위험물 등이 존재하는 장소이며 전기설비기술기준 제68~71조 및 해석 제192~195조까지에 규정되어 있으며 다음과 같은 장소를 말한다.

① 분진이 많은 장소(해석 제192조) ② 가연성 가스 등이 존재하는 장소(해석 제193조) ③ 위험물 등이 존재하는 장소(해석 제194조) ④ 화약고 가스 등이 존재하는 장소(해석 제195조) ⑤ 부식성 가스 등이 존재하는 장소(전기 제70조)이다.

여기서는 가연성 가스 등이 존재하는 장소(가스 증기 위험 장소)의 공사에 대하여 설명한다.

1. 가스 증기 위험 장소

가스 증기 위험 장소란 가연성 가스 또는 인화점 40℃ 이하의 인화성 액체의 증기가 공기 중에 존재하여 위험한 농도가 되는 장소 또는 그 위험성이 있는 장소를 말하며 위험 분위기가 존재하는 시간과 빈도에 따라 0종 장소, 1종 장소, 2종 장소로 분류되어 있다.

(1) 0종 장소

① 인화성 액체의 공기 또는 탱크 내 액면 상부의 공간부 등과 같이 보통의 상태에서 폭발성 가스의 농도가 연속적으로 폭발 하한계 이상으로 되는 장소

② 가연성 가스의 용기, 탱크 등의 내부에서 가연성 액체의 액면 부근 또는 이에 준하는 장소

(2) 1종 장소

① 폭발성 가스가 보통의 사용 상태에서 집적되어 위험 농도가 될 우려가 있는 장소

② 수선, 보수 또는 누설 등으로 때때로 폭발성 가스가 집적되어 위험한 농도가 될 우려가 있는 장소

(주) 보통의 상태라고 하는 것은 빈도를 개념적으로 표시한 것으로 정상운전, 조작을 말하며 제품의 추출, 뚜껑의 개폐, 안전 밸브의 동작 등이 포함된다.

(3) 2종 장소

① 가연성 가스 또는 인화성 액체를 상시 취급하고 있지만 그것들은 밀폐된 용기 또는 설비 내에 봉입되어 있고 그 용기 또는 설비가 사고로 인해 파손된 경우나 오조작된 경우에만 누출되어 위험한 농도가 될 우려가 있는 장소

② 확실한 기계적 환기 장치에 의해 폭발성 가스가 집적되지 않도록 되어 있지만 환기 장치에 이상 또는 사고가 발생한 경우에는 폭발성 가스가 집적되어 위험한 농도가 될 우려가 있는 장소

③ 1종 장소의 주변 또는 인접한 실내에서 폭발성 가스가 위험한 농도로 드물게 침입

할 우려가 있는 장소

(주) 이상한 상태란 전항의 일반적인 상태와 대비하여 빈도를 개념적으로 표시한 것으로 용기 또는 배관 등의 장치의 파손·고장 또는 오조작으로 가연성 가스나 액체가 누출되거나 정체되어 위험한 분위기를 생성하는 경우를 말한다.

이상과 같이 분류되며 위험 장소에 따라 전기 설비를 설치하도록 의무화되어 있다.

2. 1종, 2종, 위험 장소에서의 전기 공사 시공 예

(1) 1종 장소의 시공 예(그림 1)

(2) 2종 장소의 시공 예(그림 2)

❖그림 1만

① 내압 방폭형 정크션 박스 ② 내압 방폭형 유니버설

❖그림 2만

① 밀폐형 정크션 박스 ② 밀폐형 유니버설

❖그림 1, 그림 2 공통

③ 내압 방폭형 실링 피팅(종형)

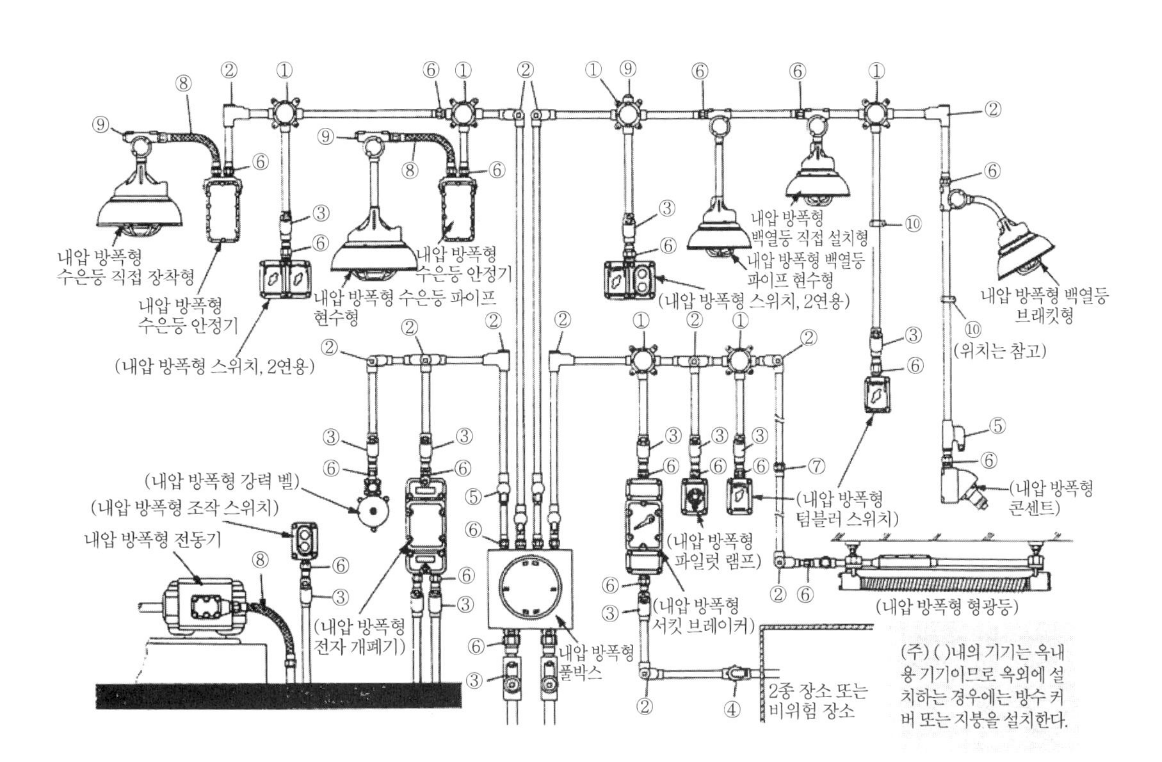

[그림 1] 1종 위험 장소에서의 전기 공사 시공 예

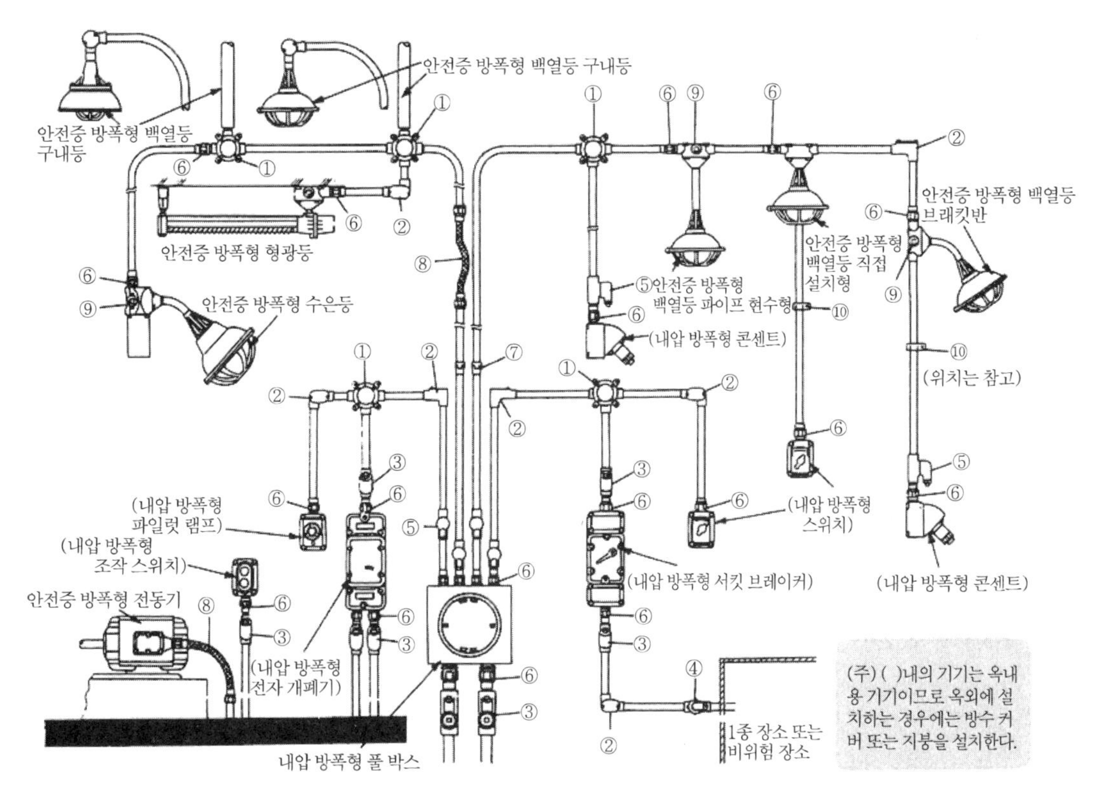

[그림 2] 2종 위험 장소에서의 전기 공사 시공 예

④ 내압 방폭형 실링 피팅(횡형)
⑤ 내압 방폭형 드레인 피팅(옥외의 경우에 한한다)
⑥ 내압 방폭형 유니언 커플링(M형)
⑦ 내압 방폭형 유니언 커플링(F형)
⑧ 내압 방폭형 플렉시블 피팅
⑨ 블랭크 플러그
⑩ 편측 새들

3. 부속품

전선관 부속품 및 접속함에는 내압 방폭 구조인 것을 사용해야 된다. 부속품의 종류(예)를 다음에 들었다(사진 1, 2).

(1) 방폭 전기 기기의 선정 방법

전기 기기 방폭 구조의 선정 방법에는 회전기, 변압기, 개폐기, 제어기류 및 조명 기구류 등 기기의 종류별로 각각 위험 장소에 따른 선정 예가 「공장 전기 설비 방폭 지침」에 표시되어 있다.

저압 주요 전기 기기에 대하여 발췌하면 표 1과 같다.

(a) 내압 방폭형 엘보

(b) 내압 방폭형 터미널 박스

(c) 내압 방폭형 실링 피팅

(d) 내압 방폭형 유니언 커플링

[사진 1] 부속품의 종류(1)

(a) 내압 방폭형 플렉시블 콘딧

(b) 내압 방폭형 고착식 케이블 피팅

(c) 편측 새들

(d) 내압 방폭형 정크션 박스

(e) 내압 방폭형 텀블러 스위치

(f) 내압 방폭형 누전 차단기

(g) 내압 방폭형 배전용 차단기

(h) 안전증 방폭형 치즈

(i) 안전증 방폭형 분기 박스

[사진 2] 부속품의 종류(2)

[표 1] 저압 전기 기기 방폭 구조의 선정 방법

위험 장소 / 방폭 구조 / 기기의 종류		0종 장소	1종 장소					2종 장소				
		본질안전	본질안전	내압(耐壓)	내압(內壓)	유입(油入)	안전증가	본질안전	내압(耐壓)	내압(內壓)	유입(油入)	안전증가
회전기	3상 농형 유도 전동기			○	○		△		○	○		○
	3상 권선형 유도 전동기			△	△		−		○	○		○
	단상 농형 유도 전동기 : 접점 없음			○			×		○			○
	캔드 모터 (canned motor)			○	○		×		○	○		○
	직류 전동기			△	△		−		○	○		−
변압 기류	유입 변압기 (시동용을 포함)			−	−		×		−	−		○
	건식 변압기 (시동용을 포함)			△	△		×		○	○		○
	유입 리액터 (시동용을 포함)			−	−		×		−	−		○
	건식 리액터 (시동용을 포함)			△	△		×		○	○		○
	계기용 변성기			△			×		○			○
개폐기 및 제어기류	대기중 개폐기 (자동개폐 안함)	−	−	○		−	−	−	○		−	−
	대기중 개폐기 (자동개폐 하는 것)	−	−	△		−	−	−	○		−	−
	대기중 차단기	−	−	△		−	−	−	○		−	−
	조작용 소형 개폐기	○	○	○		○*	−	○	○		○*	−
	분전반	−	−	△		−	−	−	○		−	−
조명 기구류	정착등(백열등, 형광등, 고압 수은등)			○			×		○			○
	이동등			△			−		○			−
	전자붙이 휴대 전등			○			−		○			−
	표시등류			○			×		○			○

(주) ○ : 적합한 것　　× : 적합하지 않은 것　　* : 조건부의 것
△ : 가급적 피하고 싶은 것　　− : 구조상 실재하지 않는 것

(2) 방폭 전기 공사

일반적으로 전기 배선은 보통의 상태에서는 점화원이 될 우려는 없지만 가스 증기 장소에서 지락, 단락, 단선 등의 사고가 발생한 경우에는 점화원이 되기 때문에 금속관 공사 또는 케이블 공사에 의하여 설치해야 된다.

① **금속관 배관** : 가스 증기 위험 장소에서의 금속관 배관은 다음의 방법에 의하여 위험의 우려가 없도록 시공한다.

㉠ 전기 배관은 내압 방폭 구조의 단자함·후강 전선관 또는 이와 동등 이상의 강도를 가진 것 및 내압 방폭 구조의 전선관용 부속품으로 구성되는 내압 방폭 구조 용기에 수납하여 만일 배선에서 사고가 발생해도 용기 밖의 위험 분위기

에 대하여 점화원이 되지 않도록 해야 한다(그림 1, 2).

㉡ 관 상호 및 관과 박스, 기타의 부속품 또는 전선 접속함, 전기 기계 기구와는 나사의 유효 부분에서 5산 이상 스크루하여 접속하며 또한 로크너트를 사용하여 체결하는 방법 또는 이와 동등 이상의 효력이 있는 방법에 의하여 견고하게 접속한다.

㉢ 내압 방폭 금속관 배선 및 전선관 배선에 사용하는 절연전선은 표 2와 같다.

㉣ 전동기에 접속하는 부분 등에서 가요성을 필요로 하는 단소(短小) 부분의 배관에는 위험도에 따른 내압 방폭 구조(1종 장소) 또는 안전증 방폭 구조(2종 장소)의 플렉시블 피팅을 사용한다(그림 3).

[표 2] 내압 방폭 금속 배선 및 전선관 배선에 사용하는 절연전선

a	600V 비닐 절연전선(IV)
b	600V 2종 비닐 절연전선(HIV)
c	600V 알루미늄 도체 비닐 절연전선(AI-IV)
d	600V 고무 절연전선(천연고무, SBR)
e	600V 규소 고무 절연 글라스 편조 전선(KGB)
f	600V 폴리에틸렌 절연전선(IE)

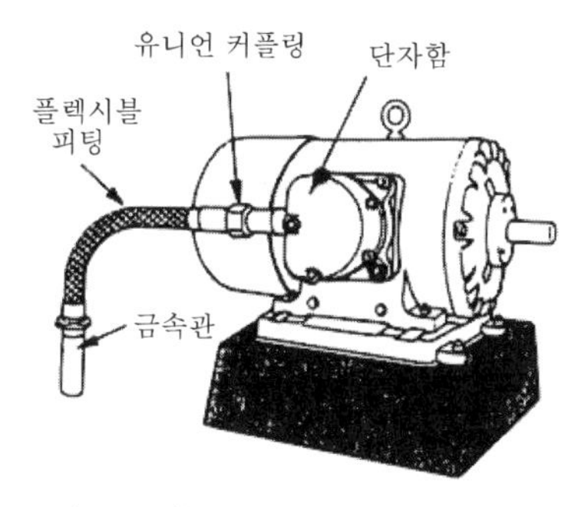

[그림 3] 플렉시블 피팅을 사용한 전동기의 배선 예

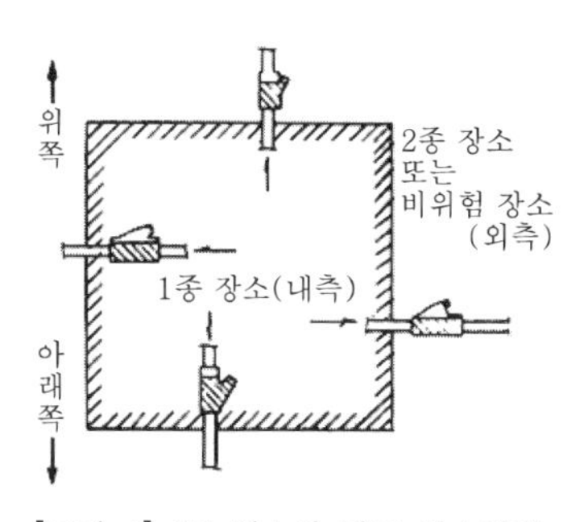

[그림 4] 1종 장소와 다른 장소와의 격벽 관통도

㉤ 위험 장소와 기타 장소와의 사이에 있는 격벽을 관통하는 전선관에는 격벽의 어떤 측에서건 전선관에 실링을 해야 된다(그림 4).

폭발 등 위험 장소의 시설 (해석 제193조)(2)

3. 부속품

(2) 방폭 전기 공사

② 케이블 배선

㉠ 사용할 수 있는 저압 케이블을 표 1에 나타내었다.

㉡ 외상에 대한 케이블의 보호로서는 후강 전선관, 가스관, 경질 비닐관 또는 콘크리트제 관 등의 방호 장치에 수납하여 외상으로부터 보호한다. 이 경우, 보호관의 안지름은 일반적으로 케이블 바깥지름의 1.5배 이상으로 한다. 또한 사용하는 케이블이 강관, 강대, 황 강대를 외장으로 가진 케이블 또는 MI 케이블 등으로 외상을 받을 우려가 없는 경우에는 보호관 없이 배선할 수 있다.

㉢ 케이블을 굽혀서 배선하는 경우의 벤딩 반지름은 표 2와 같다.

㉣ 케이블을 단자함에 인입하는 경우에는 패킹식 인입 방식 또는 고착식 인입 방식 등으로 하여 케이블이 손상되지 않도록 한다(표 3).

㉤ 이동 전선에는 접속점이 없는 3종 또는 4종 클로로프렌 캡타이너 케이블 등을 사용한다.

③ 접 지

㉠ 저압의 전기 기계 기구에서 노출된 금속제 부분에 대해서는 모두 C종 접지 공사에 의하여 접지해야 한다.

[표 1] 가스 증기 위험 장소에서 사용할 수 있는 케이블(저압 케이블 및 제어 케이블)

a	폴리에틸렌 케이블(EV, EE)
b	가교 폴리에틸렌 케이블(CV)
c	600V 비닐 절연 비닐 시스 케이블(VV)
d	콘크리트 직접 매설용 케이블(CB-VV, CB-EV)
e	제어용 폴리엘틸렌 케이블(CEE)
f	제어용 비닐 절연 비닐 시스 케이블(CVV)
g	납 피복 케이블
h	파형 골이 진 강관 외장 케이블(케이블 시스와 방식층 사이에 파형 강관이 있는 것)
i	동대 외장 케이블
j	MI 케이블
k	약전 계장용 케이블
l	보상 도선

(주) 1. 난연성의 것을 사용하는 장소에서는 폴리에틸렌 시스인 것은 노출시키지 않는다.
2. 부식성 가스 또는 액체에 접촉될 우려가 있는 경우에는 적당한 방식층을 입힌다.

㉡ 전로에 지지가 생겼을 때에는 전로를 자동적으로 차단하는 보호 장치를 설비하여 경보하도록 시공하는 것이 요망된다. 또한 이 경우에는 접지 저항값을 100Ω 이하로 할 수 있다.

④ 폭발성 가스의 유동 방지

금속관, 금속 덕트 또는 피트를 사용한 케이블 공사를 하는 경우에는 폭발성 가스가 금속관 등을 통하여 유동하지 않도록 위험 장소와 비위험 장소의 경계 부근에서 폭발성 가스의 유동을 방지하는 처치를 해야 한다(그림 1).

(3) 가스 증기 위험장소에서 전기 기계 기구의 설치

① 공사 착수 전의 점검

가스 증기 위험장소에 전기 기계 기구를 설치할 때에는 착수 전에 방폭 구조의 종

[표 2] 케이블의 종류와 허용 벤딩 반지름

시스의 종류		케이블의 벤딩 반지름	
		단 심	다 심
클로로프렌, 비닐	차폐 없음	마무리 바깥 지름의 8배 이상	마무리 바깥 지름의 6배 이상
	차폐 부가	마무리 바깥 지름의 10배 이상	
강대 외장		마무리 바깥 지름의 10배 이상	마무리 바깥 지름의 8배 이상
납 피복 철선 외장		마무리 바깥 지름의 10배 이상	
파형 부가 강관 외장		마무리 바깥 지름의 10배 이상	마무리 바깥 지름의 8배 이상
알루미늄 피복	평활한 것	마무리 바깥 지름의 20배 이상	
	파형이 있는 것	마무리 바깥 지름의 15배 이상	
MI 케이블		마무리 바깥 지름의 6배 이상	

(주) 케이블의 절연체는 MI 케이블 이외에는 고무·비닐 또는 폴리에틸렌을 사용한 것으로 한다.

[표 3] 인입 방식에 따른 외부 도선의 적용 예

(a)

외부 도선 / 인입 방식	금속관 배선	케이블 배선			
	절연전선	고무·플라스틱 케이블	파형 부가 강관·강대 외장 케이블	납 피복 케이블	이동 전선
전선관 나사 결합식	○				
패킹식		○	○	○	○
고착식		○	○	○	

(b)

외부 도선 / 인입 방식	내압 방폭 금속관 배선	케이블 배선				이동 전선
	절연전선	고무·플라스틱 케이블	MI 케이블	파형 부가 강관·강대 외장 케이블	납 피복 케이블	
전선관 내압 나사 결합식	○					
내압 패킹식		○		○	○	○
내압 고착식		○		○	○	
MI 케이블용 내압 슬리브 기구식			○			

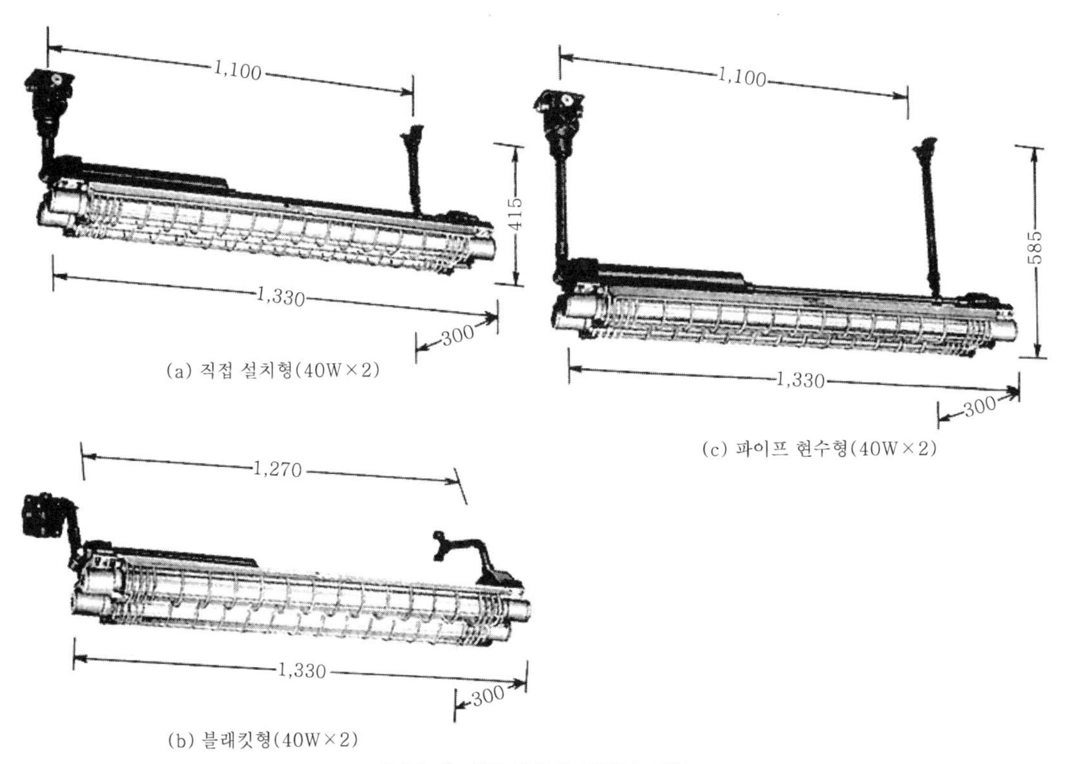

(a) 직접 설치형(40W×2)

(c) 파이프 현수형(40W×2)

(b) 블래킷형(40W×2)

[사진 1] 내압 방폭형 형광등 기구

류에 주의하여 조합해야 된다. 사용하는 전기 기계 기구는 위험 장소의 위험도에 따라 내압(耐壓) 방폭 구조·내압(內壓) 방폭 구조·유입 방폭 구조·안전 방폭 구조 또는 본질 안전 방폭 구조, 이들과 동등 이상의 방폭 성능을 가진 구조(특수 방폭 구조)의 것을 사용한다.

② 조명 기구의 설치

㉠ 기구는 튼튼한 램프 보호 커버 및 가드가 구비되어 있는 것을 사용한다.

㉡ 기구에는 표시된 W수를 초과하는 전구를 사용해서는 안된다.

㉢ 기구는 조영재에 직접 설치하는 방법 또는 파이프 등에 의한 현수나 브래킷을 사용하는 방법 등으로 견고하게 설치한다.

③ 전동기에 전원 접속

㉠ 과부하 운전 및 결상 운전 등에서 과전류가 생겼을 때에 폭발성 가스에 착화될 우려가 없도록 보호 장치를 설치해야 한다.

㉡ 전원의 전압, 주파수, 상회전, 극성 및 전기 기기와의 접속 등을 확인한다.

(4) 실링 피팅의 시공 방법

① 실링 피팅

실링 피팅이란 내압 방폭성을 유지하기 위한 전선 관로에 사용하여 관로의 일부를 구성하며 그 내부에 실링 콤파운드를 충전하도록 만들어진 전선관용 부속품으로

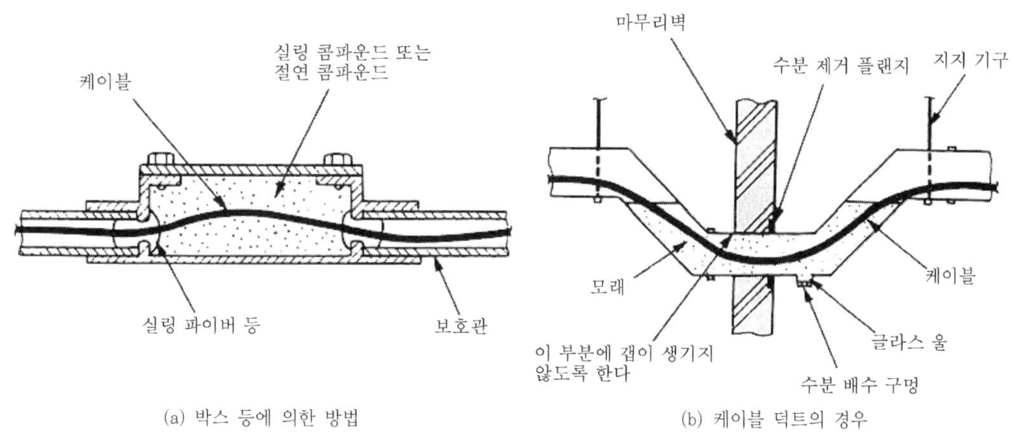

(a) 박스 등에 의한 방법

(b) 케이블 덕트의 경우

[그림 1] 폭발성 가스의 유동 방지 방법

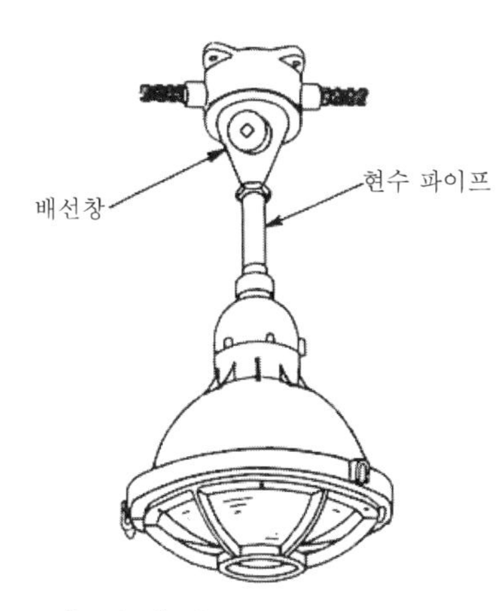

[그림 2] 내압 방폭형 백열 전등

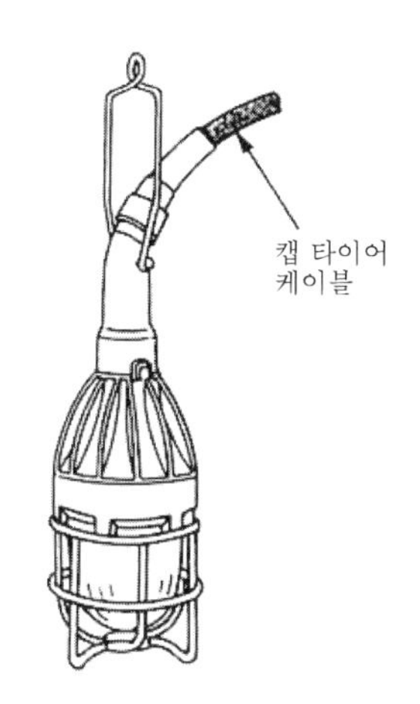

[그림 3] 내압 방폭형 핸드 램프

기계나 배관 내에서 만일 폭발 사고가 발생했을 경우, 화재가 다른 부분으로 확산되지 않도록 관로를 밀폐할 목적으로 사용된다. 종형·횡형·자재형 및 드레인형 등이 있으며 용도에 따라 구분 사용된다(그림 4~6).

② 설치 장소

㉠ 1종 장소와 2종 장소 또는 비위험 장소와의 사이에 있는 격벽을 관통하는 전선관에는 그 격벽의 어떤 1개소에 설치한다.

㉡ 굵기가 54mm 이상인 전선관은 단자함 또는 박스류에서 450mm 이내에 설치한다.

㉢ 전기 기계 기구의 단자함에 출입하는 전선관은 기기에서 450mm 이내에 1개소 설치한다.

㉣ 전선관 관로의 길이가 15m를 초과하는 경우에는 15m 이하마다 1개소 설치한다.

③ 실링의 시공 순서

㉠ 실링 피팅을 후강 전선관에 유효 나사산 5산 이상, 스크루에 접속한다.

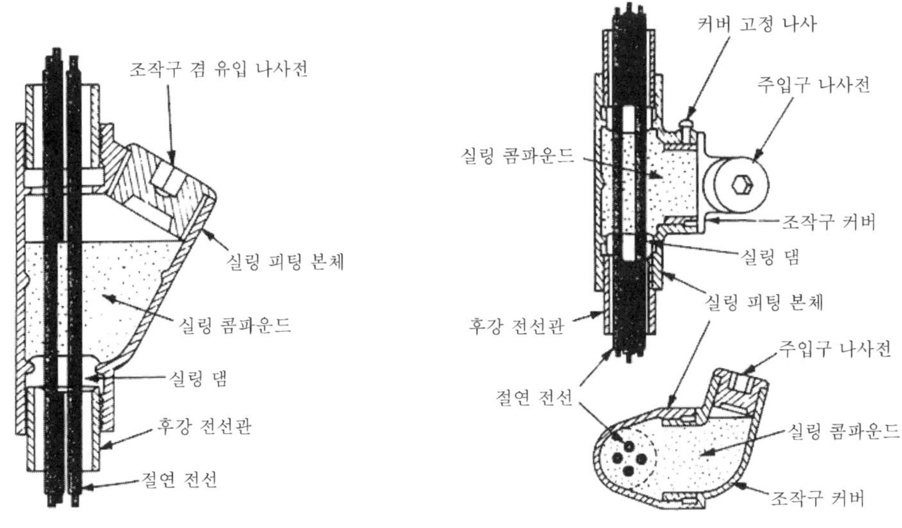

[그림 4] 실링 피팅의 시공 예

[그림 5] 횡형 실링 피팅의 시공도

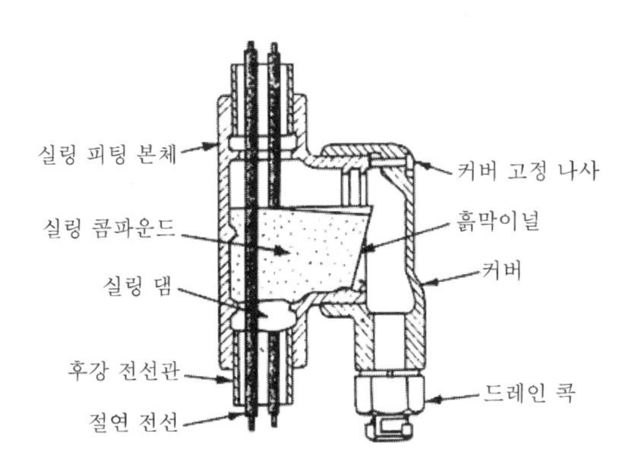

[그림 6] 드레인형 실링 피팅의 시공도

ⓛ 전선의 피복을 손상시키지 않도록 주의하면서 통선하고 통선 후에 오배선의 여부를 점검한다.

ⓒ 실링 피팅의 조작구 커버를 열고 실링 콤파운드가 누설되지 않도록 소정의 위치에 실링 댐을 만든다.

ⓡ 실링 콤파운드를 사용 설명서에 따라 피팅 내부에 필요한 만큼의 양을 충전한다.

ⓜ 충전한 실링 콤파운드가 충분히 경화된 것을 확인하고 주입구의 나사전을 죈다.

ⓑ 주의할 것으로서 실링 피팅 중에는 전선의 분기를 해서는 안 된다.

전선관 통선 공사

통선 작업은 전기 공사 기본 작업의 하나로, 관로의 형태에 따라 지중 매설배관, 콘크리트 매설배관, 은폐배관, 노출배관이 있으며, 전선의 굵기에 따라 인입 설비, 간선 설비, 부하 설비, 약전 설비 등 여러 종류가 있다. 여기서는 분전반 2차측의 관로 전선 통선 작업과 약전 전선 통선 작업에 대하여 주로 설명한다.

1. 전 작업의 확인

전기 설비 공사에서는 다른 설비 공사(공조, 위생)와 마찬가지로 건물의 건축 공정에 따라 공사가 진행된다. 구체 공사에서는 바닥, 기둥의 콘크리트 매설 배관 작업, 콘크리트 타설 후에는 배관의 배수 작업, 관내 청소, 배관 체크, 내장 공사에서는 칸막이 배관, 천장 배관 배선, 통선 작업, 마무리 공사에서는 배선 기구, 조명 기구, 각종 기기의 설비 작업이 진행된다. 특히 대형 건축 현장에서는 공기가 길고 전체 작업이 동일인에 의하여 실시되는 것이 아니므로 통선 작업에 착수할 때에는 전공정의 작업이 종료되었는지를 확인하는 것이 중요하다. 즉, 통선하려는 관로가 완성되어 관내의 배수, 청소 작업이 종료되었다는 것이 전제가 된다.

2. 공구의 준비와 사용 방법

(1) 스틸 와이어

① 스틸 와이어는 전선관에 호출선이나 전선을 입선할 때, 제일 처음으로 관에 통선하는 공구이다. 일반적인 사이즈는1.5×3.0mm 인 평형과 ϕ1.6mm인 환형의 길이가 30m인 것이 사용되고 있다.
간선용으로는 1.5×4.5mm 또는 1.5×6.0mm인 길이가 50m인 것도 있다(표 1).
신품 스틸 와이어는 전선을 걸기 위한 머리 만들기가 필요하다.

② 스틸 와이어의 머리 만드는 방법은(그림 1), 스틸 끝 약 50mm를 토치램프로 벌겋

[표 1] 스틸의 종류

평형(mm)	3×1.0	3×1.5	4.5×1.0	4.5×1.5	6.0×1.0	6.0×1.5
환형(mm)	ϕ1.6	ϕ2.0	ϕ2.6			
길이(m)	30 50	30 50	30 50	30 50	30 50	30 50

게 될 때까지 담금질하고 다시 풀림을 한다. 펜치로 풀림을 한 선단 약 5mm를 45° 앞으로 접어 구부린다(그림 1(a)-①). 다음에 약 5mm를 반대측으로 약 45° 구부려 단을 만든다(그림 1(a)-②). 다시 ②에서 약 15mm 앞에서 약 10mm의 폭으로 하여 180° 되접어 꺽어 형상을 정비한다(그림 1(b)). 자연스럽게 냉각될 때까지 기다려 탬퍼링 부분을 오일을 적신 웨이스트로 가공 부분을 닦는다. 가공한 스틸은 스틸 케이스(그림 2)에 수납하고 사용할 만큼 인출해서 사용한다.

(2) 합성수지제 와이어

합성수지제 와이어는 발청이 되지 않고 전기도 열도 통하지 않고 튼튼하며 이상적인 탄성과 유연성이 있어 배관 내의 입선과 전선의 인출 작업을 좀더 원활하게 할 수 있다. 선단에는 머리가 만들어져 있으며 꼬임의 풀기나 가이드 와이어가 부가된 것 등 관의 굴곡도 용이하게 통선되도록 연구된 제품이 각 사에서 나와 있다. 합성수지제이기 때문에 펜치로 끼우면 손상되지만 전용의 견인구도 개발되어 있으며(그림 3) 스틸제 와이어보다 사용 빈도가 많아지고 있다. 또한 그림 4와 같은 상품도 시판되고 있다.

(3) 공기에 의한 호출선 인입

컴프레서의 압축 공기에 의하여 관 내에 공기를 불어 넣어 호출선(폴리에틸렌 코드)

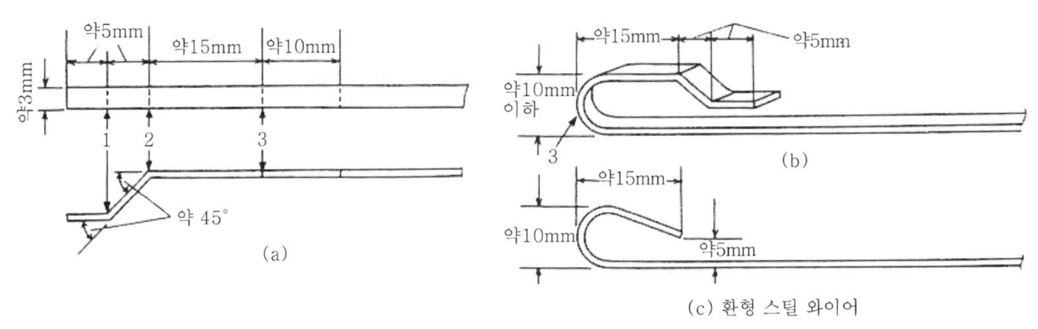

[그림 1] 스틸와이어 머리 만드는 방법

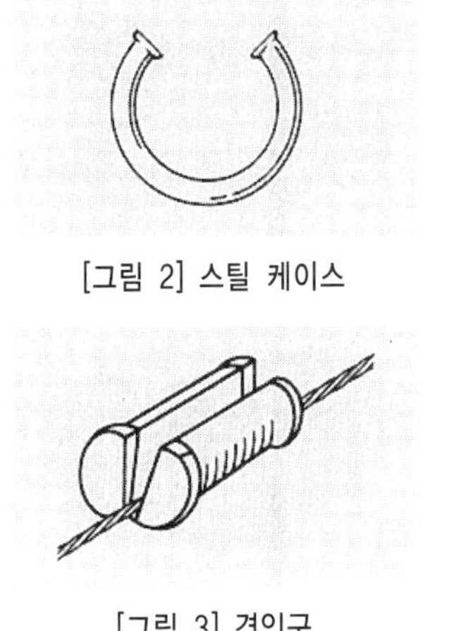

[그림 2] 스틸 케이스

[그림 3] 견인구

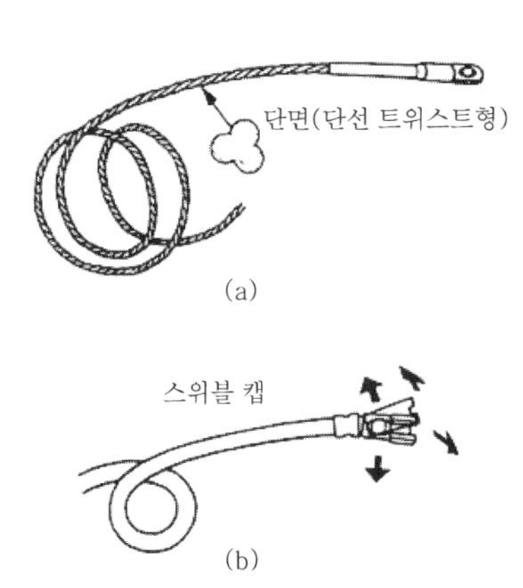

[그림 4] 각종 합성수지제 와이어

을 통선하는 방법이다. 또한 공기의 압력에 의하여 관 내의 물이나 먼지를 날려 청소를 할 수도 있다. 최근에는 스파이럴 플로 시스템이라고 하는 관 내에 공기에 의한 와류를 만들어 반송 코드와 관 내벽과의 마찰을 감소시켜 굴곡이 많은 배관에서도 원활하게 호출선을 입선할 수 있는 통선기가 개발되고 있다.

(4) 전선 윤활제

전선 윤활제는 통선시의 전선과 관로의 마찰 저항을 감소시켜 전선을 손상시키지 않고 적은 힘으로 원활하게 입선하기 위한 슬라이드제이다. 슬라이드제는 전선의 피복 절연물에 유해한 물질이어서는 안된다고 정해져 있으며 분상, 액상, 포말상 등 각종 슬라이드제가 시판되고 있다.

3. 통선 작업

(1) 스틸의 입선 방법

관로에 전선을 입선하는 작업은 통상 2~3명이 실시한다. 1명은 1단의 관구에서 평스틸 와이어를 삽입하며 다른 쪽의 관구에 와이어가 나올 때까지 삽입한다. 이때 와이어는 필요한 만큼 케이스에서 인출한다. 길게 인출한 상태에서 사용하면 와이어의 굴곡으로 얽히거나 마무리면을 오염시키는 수가 있으므로 주의한다. 관로의 굴곡 부분에서는 스틸이 경화되어 나아가지 않는 경우가 있는데 그때에는 관구에서 100~150mm 정도인 곳을 펜치로 끼우고 밀어 넣거나 약간 되돌려 한번에 삽입하면 쉽게 통선된다.

도저히 통선되지 않을 때에는 반대측의 관구에서 짧은 환형 스틸을 삽입하여 양쪽 스틸이 접촉할 때까지 삽입한다. 스틸 접촉에 대한 판단에는 약간의 경험이 필요한데 스틸의 음향, 진동으로 판단할 수 있다. 스틸이 접촉한 후에 다시 1,000mm 정도 밀어 넣어 환형 스틸을 관구에서 300mm인 곳을 한손으로 누르고 다시 300~500mm인 곳을 다른 손으로 가볍게 잡으면서 5~6회 크게 회전시킨다. 환형 스틸은 관 속에서 소리를 내어 회전하며 평스틸에 얽힌다(그림 5). 이때 환형 스틸의 다른 선단이 허공에 있으므로 주의한다. 환형 스틸을 약간 당기면 평스틸에 충격이 전달되어 동작하므로 서로 구령에 맞추어 타이밍에 맞게 스틸을 움직인다. 이 작업은 상대가 보이지 않는 경우가 많고 귀와 손끝의 감각이 중요시 되며 양자 일체의 협조가 특히 필요하다.

(2) 전선의 전개 방법

통선을 위한 전선의 전개 방법은 미리 스틸 와이어로 입선하는 전선의 길이를 측정하고

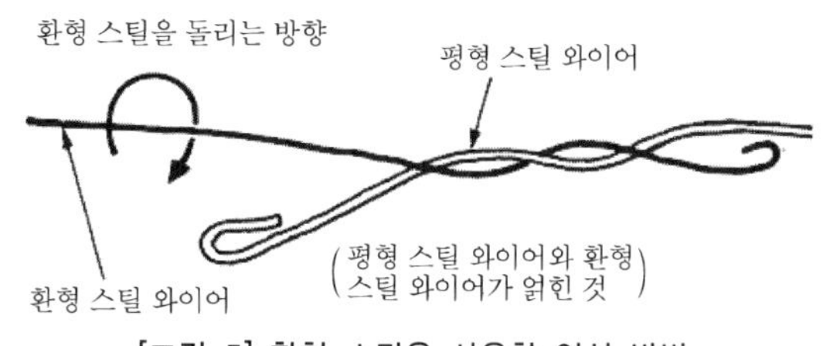

[그림 5] 환형 스틸을 사용한 입선 방법

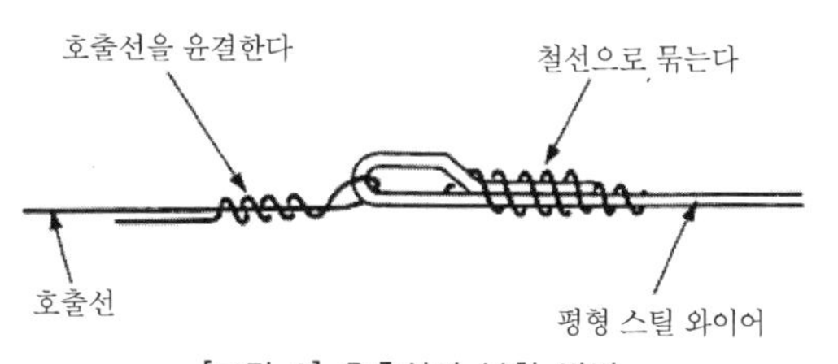

[그림 6] 호출선의 부착 방법

전선의 개수를 바닥 위 등에서 전개하여 전선의 감김을 제거하는 방법과(그림 7) 전선 다발을 회전하는 릴에 수납하여 인출하는 방법이 있다. 여기서는 전자의 방법에 대하여 설명한다.

전선 다발을 흩어지지 않도록 오른손에 들고 외측의 구출선을 사다리 등의 다리에 임시로 묶어 놓고 걸으면서 그림 7(a), (b)와 같이 ㉠면을 선단으로 하여 5~6회 풀고 전선 다발을 왼손으로 전환하여 그림 7(c)와 같이 ㉡면을 선단으로 하여 5~6회 풀어 준다. 다시 전선 다발을 오른손으로 전환하여 ㉠을 앞으로 해서 5~6회 풀어 준다. 이 동작을 걸으면서 우, 좌, 우, 좌를 반복한다. 전선의 양단을 가볍게 당겨 바르게 하여 비틀림이나 킹크(전선의 비틀림이 얽혀 매듭과 같이 되는 것)가 있는지를 확인하고 필요한 길이로 절단한다. 또한 관로가 비교적 짧은 경우에는 전선 다발이 흩어지지 않도록 전선단에서 묶고(사진 1) 안쪽에서 전선을 풀어내는 경우도 있다. 어떤 경우에도 전선의 피복이 손상되지 않도록 세심한 주의가 필요하다.

(3) 전선의 부착 방법

호출선에 부착하는 전선이 IV선인 경우에는 인입하는 전선의 선단을 맞춰서, 감는데 사용하

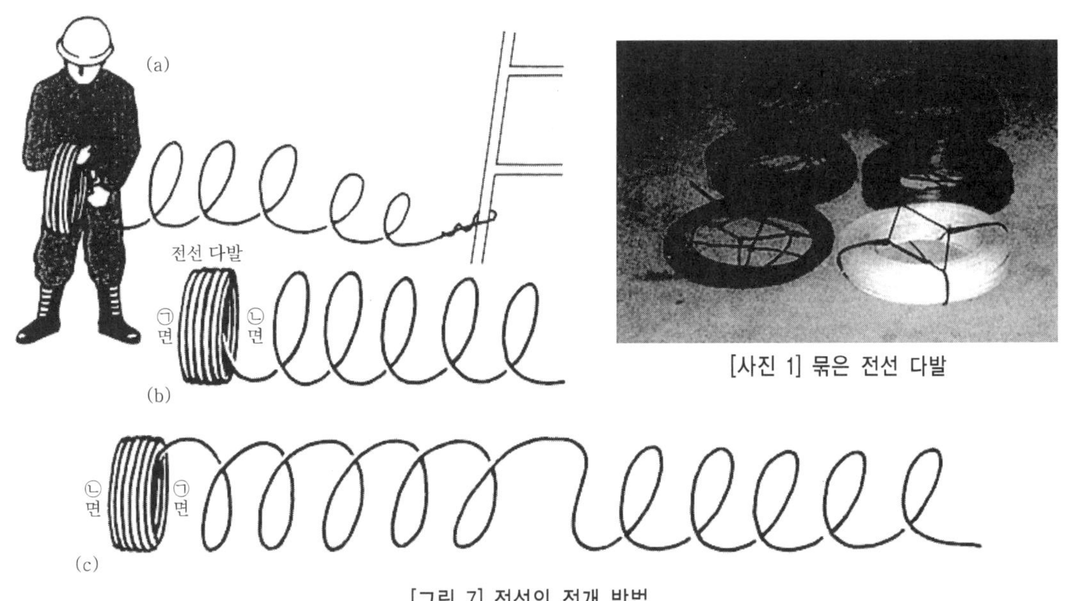

[사진 1] 묶은 전선 다발

[그림 7] 전선의 전개 방법

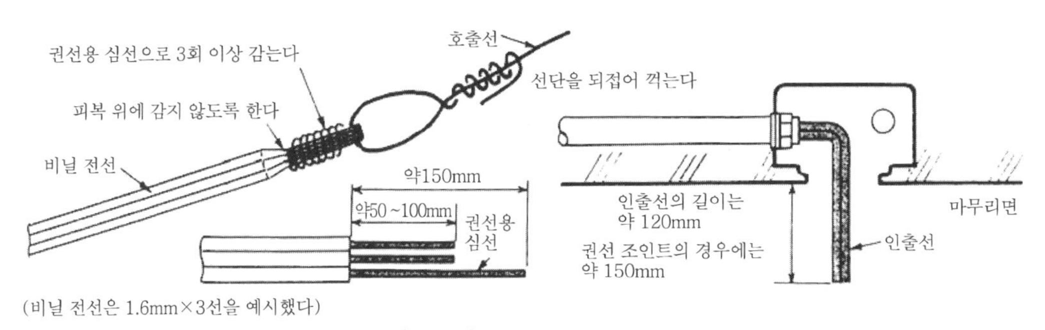

[그림 8] 전선의 부착 방법

는 1개의 피복을 약 150mm 박리한다. 다른 전선의 피복은 50~100mm를 박리한다.

피복의 선단을 맞추어 심선을 호출선 또는 스틸 와이어의 고리를 통하여 중앙에서 되접어 꺾고 펜치로 잘 눌러 피복을 길게 박리한 1개의 심선을 그 위에 3회 이상 견고하게 감는다(그림 8). 케이블의 경우에도 마찬가지인데 외피가 두꺼운 경우에는 박리선에 단차가 생기므로 나이프로 절삭하거나 테이프를 감아 형태를 정돈한다. 약전선인 경우에는 심선이 가늘고 유연하므로 부착하는 전선 전부를 감고 다시 테이프를 감아 벗겨지지 않도록 확실하게 부착한다.

(4) 전선의 입선 방법

전선을 부착한 호출선을 1명이 당기고 다른 쪽은 전선을 관구에 입선한다.

우선 전선의 입선측은 전선의 주름, 비틀림, 킹크 등을 교정하여 바르게 정돈하고 관 입구에서 전선에 무리가 가해지지 않도록 관 입구 방향으로 전선을 가급적 길게 잡고 당기는 측에 신호를 하여 「구령」에 맞추어 전선을 바르게 입선한다. 「구령」은 무거운 때에는 길고 천천히, 가벼운 때에는 짧게 같은 박자로 한다. 당기는 측은 「구령」에 맞추어 1회마다 호출선을 당겨 관구에서 전선이 나올 때까지 계속한다. 전선은 관구에서 가장 손상되기 쉽고 무거워지므로 관구에서의 힘 조절이 중요하다. 이 작업은 당기는 측과 보내는 측의 미묘한 타이밍이 중요하며 한쪽만이 아무리 힘을 써도 선은 입선되지 않는다. 관로가 길고 굴곡이 많기 때문에 통선에 어려움이 예상되는 경우에는 처음부터 전선 윤활제를 사용한다. 전선과 관로의 마찰을 감소시키며 전선을 손상시키지 않고 원활하게 통선할 수 있다. 또한 내규에서는 통선 직전에 관로의 배수, 청소를 하도록 정해져 있으며 오랫동안 방치한 관로는 전선을 통하기 전에 다시 호출선을 웨이스트 등으로 청소하는 것이 바람직하다.

(5) 통선 후의 처리

통선한 전선은 결선하고 기기에 접속하여 분전반 정단(整端) 등에 의하여 절단하는 길이가 다르므로 주의해야 한다. 여분의 길이는 필요없으므로 필요 최저한으로 한다. 접속하는 전선끼리는 꼬아 합치거나 표시를 해둔다(그림 9). 기기에 접속하는 전선은 작고 둥글게 하여 박스 내에 수납한다. 수납되지 않은 전선은 손상을 입지 않도록 양생시켜 둔다. 분전반측에는 회로 번호 등의 임시 표찰을 붙인다.

또한 플로어 박스는 통선 후에 물이 들어가지 않는 처리나 통선 시기의 선정이 중요하다.

사용한 스틸 와이어는 웨이스트 등으로 물기를 제거하고 케이스에 수납한다.

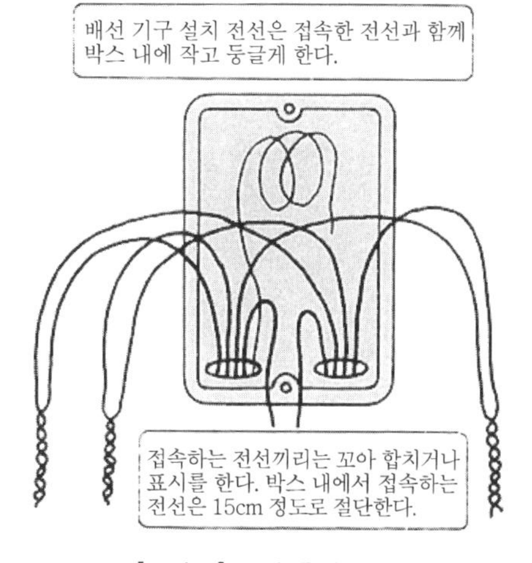

[그림 9] 통선 후의 처리

4. 안 전

전선의 통선은 건축 공사의 공기 진척 상황에 맞추어 실시되는데 시공 기간이 광범위하게 걸쳐 있기 때문에 때로는 고소 작업, 충전부 근접 작업이 수반되는 경우도 있다. 안전하게 작업하기 위해서는 작업 전반에 걸쳐 다음과 같은 주의 사항에 유의한다.

(1) 작업 공정의 점검

작업 인원의 적정 배치와 전원이 TBM을 실시하여 작업 내용에 주지를 기한다. 작업 분담, 순서, 연락 방법, 신호 등을 정해 둔다. 또한 개구부, 상하 작업 등 작업중의 위험 방지책을 전원에게 주지시킨다.

(2) 작업 장소의 점검

작업 장소의 안전을 확인한다. 다른 직종과의 병행 작업, 위험 장소의 방호, 작업 장소 주위 돌기물의 제거 및 양생, 비계 위 작업에서는 추락 방지책, 안전대의 활용, 어두운 장소의 작업에서는 조명의 준비 등이 필요하다.

(3) 공구의 점검

사용 공구의 안전을 확인한다. 사용하는 스틸은 케이스에 수납하여 사용할 만큼 인출하여 사용한다. 길게 인출하여 사용하면 걸리거나 튀어 오르는 등 제3자 장애와 연결된다. 또한 휘어진 것이나 발청이 있는 것은 사용하지 않는다. 관 내의 배수에 전동 흡입식 블로어를 사용하는 경우에는 누전 차단기가 부착된 전공 드럼 등을 사용한다.

(4) 예비선 통선과 관 내 청소

스틸선 삽입시의 안전을 확인한다. 스틸선, 호출선 등에 의한 자상, 열상에 주의한다. 스틸선 삽입은 신호를 하여 응답을 확인하고 실시한다. 스틸선 인출측 작업자는 관구 가까이에 얼굴을 대지 않는다.

(5) 전선 입선 작업

관선 입선시에는 손가락이 끼지 않도록 주의한다.

조명 기구의 설치

조명 기구의 설치는 그 기구의 기능이나 특징을 충분히 활용하기 위해 사용 목적이나 전기용품 단속법에 적합한 것을 선정한다.

설치 위치를 결정할 때에는 기능성뿐만 아니라 램프 교환이나 청소 등 메인터넌스도 고려한다. 설치 방법도 기구의 크기, 중량, 설치 환경에 의한 진동이나 지진 등으로 탈락하지 않도록 한다.

여기서는 일반주택, 사무실 빌딩에 사용되는 조명기구의 설치에 대하여 설명한다.

1. 직접 설비용 백열등 기구의 설치

(1) 콘크리트조의 천장에 직접 설치

기구를 설비하는 경우에는 소정의 위치에 콘크리트 박스 또는 아우트렛 박스를 박아 넣어 둔다. 콘크리트 타설의 경우에는 기구에 적합한 도장 여유 커버를 박스에 설치하여 콘크리트에 매설한다.

콘크리트의 표면에 어떤 마무리가 되어 있는 경우에는 콘크리트 타설 후에 마무리재의 두께에 맞추어 도장 여유 커버를 설치한다.

또한 기구가 중량이 있는 것이면 박아 넣은 박스에 기구 설치용 노볼트 스터드 등의 기구를 장착해 둔다(그림 1). 노출 배관배선에 의한 경우에는 노출 박스를 확실하게 고정시켜 그 박스에 기구를 설치한다.

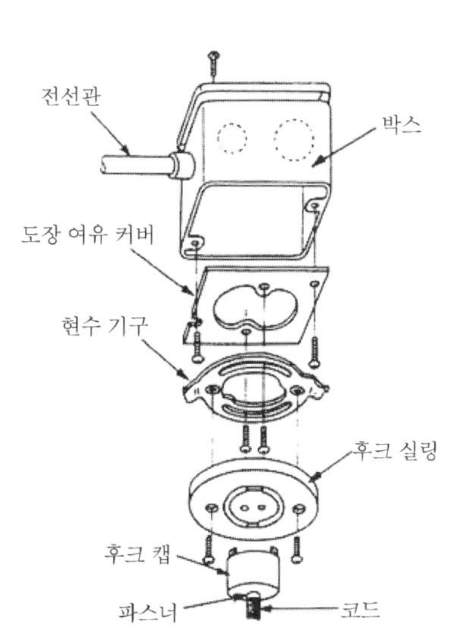

[그림 1] 매설형 후크 실링 장착의 상세

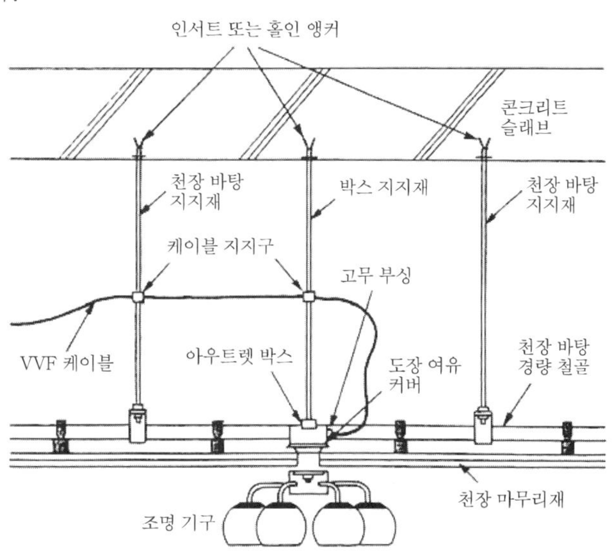

[그림 2] 2중 천장에 직접 설치한 예

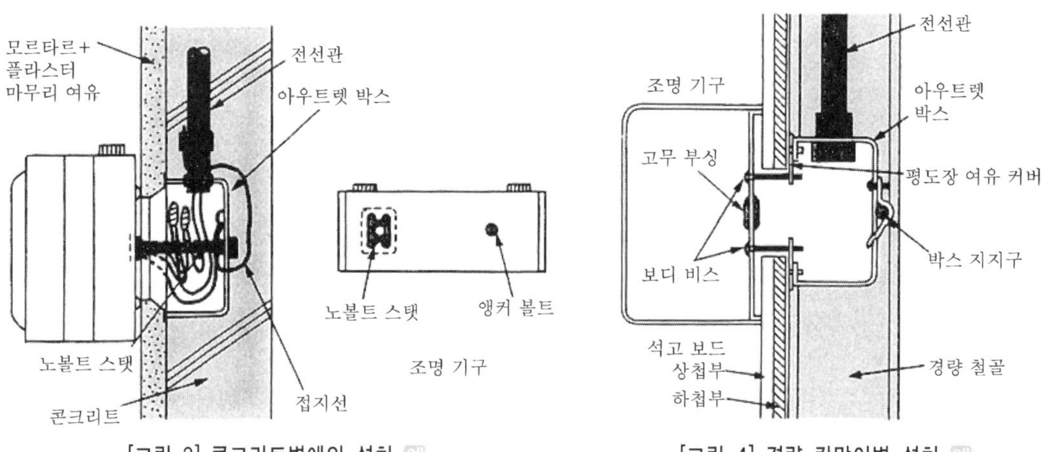

[그림 3] 콘크리트벽에의 설치 예
(모르타르 바탕, 플라스터 마무리의 경우)

[그림 4] 경량 칸막이벽 설치 예

(2) 2중 천장에 백열등을 직접 설치

내장 공사의 2중 천장의 바탕이 구성된 시점에서 조명 기구의 위치 맞춤을 한다.

건축 구조나 각 설비 공사의 점유를 조정한 치수 도면(천장 평면도)을 기준으로 기구 설치 위치를 먹줄치기 하여 천장 배선이나 박스를 설치한다. 천장 마무리 후에 기구를 설치하게 되는데 마무리재의 페인트나 크로스 첩부가 건조했는지를 확인한다. 기구의 크기나 중량에 따라서는 미리 설치한 부분의 천장재를 보강하거나 상부의 슬래브에서 인서트 또는 홀인 앵커에 의하여 현수 볼트를 내려 기구를 설치한다. 이때 천장재에는 국부적으로 중량이 가해지지 않도록 한다(그림 2).

(3) 벽에 백열등을 직접 설치(그림 3)

콘크리트 벽의 경우에는 건립 배관시에 위치 박스를 설치하여 도장 여유 커버에 기구를 설치한다. 경량 칸막이벽에 설치하는 경우에는 경량 철골의 조립이 종료된 장소에 기구에 적합한 도장 여유 커버를 장착한 아우트렛 박스를 설치하여 은폐 배관, 배선을 한다(그림 4).

2. 직접 설비 형광등의 설치

(1) 콘크리트 천장에 형광등을 직접 설치

이 경우에는 기구의 크기에서 2점 이상의 지지가 필요하다. 전원용으로 박아 넣은 콘크리트 박스에 노볼트 스터드 등의 장착 기구를 사용하여 다른 기구의 장착 구멍 치수에 맞추어 인서트 등을 매설한다(그림 5).

(2) 2중 천장에 형광등을 직접 설치(그림 6)

전선관 또는 케이블 공사 등 은폐 배선 공사를 할 때에 기구 설치용 볼트를 고정시킨다. 현수 볼트는 기구의 장착 피치에 맞추어 원칙적으로 구조체에서 지지를 한다.

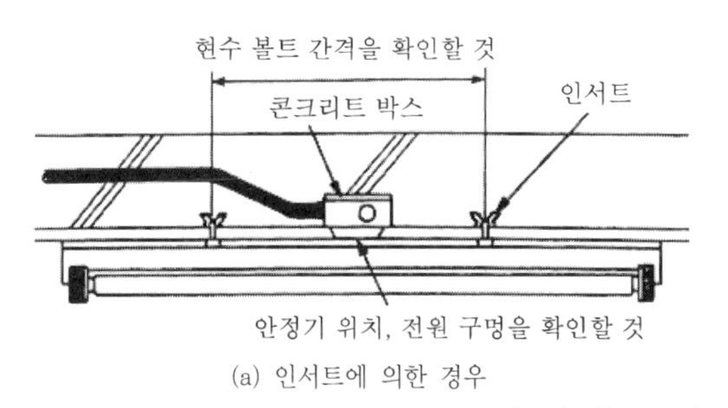

(a) 인서트에 의한 경우

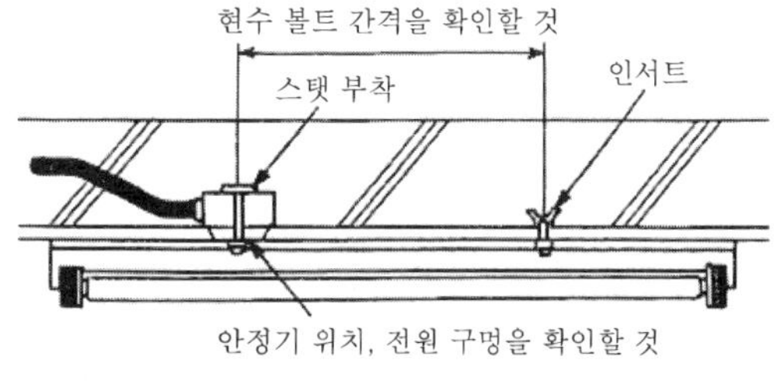

(b) 노볼트 스탯과 인서트 스탯 병용에 의한 경우

[그림 5] 콘크리트 천장에 직접 설치

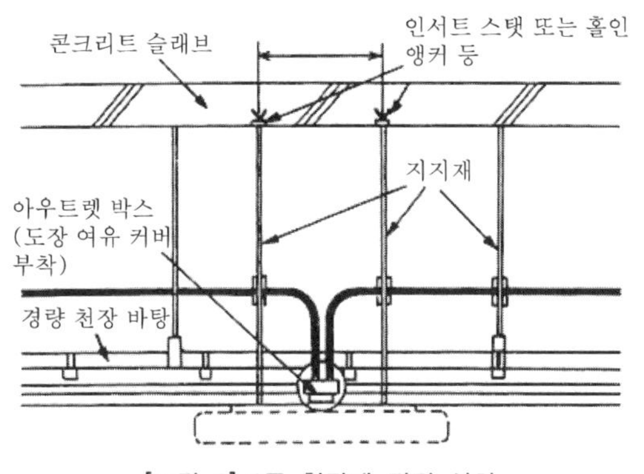

[그림 6] 2중 천장에 직접 설치

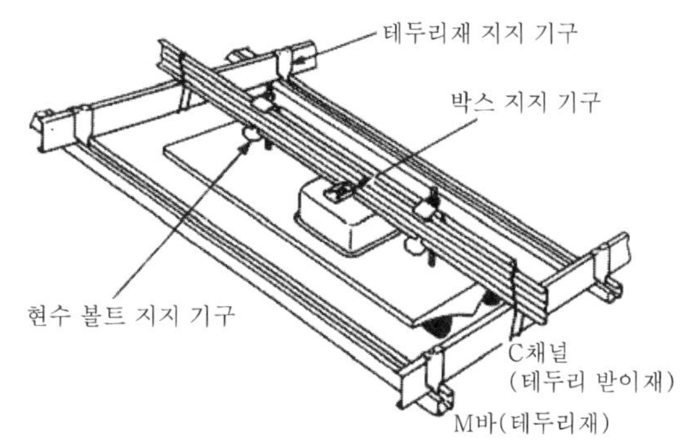

[그림 7] 직접 설치한 형광등의 설치 예

지지재로는 인서트 등을 콘크리트 타설시에 설치해 두거나 홀인 앵커를 박아 넣거나 기구류를 사용하여 현수 볼트 등으로 기구를 지지한다. 경량의 기기이면 천장재를 보강하여 설치하는 경우도 있다(그림 7).

3. 매설 조명 기구의 설치

(1) 다운 라이트의 설치(그림 8)

2중 천장의 바탕이 다 짜여진 시점에서 기구의 위치 맞춤을 하여 기구와 천장 바탕재가 겹쳐지는 부분은 천장재를 절단하여 기구의 매설 범위를 확보한다. 일반적으로 사용되는 다운 라이트는 비교적 가벼운 것이 많으므로 천장재에 직접 설치하는 경우가 많은데 배터리나 트랜스를 내장한 중량이 있는 기구 등은 구조체에서 지지할 필요가 있다.

에너지 절약 대책이나 소음을 방지하기 위해 단열재나 차음재가 천장 내에 부설되어 있는데 이와 같은 천장면에 다운 라이트를 설치하는 경우, 종래형이라면 방열을 위해 단열재 등을 충분히 개방하여 설치한다(그림 9).

차음성, 단열성, 기밀성을 중요시 하는 설치 장소라면 각 단열공법에 적합한 기종을 선택해야 하며 설치 시공시에는 다음과 같은 점에 주의한다.

① 접속하는 케이블은 기구 본체와 접촉되지 않도록 하며 열에 의한 열화 방지 대책으로서 단자대에서 300~500mm 전도를 내열 튜브 등으로 방호한다(그림 10).

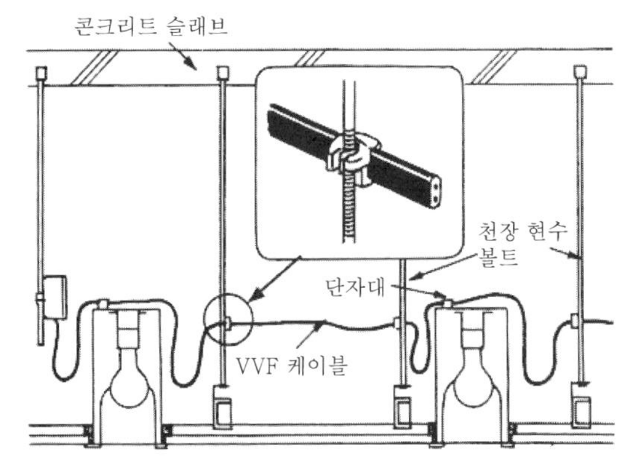

[그림 8] 2중 천장 내의 VVF 케이블의 이송 배선

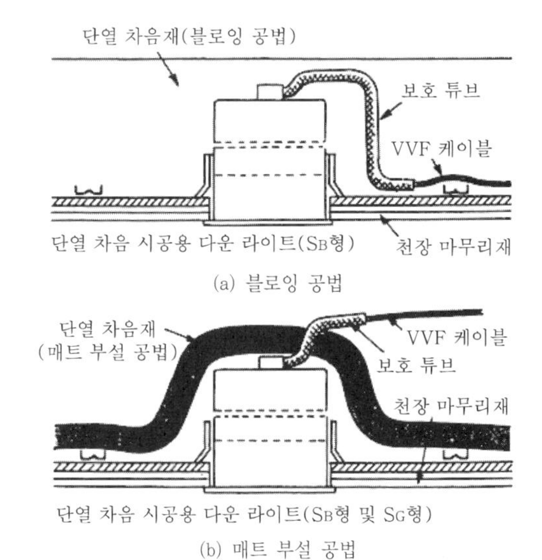

[그림 10] 단열, 차음 시공용 다운 라이트

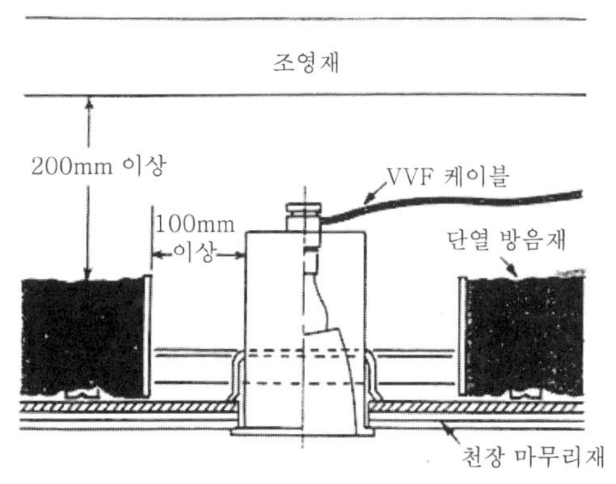

[그림 9] 종전형 다운 라이트의 설치 예

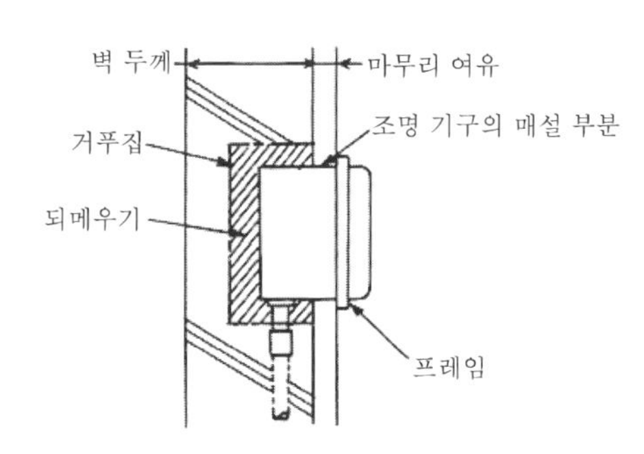

[그림 11] 벽매설 조명 기구의 설치

② 케이블로 이송 배선하는 경우에는 단자대의 용량을 확인하여 허용 전류 이하의 설치 대수로 한다.

③ 지정된 램프 이외는 사용하지 않는다.

(2) 벽 매설 백열등 및 형광등 기구의 설치

콘크리트벽 등에 매설하여 설치하는 경우에는 구체의 콘크리트를 타설하기 위한 거푸집 공사나 배근 공사 등의 수반 작업에 의하여 기구보다 큰 거푸집이나 기구 설치용 박스를 설치하여 전선관 등과 함께 구체에 박아 넣어 둔다(그림 11).

경량 칸막이벽에 기구를 매설하여 설치하는 경우에는 설치 위치에 따라 경량 철골의 사잇기둥 등에 접하는 경우에는 그 부분을 기구의 크기에 맞추어 절단하여 벽의 강도를 약화시키지 않도록 보강하고 설치용 박스, 기구의 외함 등을 설치하여 배관, 배선한다.

벽이 완성된 후에 개구하여 설치하는 경우에는 벽의 마무리재로 마감하기 전에 소정의 위치에 기구가 수납되도록 바탕재의 절단이나 보강, 기구 장착용 바탕재를 설치하고 후에 설치 위치를 확인할 수 있도록 바닥 등의 위치에 먹줄치기를 해 둔다.

4. 매설 형광등 조명 기구의 설치

형광등 기구는 용적도 크고 안정기가 수납되어 있기 때문에 다른 조명 기기에 비하여 무겁다. 이것을 지지하기 위해서는 바로 윗층 슬래브 등의 구조체에서 현수 볼트에 의하여 지지하는 것이 일반적이다.

형상이나 중량에 따라 2점 지지 또는 4점 지지를 하며 천장재에는 직접 중량이 가해지지 않도록 한다(그림 12).

천장 평면도를 기본으로 하여 조명 기구 매설 부분의 크기를 실치수로 바닥에 먹줄치기를 해둔다.

천장 내 배선이나 기구 설치용 현수 볼트를 내려뜨리는 경우, 천장 바탕재에 기구가 겹쳐지는 부분의 경량 철골을 절단하는 경우, 또는 보드 첩부 후 개구부의 먹줄치기 등은 앞에서 표시한 바닥의 먹줄 위치를 그때마다 측량추 등으로 확인한다.

또한 천장 내 다른 설비의 공조 덕트, 위생 배관 등과 교차되는 장소에서는 설치 기구의 유효 치수를 확인한다.

천장 마무리 후에 기구의 형식, 개구 치수, 배선, 결선 상태, 현수 볼트의 길이 등을 확인한 후에 설치한다.

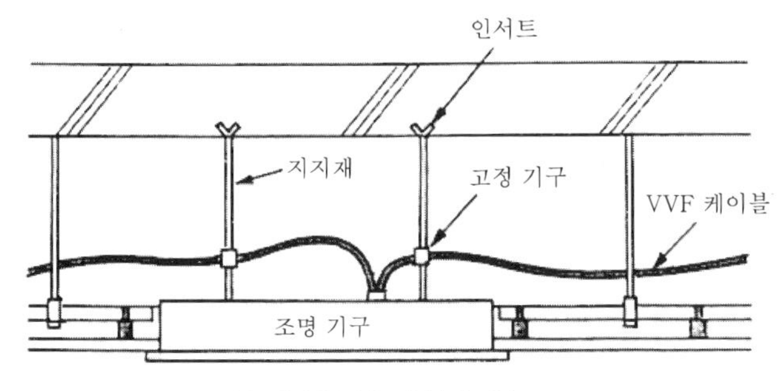

(a) 케이블(이송 접속)의 경우

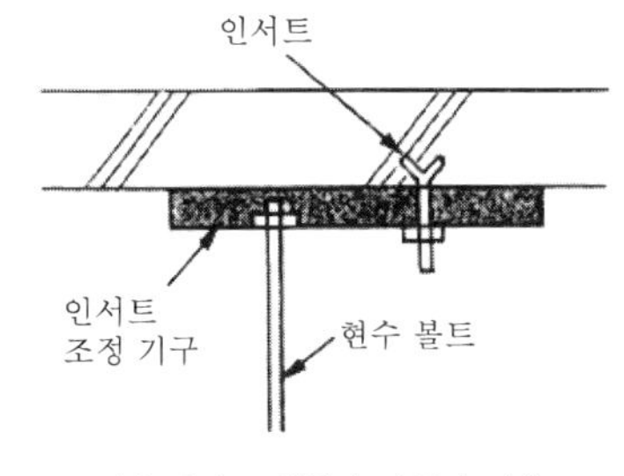

(b) 인서트 위치가 어긋난 경우

조명기구 지지점

조명 기구	지지점
FL 20×4 FL 40×2 FL 40×3	2
FL 20×6 FL 40×4	4
FL 110×1 FL 100×2	3

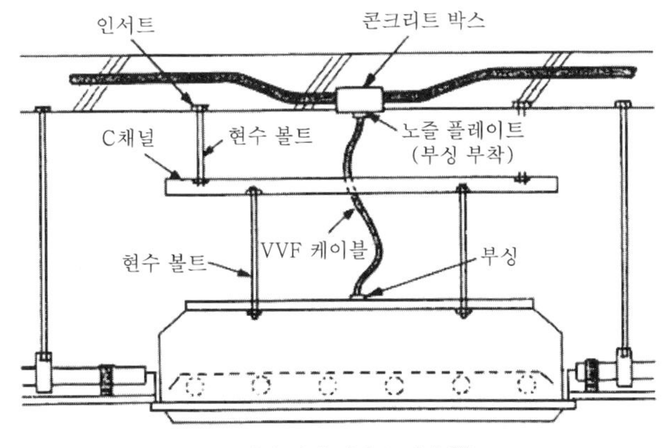

(c) 대형 매설 형광등 설치 예

[그림 12] 매설 형광등 기구의 설치도

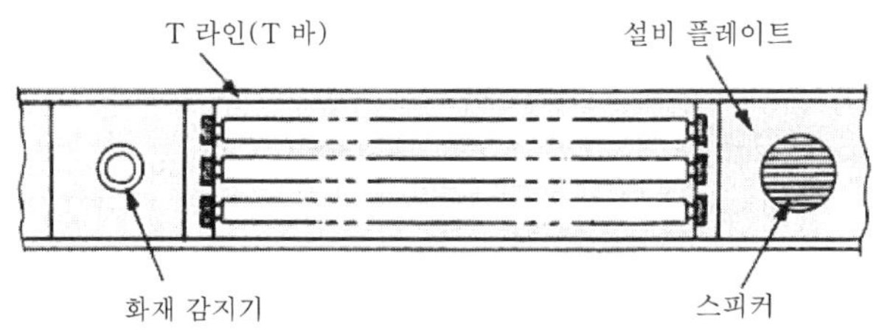

[그림 13] 시스템 천장에의 설치(평면도)

매설되는 부분이 케이스상인 기구는 현수 볼트를 끌어내는 것이 용이하지 않는 경우가 있으므로 현수 볼트를 유도하는 보조 공구 등을 사용한다. 시스템 천장에 기구를 설치하는 경우에는 일반 천장에 사용되는 매설 형광등 기구와는 구조가 다른 시스템 천장 전용 기구가 사용된다. 시스템 천장을 구성하고 있는 T바에 기구를 놓고 간이한 고정 기구로 고정시키는 방법이 많이 채용되고 있다(그림 13).

고층 빌딩에서는 지진 대책으로서 고정 기구 이외에 와이어 로프, 체인 등을 사용하여 조명 기구의 낙하를 방지하는 대책이 강구되고 있다.

5. 배선과 기구 리드선 및 단자와의 접속

기구 리드선과의 접속은 위치 박스 내 또는 기구 내에서 압착 접속, 커넥터(와이어, 삽입)를 사용하여 접속한다(접속 방법은 6~16페이지 참조). 기구 단자를 삽입, 접속한 경우에는 스트립 게이지에 맞추어 피복을 박리하여 접속한다.

6. 접 지

조명 기구의 접지는 300V 이하의 것은 D종 접지 공사, 300V를 초과하는 저압용의 것은 C종 접지 공사를 해야 된다. 단, 교류 대지 전압 150V 이하이고 건조한 장소에 설치하는 경우에는 접지를 생략할 수 있다.

7. 안 전

천장 등 높은 장소에 조명 기구를 설치하는 경우에는 고소 작업대, 안전대를 활용하여 추락 방지, 안전 작업을 해야 된다.

배선 기구에의 접속

일반 옥내 배선 공사(빌딩, 공장, 주택 등)를 시공할 때에는 많은 전선 접속 작업이 실행된다. 이 접속은 「전선 상호」와 「전선과 기기」와의 접속으로 대별된다.

전선 상호의 접속 방법에 대해서는 해석 제12조에, "옥내에 시설하는 저압용 배선 기구의 시설"에 대해서는 해석 제166조에 규정되어 있다. 여기서는 주로 가는 전선과 배선 기구(배선용 차단기, 개폐기, 점멸기, 콘센트 등)와의 접속 방법에 대하여 설명한다.

1. 해석 제166조 "옥내에서의 저압용 배선 기구의 시설"

해석 제166조에는 다음과 같은 것이 규정되어 있다.

① 배선 기구는 충전 부분이 노출되지 않도록 시설해야 된다.

② 배선 기구 단자에 전선을 접속하는 경우에는 나사 고정, 기타 이와 동등 이상의 효력이 있는 방법으로 견고하면서도 전기적으로 완전히 접속하는 동시에 접속점 장력이 가해지지 않도록 해야 한다.

2. 공업용 단자대

공업용 단자대는 KS C 2626에 규격화되어 있다. 이 규격은 저압 전로에서 사용되는 단자대로서 전선의 접속, 분기 또는 중계를 목적으로 한 것으로 전선 접속부를 가진 도전 기구와 그것을 유지하는 절연체를 조합한 것으로 주로 전기 제어 기기, 제어반・배전반 등의 내부에 사용되고 있다.

단자대의 종류는 그림 1과 같다.

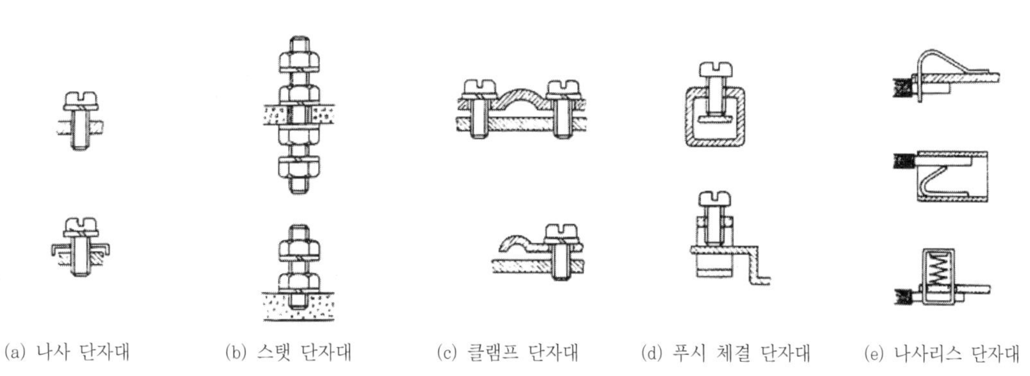

[그림 1] 전선 접속부의 형상

3. 배선 기구의 종류

배선 기구의 종류에는 다음과 같은 것이 있다(사진 1).

(1) 차단기

① 배선용 차단기(MCCB) ------------ (a)
② 누전 차단기(ELB) ---------------- (b)

(2) 개폐기

① 커버 부착 나이프 스위치 -------- (c)
② 전류계 부착 스위치
(케이스 개폐기, 배전함) --------- (d)
③ 전자 개폐기 ---------------------- (e)

(3) 점멸기

점멸기에는 노출용과 매설용이 있다.

① 편측(단극) ------------------------ (f)
② 양측(2극)
③ 3로 -------------------------------- (g)
④ 4로
⑤ 풀 스위치
⑥ 리모컨 스위치

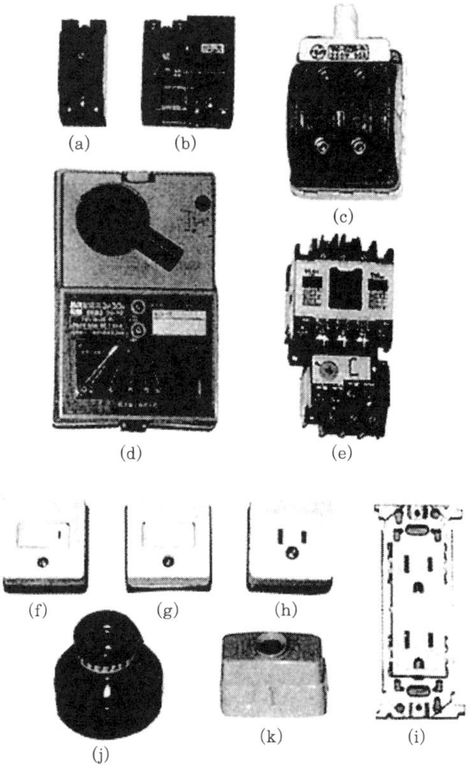

(a) (b) (c) (d) (e) (f) (g) (h) (j) (k) (i)

[사진 1] 배선 기구의 종류

(4) 콘센트

콘센트에도 노출용(h)과 매설용(i)이 있다. 용도별로는 단상 100V, 단상 200V, 3상 200V용이 있다. 형상 및 종류에는 다음과 같은 것이 있다.

① 이탈 방지형
② 후크형
③ 접지극 부가
④ 접지단자 부가
⑤ 방수형

(5) 조명기구 ------------------------ (j) (k)

백열등, 형광등 등이 있다.

4. 공 구

배선 기구에의 접속에 사용하는 공구에는 다음과 같은 것이 있다.

펜치, 전공 나이프, 드라이버(+, −), 와이어 스트리퍼, VVF용 외장 박리기, 압착기(압착 펜치, 유압 압착기), 체결 공구(스패너, 소켓 렌치 등)가 사용되고 있다(사진 2).

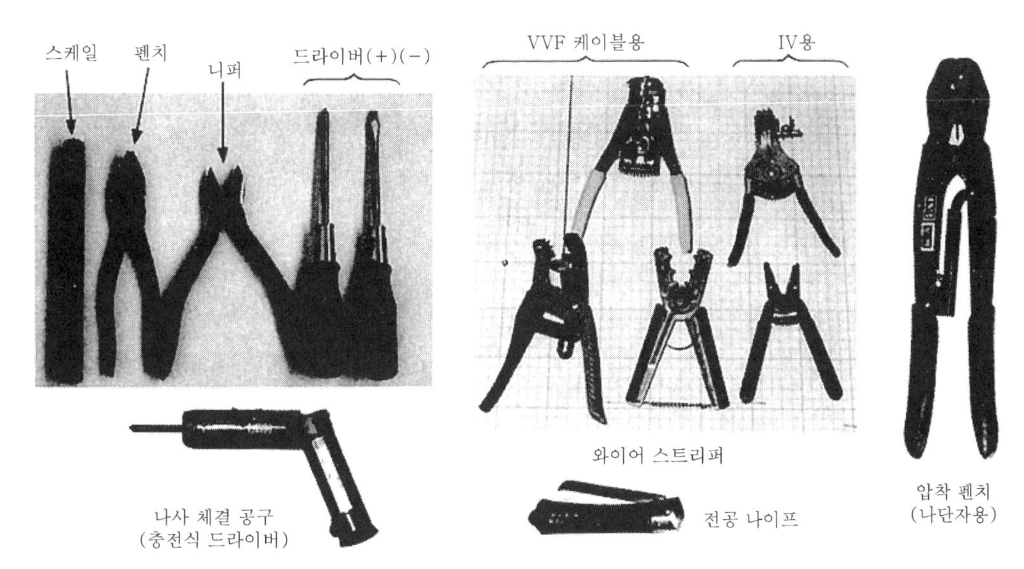

[사진 2] 배선 기구에의 접속에 사용하는 공구

5. 접 속

배선 기구에의 접속에는 접속하는 전선(단선, 연선), 기구 단자에 의하여 각종 접속이 실행되고 있다.

(1) 나사 체결 접속

나사 체결 접속에는 다음과 같은 방법이 있다.

① **나사에 심선을 감는 방법**(가는 전선, 단상 1.6~2.0mm)

램프 리셉터클 및 노출 배선 기구(스위치, 콘센트) 등에 사용하는 방법이다. 또한 배선용 차단기에 사용하는 경우도 있다. 감는 방법에는 심선을 나사 지름에 맞추어 원형(고리)을 만드는 방법과 심선을 나사에 감아 드라이버(-)로 심선을 누르면서 상하 운동으로 절단하는 방법이 있다.

㉠ 원형(고리)을 만드는 방법(사진 3)

- 피복의 박리 : 나사 지름에 맞추어 심선이 손상되지 않도록 전공 나이프 또는 와이어 스트리퍼를 사용하여 절연피복(단박리 「직각」)을 약 20~25mm 박리한다(박리 치수는 나사 지름에 따라 다르다).
- 원형을 만든다 : 피복 선단에서 약 2mm 남기고 펜치로 물고 약 90°로 접어 구부린다. 심선 선단을 펜치로 물고 나사의 지름에 맞추어 원형을 만든다(원의 안지름 나사의 굵기보다 약간 크게 한다).

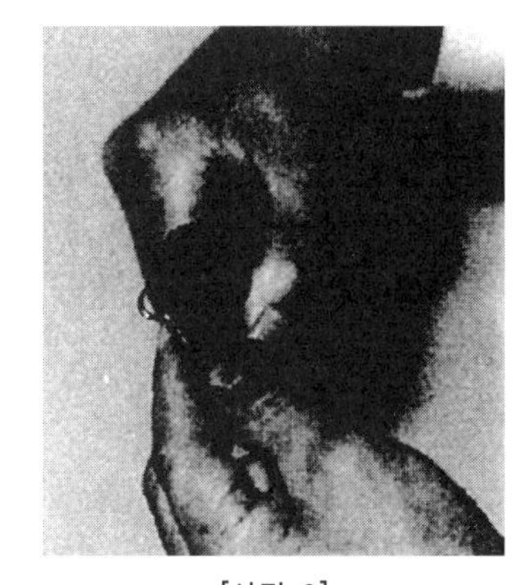

[사진 3]

심선이 긴 경우에는 펜치, 니퍼로 선단을 절단하여 심선을 구부리기 시작한 장소에 밀착시킨다.

- 기구 단자와의 접속 : 나사를 죄는 방향(시계 방향)과 원형의 굴곡 방향을 합쳐 나사를 확실하게 체결한다.
- 점검한다 : 심선의 원형이 너무 커 나사의 머리에서 밀려 나와 있지는 않은가, 피복을 너무 많이 박리하지는 않았는가(심선의 노출 부분이 너무 길지는 않은가), 피복을 함께 체결하지 않았는가, 심선이 겹치지는 않았는가, 나사가 잘 체결되어 있는가.

㉡ 심선에 드라이버를 대고 구부리는 방법(사진 4)

- 피복의 박리 : 박리 길이는 1.6mm, 2.0mm 모두 약 80~100mm로 단박리로 박리한다.
- 심선을 나사에 감는다 : 나사를 풀어 심선을 나사에 따르게 하여 오른쪽 방향으로 감는다. 감은 끝이 겹치지 않도록 하여 나사를 체결한다.
- 여분의 심선을 구부린다 : 드라이버(-) 선단을 나사 밑에 심선을 대고 누르며 누른 곳을 기점으로 하여 심선의 선단 부분을 잡고 상하 운동을 하여 구부린다. 구부린 끝을 드라이버로 나사 머리부분 안으로 밀어 넣어 나사를 확실하게 체결한다. 점검은 원형과 같은 방법으로 한다.

(주) 극성, 접지측 전선의 접속에 대하여

램프 리셉터클과 콘센트에의 접지측 전선의 접속은 리셉터클의 전구 스크루 소켓 단자에, 콘센트는 정면에서 좌측(플러그 삽입구가 긴쪽) 단자에 접속한다. 또한 VVF 케이블의 경우, 접지측 전선에는 백색 전선을 사용한다.

② 푸시 나사 방법

이 접속 방법에 대해서는 배선용 차단기(안전 브레이커(20A))를 예로 들어 설명한다.

- 피복의 박리(사진 5) : 단자의 나사를 풀어 심선의 삽입 치수를 확인하고 그 치수에 맞추어 피복을 단박리로 박리한다(약 13mm, 마쓰시다 전공 제품 예).
- 나사의 체결(단자에의 접속) : 단자 나사를 풀어 심선이 닿을 때까지 확실하게 삽입하여 나사를 체결한다.

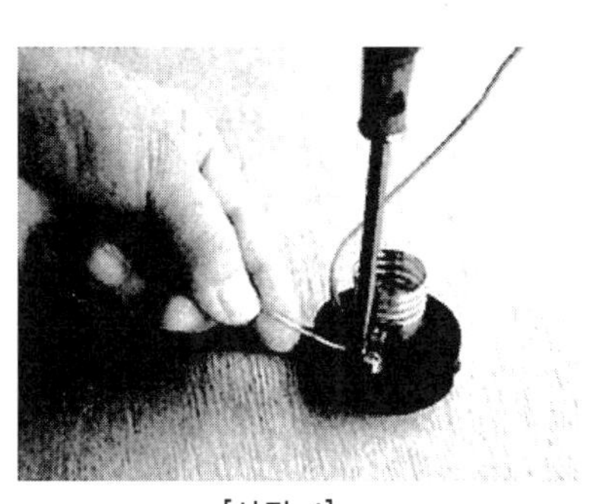

[사진 4]

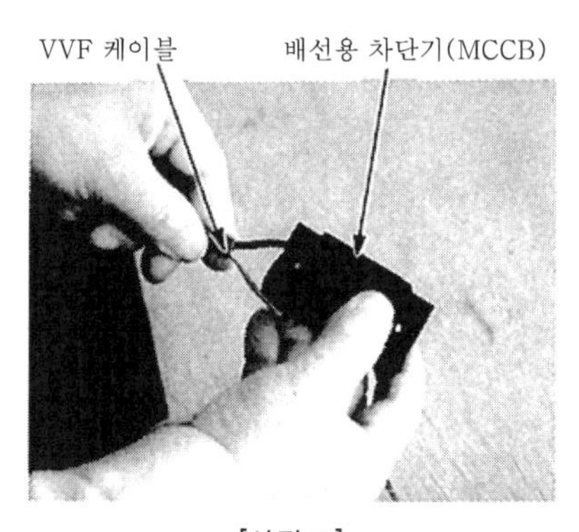

[사진 5]

• 점검 : 접속된 전선에 이완은 없는지 손으로 흔들어 확인한다. 피복의 선단이 단자 내에 들어가지 않았는가, 비접지측(L), 접지측(N)이 기호대로 접속되어 있는가. VVF 케이블의 경우 (L)은 흑색, (N)은 백색 전선을 접속한다.

(주) 연선(2.0~3.5mm^2)의 경우에는 봉형 압착 단자를 사용한다.

③ **나사, 와셔로 체결하는 방법**(사진 6)
이 나사 체결 단자는 일반적으로 50A 이하의 배선용 차단기 및 커버 부착 나이프 스위치 등에 사용되고 있다. 나사 머리부의 아랫면에서 와셔를 통해 전선 또는 압착 단자를 체결하는 접속이다.

• 피복의 박리 : 피복은 단박리로 한다. 박리 치수(길이)는 심선을 단자에 삽입하여 와셔의 앞뒤로 심선(약 2mm)이 보이도록 피복을 박리한다.

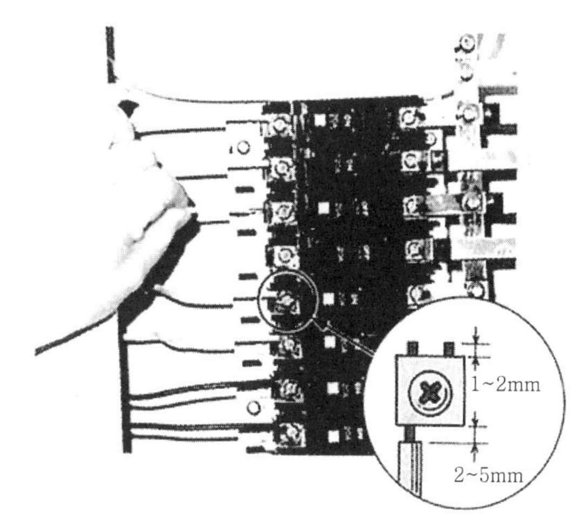

[사진 6]

• 단자에의 접속 : 심선을 단자에 삽입할(도전 기구와 와셔 사이) 때에 심선이 1개인 경우에는 좌측에, 2개인 경우에는 양측에 1개씩 삽입하고 나사를 체결하여 접속한다. 단선이 1개인 경우에는 감는(원형을 만든다) 방법, 연선인 경우에는 봉 또는 압착 단자를 사용하는 방법이 확실하게 요구된다.

• 점검 : 전선에 이완은 없는가, 나사는 확실하게 체결되어 있는가, 심선의 단선이 와셔보다 돌출되어 있는가, 피복을 함께 체결하지 않았는가 등을 점검한다.

(2) 나사가 없는 접속(삽입 접속)(단선 1.6~2.0mm, 연선 2~3.5mm^2)

이 접속 방법은 매설 연용 스위치, 콘센트 및 조명 기구 단자대 등에 널리 채용되고 있는 접속 방법으로 도전부와 스프링 간에 전선을 삽입하여 스프링의 압력에 의하여 접속하는 방법이다(사진 7).

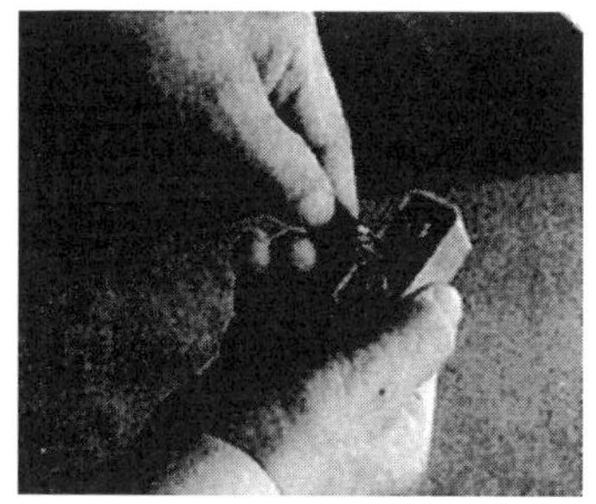
(a) 후크 실링 로제트 접속 예

(b) 2개용 매립 콘센트 접속 예

[사진 7] 삽입 접속

• 피복의 박리 : 피복의 박리 치수는 본체에 표시되어 있는 스트립 게이지에 맞추어 단박리를 한다. 박리 후에는 게이지에 맞추어 확인한다. 심선이 긴 경우에는 절단하고 짧은 경우에는 피복을 박리하여 게이지에 맞춘다.
• 단자에의 접속 : 접속은 단자(접속 구멍)에 심선을 바르게 하여 삽입할 때 손에 반응이 느껴지면 접속이 완료되는 방법이다.
• 점검 : 손으로 가볍게 전선을 당겨 확실하게 삽입되어 있는지 확인한다. 피복의 박리가 길어 심선이 보이지는 않는가 등을 점검한다.

(주) VCT(비닐 캡 타이어 케이블) 연선을 사용하는 경우에는 절연 피복된 봉형 압착 단자를 사용하여 삽입, 접속한다.

6. 배선용 차단기 단자의 종류

배선용 차단기의 단자에는 다음과 같은 종류가 있다(그림 2).

(1) 푸시 체결 단자(푸시 나사 접속)

(2) 나사 단자(나사 · 와셔 접속)

(3) 동대(바) 단자(볼트 · 너트 접속)

각종 접속 방법을 설명했는데 메이커에 따라 배선용 기구 단자의 형상 및 전류 용량이 다른 경우도 있으므로 접속시에는 확인하는 것이 중요하다. 접속 방법 및 공구 사용을 잘못하게 되면 접속 불량으로 접속 장소가 과열되어 사고로 연결되는 경우도 있다. 기본적으로 충실하게 적정한 접속을 하여 시공 품질을 높이고 안전한 작업을 하는 것이 중요하다.

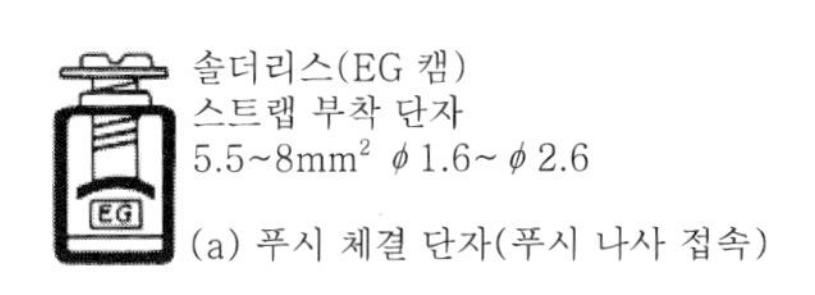

(a) 푸시 체결 단자(푸시 나사 접속)

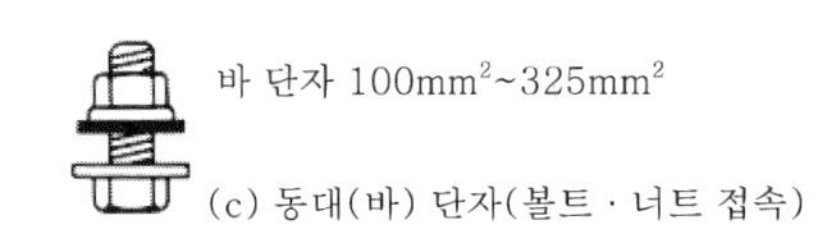

(c) 동대(바) 단자(볼트 · 너트 접속)

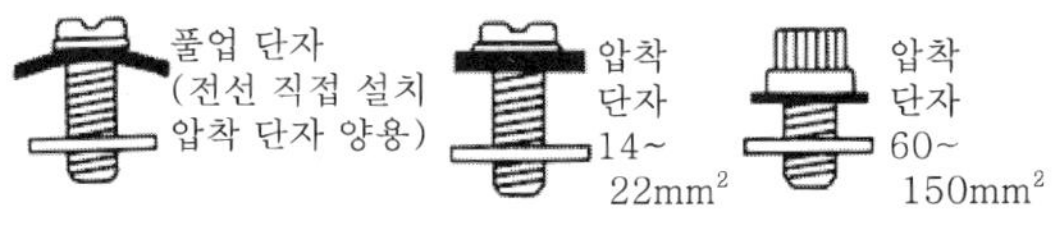

(b) 나사 단자(나사 · 와셔 접속)

[그림 2] 배선용 차단기 단자의 종류(松下전공의 카탈로그에서)

분전반의 설치

분전반, 단자반 등의 설치 방법은 특별히 대형인 것을 제외하고 현상에서는 대체로 노출 벽걸이형이 채용되는데 설치 장소나 의장의 사정에 따라서는 매입형, 반매입형 등이 있다. 다음에 각각의 설치 방법에 대하여 설명한다.

1. 매입형, 반매입형 설치 방법

(1) 철근 콘크리트 벽의 경우

① 치장 콘크리트 벽에 매입하는 경우에는 분전반의 케이스체만을 직접 박아 넣는다.

② 콘크리트 벽에 마무리가 남아 있는 경우에는 임시 프레임을 구체에 박아 넣고 타설 후에 임시 프레임을 철거해서 반을 마무리재에 맞추어 설치한다.

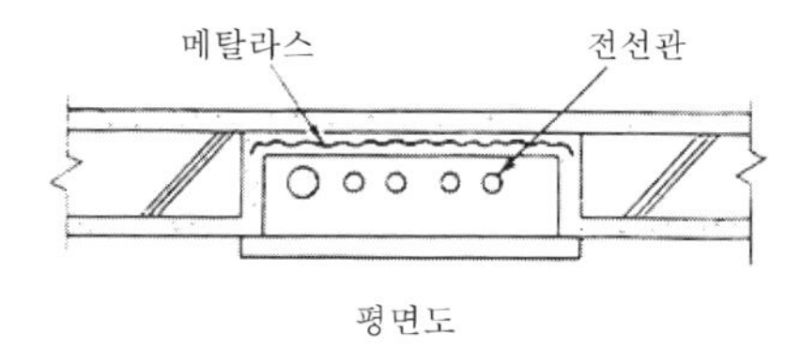

[표 1] 타설용 임시 프레임의 크기

폭	반의 폭+약 100m
높 이	반의 높이+약 200m
길 이	반의 깊이+약 50mm이하

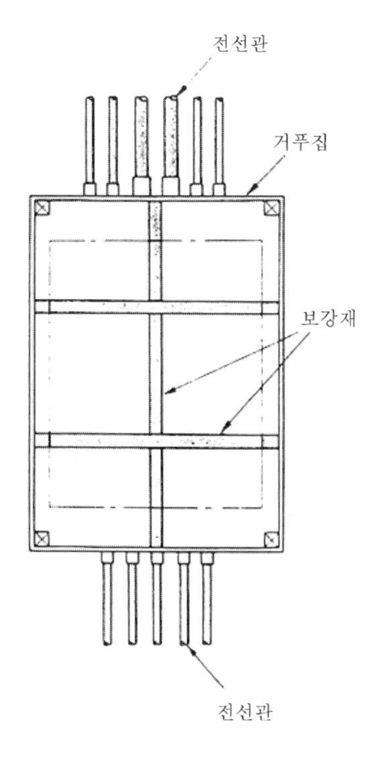

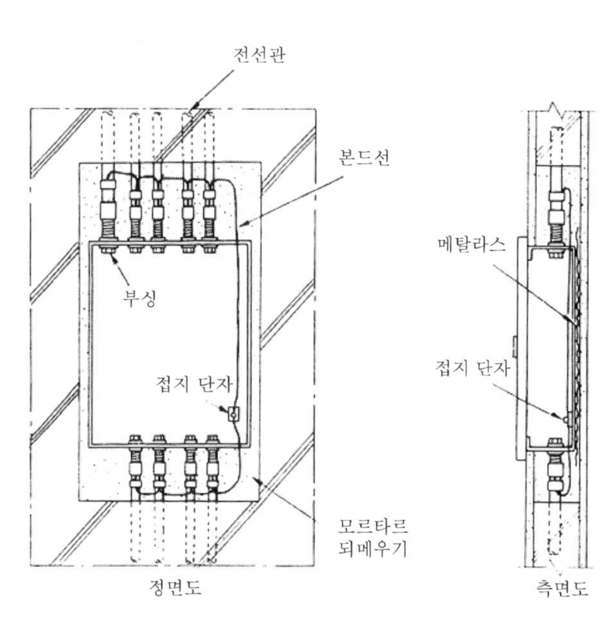

[그림 1] 분전반에의 배관

③ 콘크리트 타설용 임시 프레임의 크기는 일반적으로 표 1의 치수를 참고로 한다.

④ 콘크리트 타설시에 콘크리트의 압력에 의하여 케이스체나 임시 프레임이 찌부러들지 않도록 크기에 적합한 보강재를 고려한다.

⑤ 케이스체의 설치는 시공도 등에서 정해진 위치에 라이너, 쐐기를 사용하여 마무리면에 맞추어 수직・수평을 조정하여 고정시킨다. 고정 방법으로는 벽의 철근에 용접, 모르타르로 가고정시키고 홀인 앵커에 볼트 체결 또는 용접 등의 방법으로 고정한다.

⑥ 분전반에 배관하는 경우에는 반(케이스) 치수와 벽면 마무리 치수 등을 충분히 고려하여 설치한다(그림 1).

⑦ 반매입의 경우에 설치 배관과 반과의 접속이 용이하지 않을 때에는 배관용 박스를 반의 뒷부분에 설치하여 배관 처리한다. 이 경우, 반 내 배선용 차단기 등의 상태를 잘 확인하여 거터 스페이스의 범위에 있도록 박스의 위치를 결정한다(그림 2).

⑧ 매입 분전반을 설치하는 벽의 두께가 얇은 경우에는 반의 뒷부분에 메탈라스 처리를 하여 벽의 균열을 방지할 수 있도록 한다.

⑨ 구조체에 분전반을 매입하는 것은 그 부분이 공동(空洞)으로 되는 것과 같으므로 보강을 해야 된다. 벽의 두께나 개구부가 되는 크기에 따라 보강 철근 사이즈, 개

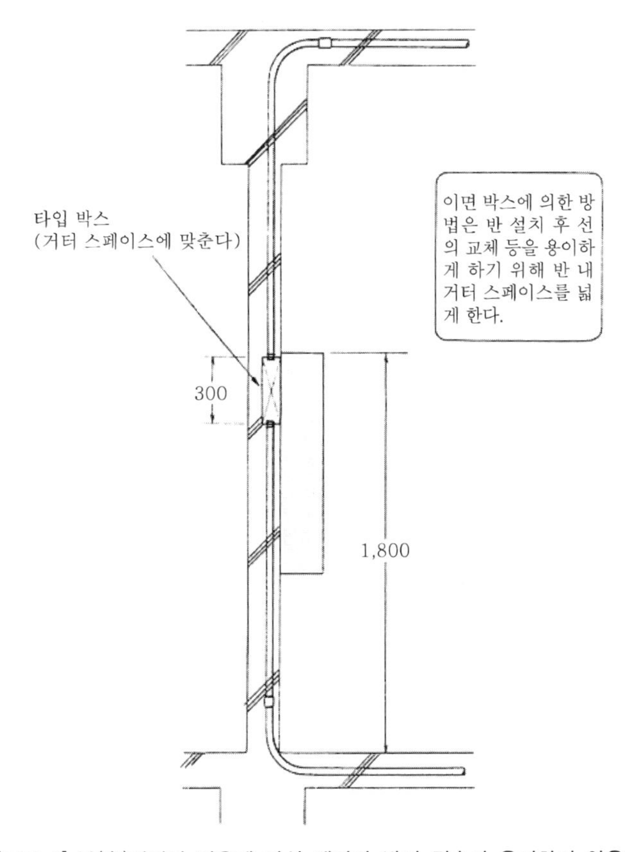

[그림 2] 반(半)매설의 경우에 타설 배관과 반의 접속이 용이하지 않을 때

수 등이 다르므로 설계자, 구조 담당자와 사전에 협의한다.

(2) 콘크리트 블록벽이나 경량 칸막이벽에 매설

① 큰 반, 중량이 있는 것은 강재 등으로 가대를 조립하여 선행 설치한다. 소형·경량의 반이나 배관을 매설하는 경우에는 벽의 블록 축조가 완료된 후에 충분한 강도를 얻어 깎아내어 설치하므로 구조 담당자와의 사전 협의가 중요하다.

② 경량 칸막이 등에 매설하는 경우에는 바탕재의 조립 후 케이스체 부분을 마무리면에 맞추어 설치한다.

2. 노출형 설치 방법

(1) 사용 공구

분전반의 설치에 필요한 공구는 측량추, 곱자, 수평기(레벨) 등으로 건축 기준 먹에서 정확히 치수를 측정하여 도면상의 설치 위치에 수평·수직으로 설치한다.

(2) 콘크리트벽이나 기둥에 설치

콘크리트벽이나 기둥에 설치하는 경우에는 일반적으로 홀인 앵커가 사용되는데 설치면에 요철이 다소라도 있는 경우에는 라이너 등으로 조정하여 평균적으로 체결, 케이스체가 비뚤어지지 않도록 설치한다(그림 3).

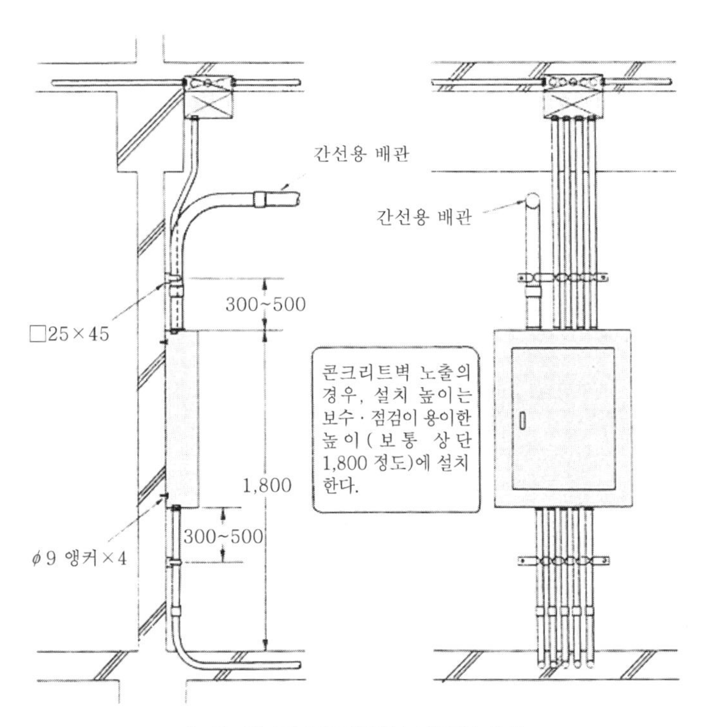

[그림 3] 콘크리트벽이나 기둥에 설치

(3) 강도가 없는 벽에 분전반의 설치

① 콘크리트 블록, ALC, 시보렉스벽

구조체 바닥에 전용 가대를 설치하여 거기에 분전반 등을 설치한다. 경량인 것은 벽에 볼트를 관통시키고 이면은 평강 등으로 보강하여 케이스체와 벽을 동시에 체결해서 고정시키는 방법과 더 가벼운 것은 벽재에 적합한 전용 앵커(나일론 플러그, 나사 플러그, 체결 볼트)를 사용하여 설치한다(그림 4).

② 경량 철골 칸막이벽

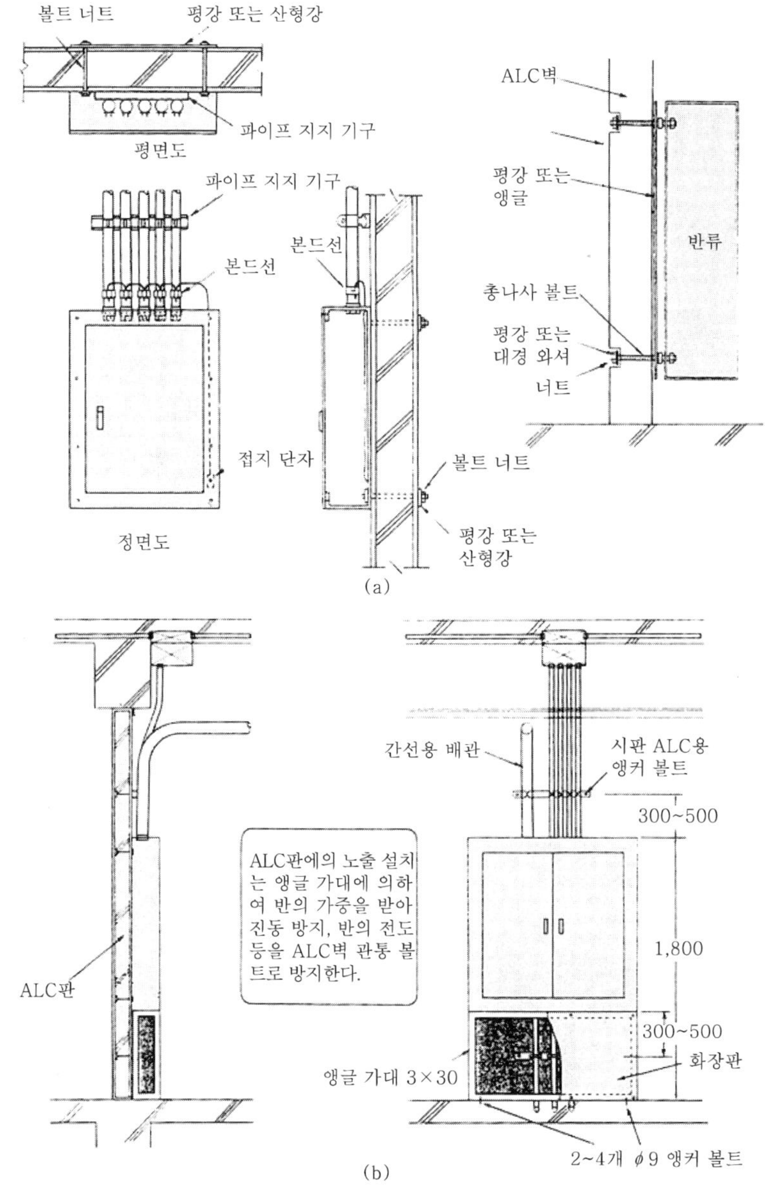

[그림 4] 강도가 없는 벽에의 설치

칸막이 바탕재의 조립 시점에서 소정의 설치 위치에 보강용 강재를 벽의 바탕재와 평행하게 설치해 둔다. 또한 그 강재에 설치용 볼트 또는 너트 등을 용접해 두면 나중에 설치하기 쉽다.

(4) 데드 스페이스에의 설치

건축 구조체의 코어 부분을 석고 보드 및 화장 패널을 사용하여 내장 마무리를 하고 그 내측(구조체와 하장 패널 사이)을 설비 스페이스로서 사용하는 경우에는 바닥에 가대를 설치해서 그 위에 분전반을 설치하는 방법과 상부의 들보와 바닥을 이용하여 강재를 설치해서 거기에 분전반 등을 설치하는 방법이 있다(그림 5).

설치물과 설치 장소를 확인하여 방법을 선택한다. 어떤 방법에서나 내진에 대한 충분한 배려가 필요하다.

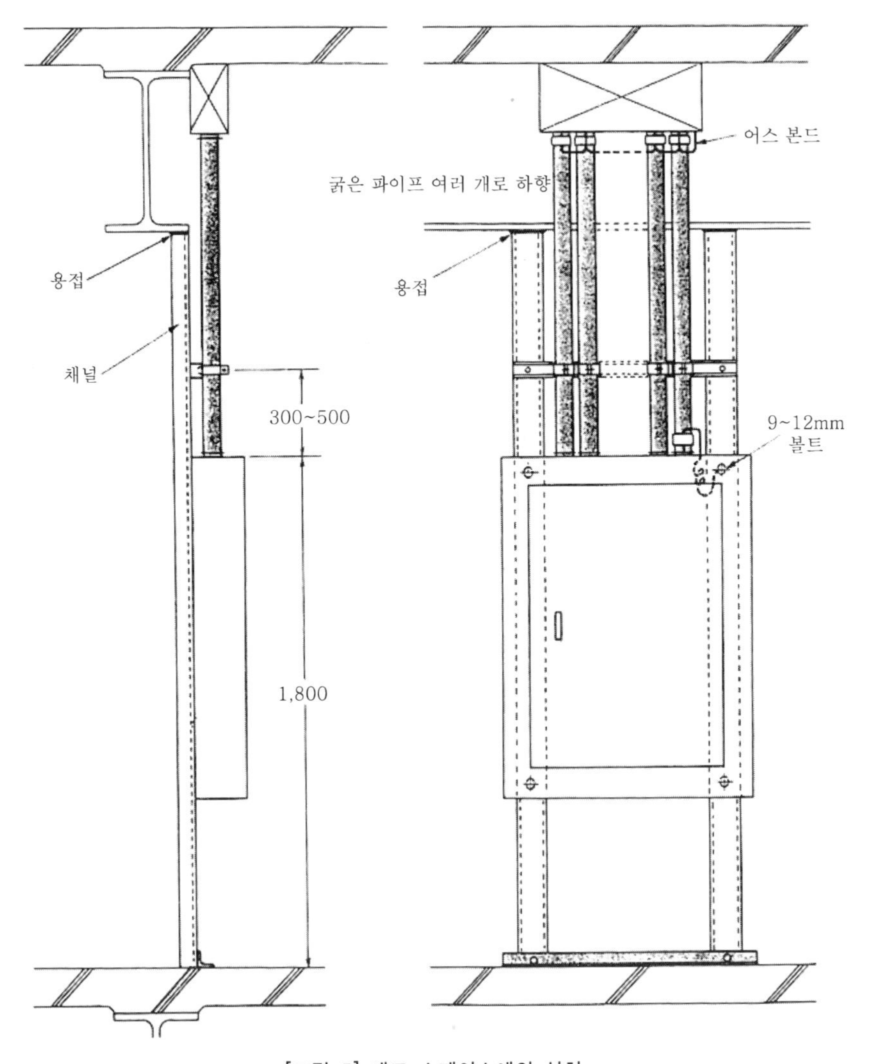

[그림 5] 데드 스페이스에의 설치

(5) 옥측, 옥외에의 설치

옥측, 옥외의 설치에는 방수성이 있는 옥외형을 채용한다. 그 설치에서는 빗물이 건물 등에 스며들지 않도록 고려해야 한다(그림 6).

① 반에 부착되어 있는 방수용 패킹을 손상시키지 않도록 주의한다.

② 반에서 인출하는 배관은 하면에서 인출한다.

③ 설치 기구 부분은 반의 외측 방식의 구조로 한다.

④ 설치용 홀인 앵커나 볼트, 너트류는 쉽게 발청되지 않는 것(용융 아연 도금, 스테인리스)을 사용하여 방수 코킹 또는 캡 등으로 실하며 잘못되어 빗물이 들어와도 신속하게 배수할 수 있도록 배수 구멍을 뚫어 둔다.

3. 설치상의 주의

(1) 습기, 부식성 가스, 분진이 많은 장소, 폭발물이 있는 부근 등에 설치하지 않는다.

(2) 반 전면의 스페이스는 최저 600mm 이상 필요하다. 또한 반의 폭이 600mm 이상인 때에는 반의 문을 열은 상태에서 100mm 이상의 스페이스를 확보한다.

(3) 설치 높이는 상단에서 2m 이하, 하단에서 300mm 이상의 범위로 한다.

(4) 반과 접속하는 금속관의 접지선은 반의 접지 단자에 확실하게 접속한다.

(5) 설치를 위한 반에 드릴링 가공을 할 때에는 반 내의 배선이나 기구를 손상시키지 않도록 철분이나 철편이 내부에 산란되지 않도록 양생한다. 또한 케이스부의 도장면도 손상되지 않도록 주의하여 가공 및 설치한다.

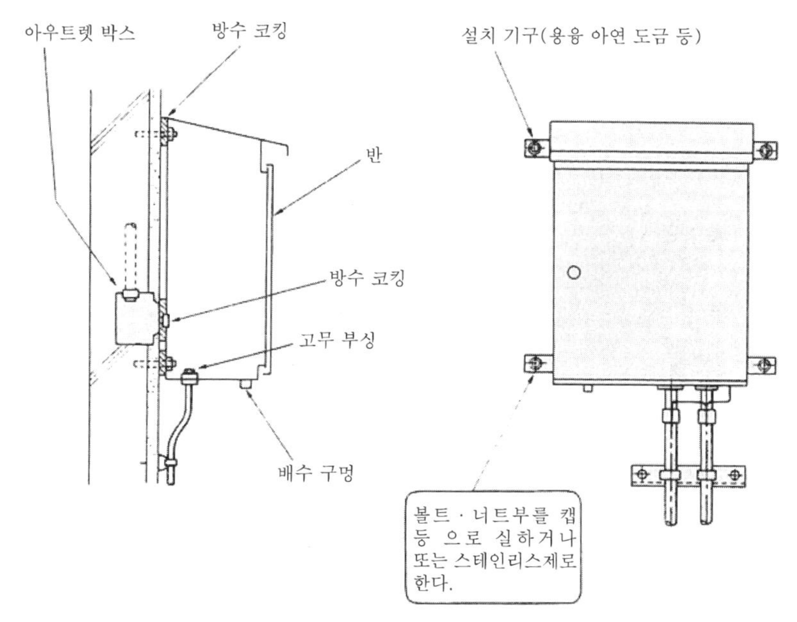

[그림 6] 옥측, 옥외에의 설치

접지 공사

접지란 전기 설비를 대지와 전기적으로 접속하는 것이다.

그 목적은 인간과 가축의 감전 방지, 전기 설비의 손상 방지, 전식의 방지, 대지의 회로적 이용 등이다.

1. 접지 공사의 종류

접지 공사의 종류는 해석 제19조(접지 공사의 종류)에서 A종 접지 공사, B종 접지 공사, D종 접지 공사 및 C종 접지 공사의 4종류가 규정되어 있다.

각종 접지 공사의 접지 저항 상한값을 표 1에 들었다.

(1) A종 접지 공사

A종 접지 공사는 고전압이 침입될 우려가 있고 또한 위험도가 큰 경우에 실시하는 것으로 접지 저항값은 10Ω 이하로 규정되어 있다.

주요 접지 공사의 장소는 변압기에 의하여 특별 고압 전로에 결합되는 고압 전로에 시설하는 방전 장치의 접지(해석 제26조), 특별 고압 기계용 변성기의 2차측 전로(해석 제27조 제2항), 고압 또는 특별 고압용 기기의 철대(베이스) 및 금속제 외함의 접지(해석 제29조 제1항), 고압 및 특별 고압 전로에 사용하는 관, 기타의 케이블을 수납하는 방호 장치의 금속제 부분, 금속제의 전선 접속함 및 케이블의 피복에 사용하는 금속체의 접지(해석 제92조, 제202조, 제205조) 등이다.

(2) B종 접지 공사

B종 접지 공사는 고압 또는 특별 고압이 저압과 혼촉될 우려가 있는 경우에 저압 전

[표 1] 접지 저항의 상한값

접지 공사의 종류	접지 저항값
A종 접지 공사	10Ω
B종 접지 공사	변압기의 고압측 또는 특별 고압측 전로의 1선 지락 전류의 암페어 수로 150(변압기 고압측의 전로 또는 사용 전압이 35,000V 이하인 특별 고압측의 전로와 저압측 전로와의 혼촉에 의하여 저압 전로의 대지 전압이 150V를 초과하는 경우에는 1초 초과 2초 이내에 자동적으로 고압 전로 또는 사용 전압이 35,000V 이하의 특별 고압 전로를 차단하는 장치를 설치할 때에는 300, 1초 이내에 자동적으로 고압 전로 또는 사용 전압이 35,000V 이하의 특별 고압 전로를 차단하는 장치를 설치할 때에는 600)을 나눈 값과 같은 옴 수
D종 접지 공사	100Ω (저압 전로에서 해당 전로에 지기(地氣)가 발생한 경우, 0.5초 이내에 자동적으로 전로를 차단하는 장치를 시설할 때에는 500Ω)
C종 접지 공사	10Ω (저압 전로에서 해당 전로에 지기가 발생한 경우, 0.5초 이내에 자동적으로 전로를 차단하는 장치를 시설할 때에는 500Ω)

[사진 1] 변압기의 저압측 접속도(제2종 접지 공사)

로의 보호를 위해 접지하는 것이다.

접지 공사 장소는 고압 전로 또는 특별 고압 전로와 저압 전로를 결합하는 변압기 저압측의 중성점 또는 1단자에 실시하는 접지(해석 제24조). 고압 전로와 저압 전로를 결합하는 변압기로서 고압 권선과 저압 권선 사이에 설치하는 금속제의 혼촉 방지판에 실시하는 접지(해석 제25조) 등이다(사진 1).

(3) D종 접지 공사

D종 접지 공사는 300V 이하인 저압용 기기의 철대(베이스) 및 금속제 외함의 접지(해석 제29조) 등의 누전시 간단한 것이라도 접지 공사가 되어 있으면 이에 의하여 감전 등의 위험을 감소시키기 위해 실시하는 것으로 접지 저항값은 100Ω 이하로 정해져 있다. 기타 주요 접지 공사 장소는 고압 계기용 변성기의 2차측 전로의 접지(해석 제27조), 사용 전압 300V 이하의 저압 배선에 사용하는 금속관, 금속 와이어 프로텍터, 가요성 전선관, 금속 덕트, 버스 덕트, 플로어 덕트, 셀룰러 덕트, 라이팅 덕트의 접지(해석 제178조~제185조) 등이다.

(4) C종 접지 공사

C종 접지 공사는 300V를 초과하는 저압용 기기의 철대 접지(해석 제29조) 등 누전에 의한 감전 위험도가 높은 경우에 실시하는 것으로 접지 저항값은 10Ω 이하로 정해져 있는데 접지 저항값 이외에는 B종 접지 공사 수준이다.

주요 접지 공사 장소는 사용 전압 300V를 초과하는 저압 배선에 사용한다. 금속관, 가요성 전선관, 금속 덕트, 버스 덕트의 접지(해석 제178조, 제180~제182조) 등이다.

2. 접지선의 굵기

접지선의 굵기(최소 굵기) 및 구체적인 공사 방법이 해석 제20조에 규정되어 있다.

접지선의 굵기는 접지 공사의 종류에 따라 표 2와 같은 굵기의 연동선 또는 이와 동등 이상의 강도 및 굵기이며 쉽게 부식되지 않는 금속선으로서 고장시에 흐르는 전류를 안전하게 통할 수 있도록 하는 것을 사용해야 한다. 또한 이동하여 사용하는 전기 기계 기구의 금속제 외함에 접지 공사를 하는 경우, 가요성을 필요로 하는 부분에는 표 3과 같은 단면적을 충족시킨 접지선을 사용해야 된다.

[표 2] 접지선의 굵기

접지 공사의 종류	접지선의 굵기
A종 접지 공사	지름 2.6mm
B종 접지 공사	지름 4mm(고압 전로 또는 제142조 제1항에 규정된 특별 고압 가공 전선로의 전로와 저압 전로를 변압기에 의하여 결합하는 경우에는 지름 2.6mm)
D종 접지 공사 및 C종 접지 공사	지름 1.6mm

[표 3] 접지선의 종류와 단면적

접지 공사의 종류	접지선의 종류	접지선의 단면적
A종 접지 공사 및 B종 접지 공사	3종 클로로프렌 캡 타이어 케이블, 3종 클로로술폰화 폴리에틸렌 캡 타이어 케이블, 4종 클로포프렌 캡 타이어 케이블 또는 4종 클로로술폰화 폴리에틸렌 캡 타이어 케이블의 1심 또는 다심 캡 타이어 케이블의 차폐 및 기타 금속체	$8mm^2$
D종 접지 공사 및 C종 접지 공사	다심 코드 또는 다심 캡 타이어 케이블 1심	$0.75mm^2$
	다심 코드 및 다심 캡 타이어 케이블의 1심 이외의 가요성이 있는 연동 연선	$1.25mm^2$

3. 기계 기구의 철대 및 외함의 접지

기계 기구의 철대 및 외함의 접지는 해석 제29조에서 사용 전압별로 접지 공사의 종류가 규정되어 있다. 베이스, 외함에는 표 4에 의하여 접지 공사를 해야 된다.

[표 4] 기계 기구 구분과 접지 공사

기계 기구의 구분	접지 공사
300V 이하인 저압용의 것	D종 접지 공사
300V를 초과하는 저압용의 것	C종 접지 공사
고압용 또는 특별 고압용의 것	A종 접지 공사

4. 접지극의 종류

매설 또는 타설 접지극으로는 다음과 같은 것이 사용되고 있다.

① 동판 ② 동봉 ③ 철관 ④ 철봉 ⑤ 동 피복 강판 ⑥ 탄소 접지 공사 피복 강봉 등이다(내선 규정에서). 또한 건축 가설에 사용되고 있는 H강을 사용하는 경우도 있다.

이들 접지극은 가급적 물기가 있는 곳이고, 또한 가스, 산 등으로 인해 부식될 우려가 없는 장소를 선택하여 지중에 매설 또는 타설해야 된다.

5. 접지극과 접지선의 접속

접지극과 접지선의 접속은 납땜, 기타 확실한 방법으로 전기적, 기계적으로 접속해야 된다. 동판과 접지선과의 접속 방법에는 일반적으로 테르밋 용접방법이 사용되고 있다(사진 2). 접지봉의 리드선과 접지선의 접속은 압축, 압착방법이 사용되고 있다(그림 1).

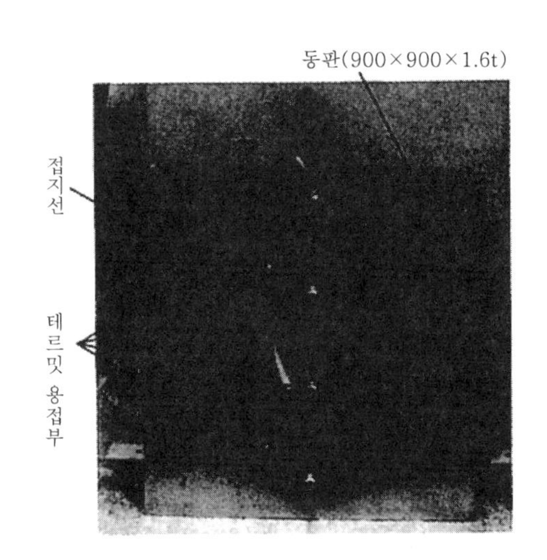

[사진 2] 접지극과 접지선의 접속도

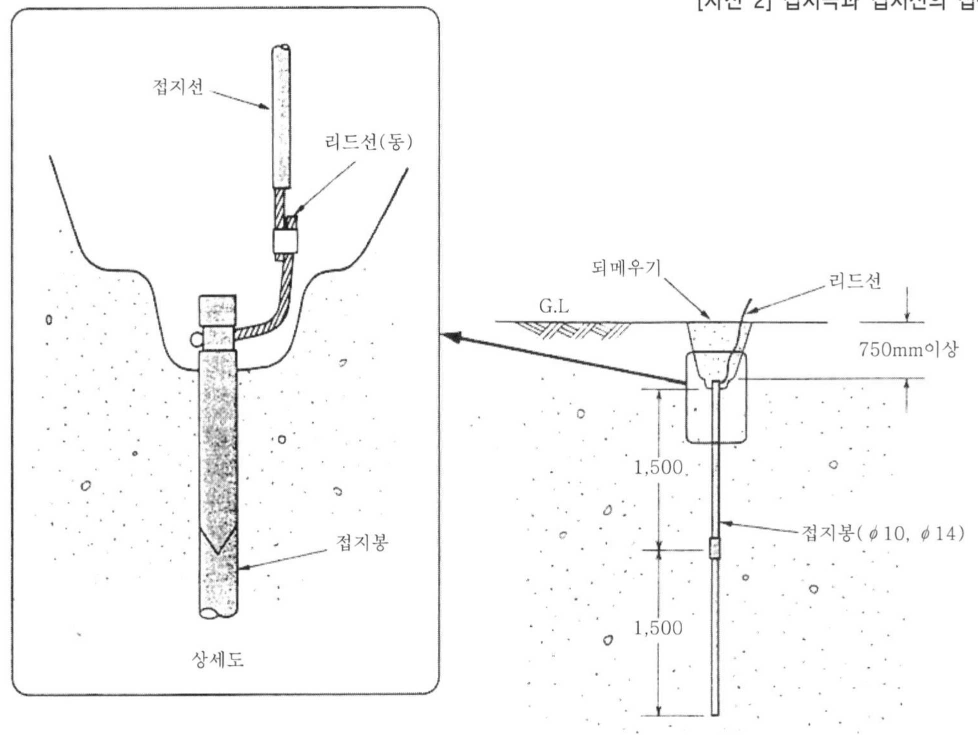

[그림 1] 접지봉과 접속

6. 접지극의 시공방법

접지극은 낮은 접지 저항을 얻기 위해 여러 가지의 시공방법이 사용되고 있다.

(1) 시공상의 주의점

① 접지극은 지하 75cm 이상의 깊이에 매설한다(그림 2).

② 다른 접지극과의 이격은 피뢰용, 약전용에서 2m 이상 이격시킨다.

③ 피뢰용 인하 동선이 시설되어 있는 지지물에는 접지선을 시설해서는 안 된다.

④ 접지극은 접지 저항을 측정할 수 있도록 직선상 약 10m 간격으로 매설하거나 또는 측정용 보조극(P극 · C극)을 매설한다.

(2) 시공방법

매설 작업은 공사 관계자의 입회하에 시설하며 매설 상황 사진, 접지 저항 측정값을 기록한다. 시공 방법은 동판의 매설, 접지봉 및 강관의 타설, 메시 공법 등이 있다.

① 측정기 및 공구

측정기는 일반적으로 전지식 접지 저항계(KS C 1310)가 사용되고 있다. 공구는 스쿠프, 곡괭이, 큰 해머, 접지봉 타설기, 강관 타설기, 압착기 등이다.

② 접지 동판의 매설(900mm×900mm×1.6t)

동판의 매설에는 판을 수직으로 매설하는 방법과 수평으로 매설하는 방법이 있다.

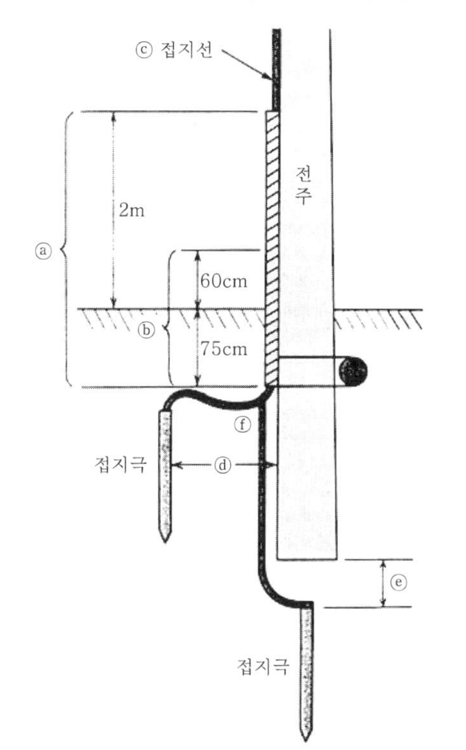

ⓐ 부분의 접지선을 합성 수지관 등으로 씌운다.
ⓑ 부분의 접지선에는 절연 전선(OW선 제외), 캡 타이어 케이블 또는 케이블을 사용한다.
ⓒ 접지선을 철주 등에 따라 시설하는 경우에는 ⓑ와 같은 전선을 사용한다.
ⓓ 접지선을 철주 등을 따라 시설하는 경우에는 1m 이상 이격시킨다.
ⓔ 접지선을 철주의 밑면 아래에 시설하는 경우에는 철주 밑면에서 30cm 이상으로 한다.
ⓕ 앞의 ⓓ, ⓔ의 경우에 접지선은 ⓑ와 같은 전선을 사용한다.

[그림 2] 접지극의 시공

수직 매설은 소정의 깊이로 구멍을 파고 구멍의 중심에 동판을 넣고 동판의 양면에서 균등하게 흙을 넣어 동판의 1/3 정도를 되메우고 주위의 흙부터 다진다.

그 상태에서 접지 저항을 측정하여 소요값을 얻을 수 있는지 예측한다. 얻을 수 없는 경우에는 보조극(접지봉 등)을 설치한다는 등의 접지 저항 감소책을 강구한다(그림 3).

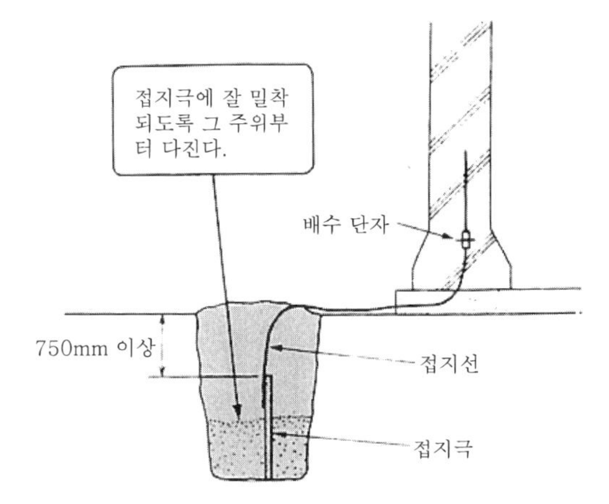

[그림 3] 동판의 수직 매설

수평 매설은 소정의 깊이로 구멍을 파고 구멍 속에 동판을 수평으로 넣어 동판 위에 균등하게 흙을 약 100mm 정도 되메우고 흙을 다진다.

다음의 순서는 수직 매설과 같다(사진 3).

③ 연결식 접지봉의 타설

접지봉은 바깥지름 10mm와 14mm가 있으며 전체 길이는 1.5m이다.

타설 방법은 전용 타설기(사진 4), 큰 해머 또는 전동 해머 등을 사용하여 박아 넣는다. 전용 타설기의 사용 방법은 접지봉을 가이드 파이프 선단에서 삽입하여 접지봉의 선단을 저부 너트에서 약 300mm 정도 나오게 하고 접지봉의 선단을 타설하여 지점에 대고 해머 파이프를 잡아 수직 상태로 들어 올려 아래로 때리면서 상하 운동을 하여 타설한다. 접지봉의 백색 표시가 나올 때까지 반복하여 타설한다. 표시가 나오면 타설기를 빼내고 다시 철핀 위에 타설기 저부의 구멍을 끼워 넣고 타설한다. 1개를 타설하게 되면 저항값을 측정하여 규정값에 도달하지 않은 경우에는 펜치로 철핀을 뽑고 2개째의 접지봉을 타설기로 삽입하여 선단을 약 200mm 나오게 해서 철핀을 뽑은 장소에 넣은 다음 연결시켜 타설한다.

연결은 3~4개 정도 가능하다. 토질에 따라 타설기를 사용할 수 없는 경우가 있는데 그때는 큰 해머 또는 전동 해머 등을 사용한다.

[사진 3] 수평 매설도

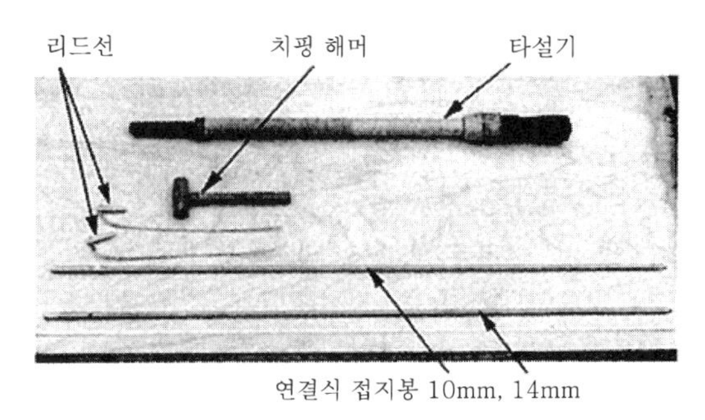

[사진 4] 타설기와 연결식 접지봉

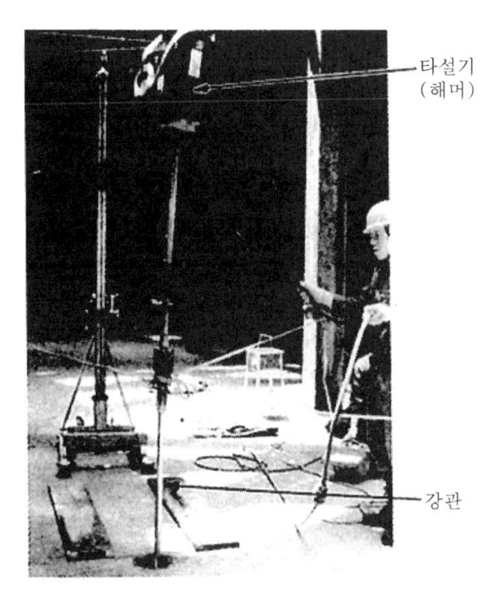

[사진 5] 강관 타설도

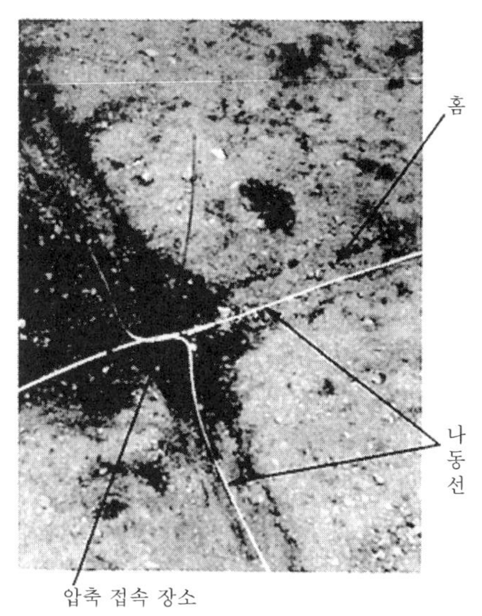

[사진 6] 메시 공법

④ 강관 타설

지름 30mm 정도의 아연 도금 강관을 관 지름을 변경시켜 이어 가면서 타설하는 공법으로 전동식 타설기를 사용하여 깊게 타설함으로써 낮은 접지 저항값을 얻을 수 있다(사진 5).

⑤ 메시 공법

나동선과 접지봉에 의한 공법으로 변전소 등의 접지극으로서 사용된다. 깊이 150~200mm의 홈을 방사상 또는 메시상으로 파고 홈의 저부에 나동선을 연선하여 약 10m 간격으로 접지봉을 타설하고 리드선과 나동선을 T형 커넥터를 사용하여 압축 접속한다. 낮은 접지 저항값을 얻을 수 있다.

측정은 전압 강하법으로 한다. 보통 사용하고 있는 전지식 접지 저항계는 오차가 크기 때문에 측정할 수 없다(사진 6).

⑥ 병렬 공법과 저감제

동판의 매설 및 접지봉을 깊게 타설해도 접지 저항값이 규정값에 도달하지 않는 경우에는 접지봉을 단독으로 여러개 타설하여 그것들을 나동선으로 병렬 접속한다. 또한 저감제를 사용하여 규정된 저항값으로 한다.

접지봉과 접지봉의 간격은 3m 이상 이격시켜 타설함이 바람직하다.

7. 접지선의 시공

일반적으로 접지선은 600V 비닐 절연전선의 녹색이 사용되고 있다. 부득이 녹색 또는 녹황색의 줄무늬가 있는 것 이외의 절연전선을 접지선으로 사용하는 경우에는 단말 및 적당한 장소에 녹색 테이프 등으로 접지선을 표시해야 된다.

(1) 접지선의 전도 방지

접지극 매설 후, 접지선은 밑창 콘크리트 타설 등으로 전도되지 않도록 보강재(철근, 파이프)를 세워 결속한다(그림 4).

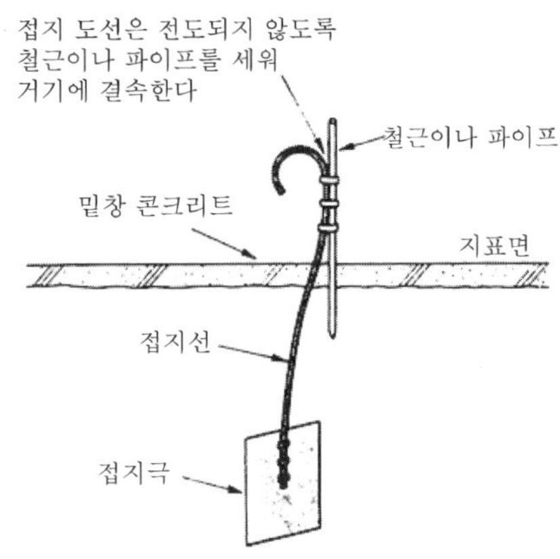

[그림 4] 접지선의 전도 방지 조치

(2) 침수 방지(배수 단자의 설치)

접지선은 매설 지점에서 소정의 위치(단자반)까지의 배선 도중에 1개소 이상 배수 단자를 사용하여 접지선에 접속 장소를 설치, 소선간의 모세현상에 의한 침수 방지 처리를 한다(그림 5).

배수 단자 및 접지선의 노출된 부분은 철근, 철골에 직접 접촉되지 않도록 배선한다. 또한 접지 단자반에의 배선은 접지선 상승 장소에는 합성수지관을 이용하여 배관하고 배선을 한다.

(3) 접지 단자반

단자반 내에는 종별 및 접지극측, 기기측 등을 명시한다. 단자는 너트로 체결한다(나비나사는 사용하지 않는다). 정기 시험용으로서 연결 동바를 설치하는 것이 요망된다.

(4) 기기 단자에의 접속

기기 및 盤의 접지 단자대에의 접속은 단자대에 적합한 방법으로 압착 단자를 사용하는 경우 볼트, 나사 지름에 적합한 것을 사용하고 너트, 나사를 확실하게 체결하여 전기적으로 접속해야 된다. 접속에 대해서는「전기의 접속」및「배선 기구에의 접속」항을 참조한다.

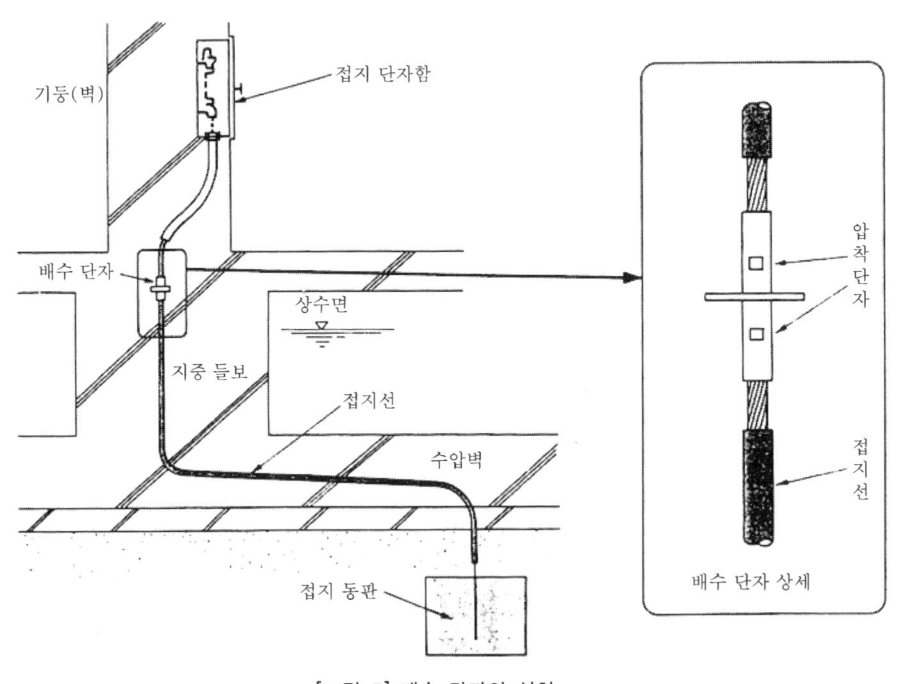

[그림 5] 배수 단자의 설치

일본 「전기설비기술기준의 해석」과 한국 「전기설비기술기준」 조문과의 대조표

일본 「전기설비기술기준의 해석」		「기술기준」 관련 조문	한국 「전기설비기술기준」
제1조	용어의 정의	제1조	제2조
제2조	적용 제외	제3조	제4조
제3조	전선의 성능	제5,6,21,57조	제6조
제4조	전선	제5,6,21,57조	제6조
제5조	절연전선	제5,6,21,57조	제7조
제6조	다심형 전선	제5,6,21,57조	제8조
제7조	코드	제5,6,57조	제9조
제8조	캐브 타이어 케이블	제5,6,21,57조	제10조
제9조	저압 케이블	제5,6,21,57조	제11조
제10조	고압 케이블 및 특별 고압 케이블	제5,6,21,57조	제12조
제11조	나전선 등	제6,57조	제13조
제12조	전로의 접속법	제7조	제14조
제13조	전로의 절연	제5조	제15조
제14조	전로의 절연 저항 및 절연 내력	제5,58조	제16조
제15조	회전기 및 정류기의 절연 내력	제5조	제17조
제16조	연료 전지 및 태양 전지 모듈의 절연 내력	제5조	제18조
제17조	변압기의 전로 절연 내력	제5조	제19조
제18조	기구 등의 전로 절연 내력	제5조	제20조
제19조	접지 공사의 종류	제10,11조	제21조
제20조	각종 접지 공사의 세목	제6,11조	제22조
제21조	D종 접지 공사 등의 특례	제10,11조	제23조
제22조	수도관 등의 접지극	제10,11조	제24조
제23조	수요 장소의 인입구 접지	제6,11조	제25조
제24조	고압 또는 특별 고압과 저압의 혼촉에 의한 위험 방지 시설	제6,10,11,12조	제26조
제25조	혼촉 방지판붙이 변압기에 접속하는 저압 옥외 전선의 시설 등	제12조	제27조

일본「전기설비기술기준의 해석」		「기술기준」 관련 조문	한국「전기설비기술기준」
第26조	특별 고압과 고압의 혼촉 등에 의한 위험 방지 시설	제10,11,12조	제28조
第27조	계기용 변성기의 2차측 전로의 접지	제10,11,12조	제29조
第28조	전기 설비의 접지	제10,11조	제30조
第29조	기계 기구의 철들 및 외함의 접지	제10,11조	제31조
第30조	고압용 기계 기구의 시설	제9조	제40조
第35조	고주파 이용 설비의 장해 방지	제17조	제35조
第36조	아크를 발생시키는 기구의 시설	제9조	제39조
第37조	저압 전로 속의 과전류 차단기의 시설	제14조	제42조
第38조	고압 또는 특별 고압 전로 속의 과전류 차단기의 시설	제14조	제43조
第39조	과전류 차단기 시설의 예외	제14조	제44조
第40조	지락 차단 장치 등의 시설	제15조	제45조
第41조	피뢰기의 시설	제49조	제46조
第42조	피뢰기의 접지	제10,11조	제47조
第43조	발전소 등에서의 취급자 이외의 출입 방지	제23조	제50조
第44조	발전기의 보호 장치	제44조	제53조
第45조	연료 전지 등의 보호 장치	제44조	
第50조	태양 전지 모듈 등의 시설	제6,7,14,20조	제63조
第53조	전파 장해의 방지	제42조	제67조
第54조	가공(架空) 전선 및 지지물의 시설	제26조	제68조
第55조	가공 전선의 분기(分岐)	제7조	제69조
第56조	가공 전선로의 지지물 탑승 방지	제24조	제70조
第57조	풍압 하중의 종별과 그 적용	제32조	제72조
第58조	가공 전선로의 지지물 기초의 안전율	제32조	제73조
第59조	철기둥 또는 철탑의 구성 등	제32조	제74조
第60조	철근 콘크리트 기둥의 구성 등	제32조	제75조
第61조	나무 기둥의 강도 계산	제32조	제76조
第62조	지선의 사용	제32조	제77조

일본「전기설비기술기준의 해석」		「기술기준」 관련 조문	한국「전기설비기술기준」
第63조	지선의 시방 세목 및 지주의 대용	제6,20,25조	제78조
第64조	가공 약전류 전선로로의 유도 장해 방지	제10,11,42조	제79조
第65조	가공 케이블에 의한 시설	제5,6,10,11조	제80조
第66조	사용 전압에 의한 저고압 가공 전선의 강도 및 종류	제5,6,10,11,21조	제81조
第67조	고저압 가공 전선의 안전율	제6조	제82조
第68조	저고압 가공 선로의 높이	제25조	제83조
第69조	고압 가공 전선로의 가공 지선	제6조	제84조
第70조	저고압 가공 전선로의 지지물 강도 등	제32조	제85조
第71조	고압 가공 전선로의 나무 기둥 등의 지선의 시설	제32조	제86조
第72조	저고압 가공 전선 등의 병가(併架)	제6,28조	제87조
第73조	고압 가공 전선로의 지름 제한	제6,32조	제88조
第74조	저압 보안 공사	제6,32조	제89조
第75조	고압 보안 공사	제6,32조	제90조
第76조	저고압 가공 전선과 건조물과의 접근	제29조	제91조
第77조	저고압 가공 전선과 도로 등과의 접근 또는 교차	제25,28,29조	제92조
第78조	저고압 가공 전선과 가공 약전류 전선 등과의 접근 또는 교차	제28조	제93조
第79조	저고압 가공 전선과 안테나와의 접근 또는 교차	제29조	제94조
第80조	저고압 가공 전선과 교류 전차선 등과의 접근 또는 교차	제6,10,11,28,32조	제95조
第81조	저압 가공 전선 상호간 접근 또는 교차	제28조	제96조
第82조	고압 가공 전선 등과 저압 가공 전선 등과의 접근 또는 교차	제28조	제97조
第83조	고압 가공 전선 상호간 접근 또는 교차	제28조	제98조
第84조	저압 가공 전선과 다른 공작물과의 접근 또는 교차	제29조	제99조

일본「전기설비기술기준의 해석」		「기술기준」 관련 조문	한국「전기설비기술기준」
제85조	고압 가공 전선과 다른 공작물과의 접근 또는 교차	제29조	제100조
제86조	저고압 가공 전선과 식물과의 이격 거리	제5,29조	제102조
제87조	저고압실측의 전선로 등에 인접하는 가공 전선의 시설	제20조	제103조
제88조	저고압 가공 전선과 가공 약전류 전선 등과의 공가	제11,28,32,42조	제104조
제89조	농사용 저압 가공 전선로의 시설	제6,14,25,32조	제106조
제90조	구내에 시설하는 사용 전압의 300V 이하인 가공 전선로	제6,25,28,29조	제107조
제91조	저압실측 전선로의 시설	제6,20,28,29,30,37조	제108조
제92조	고압실측 전선로의 시설	제10,11,20,28,29,30,37조	제109조
제93조	특별 고압실측 전선로의 시설	제37조	제110조
제94조	저압 옥상 전선로의 시설	제6,20,28,29,30,37조	제111조
제95조	고압 옥상 전선로의 시설	제20,28,29,30,37조	제112조
제96조	특별 고압 옥상 전선로의 시설 제한	제37조	제113조
제97조	저압 인입선의 시설	제5,6,20,25,29조	제114조
제98조	저압 연접 인입선 등의 시설	제6,25,37조	제115조
제99조	고압 인입선 등의 시설	제6,20,25,29,38조	제116조
제100조	특별 고압 인입선 등의 시설	제5,6,20,25,28,29,38조	제117조
제134조	지중 전선로의 시설	제21,47조	제151조
제135조	지중함의 시설	제23,47조	제152조
제136조	지중 전선로의 가압 장치 시설	제34조	제153조
제137조	지중 전선의 피복 금속체의 접지	제10,11조	제154조
제138조	지중 약전류 전선으로의 유도 장해 방지	제42조	제155조
제139조	지중 전선과 지중 약전류 전선 및 관과의 접근 또는 교차	제30조	제156조
제140조	지중 전선 상호간 접근 또는 교차	제30조	제157조

일본「전기설비기술기준의 해석」		「기술기준」 관련 조문	한국「전기설비기술기준」
제141조	터널 내 전선로의 시설	제6,20조	제158조
제142조	사람이 상시 통행하는 터널 내 전선로의 시설	제6,20조	제159조
제143조	기타 터널 내 전선로의 시설	제6,20조	제160조
제144조	터널 내 전선로의 전선과 약전류 전선 등 또는 관과의 이격 거리	제28,29,30조	제161조
제145조	수상 전선로의 시설	제7,14,15,20조	제162조
제146조	수저 전선로의 시설	제20조	제163조
제147조	지상에 시설하는 전선로	제5,14,15,20,37조	제164조
제148조	다리에 시설하는 전선로	제6,20조	제165조
제149조	전선로 전용 다리 등에 시설하는 전선로	제20조	제166조
제150조	절벽에 설치하는 전선로	제39조	제167조
제151조	옥내에 설치하는 전선로	제5,28,37조	제168조
제152조	임시 전선로의 시설	제4조	제169조
제156조	가공 전선과 첨가 통신선과의 이격 거리	제28조	제175조
제157조	가공 통신선의 높이	제25조	제176조
제158조	특별 고압 전선로 첨가 통신선과 도로, 육교, 철도 및 다른 선로와의 접근 또는 교차	제28,29조	제177조
제162조	옥내 전로 대지 전압의 제한	제56,59,63,64조	제187조
제163조	나전선의 사용 제한	제56,57조	제188조
제164조	저압 옥내 배선의 사용 전선	제56,57조	제189조
제165조	저압 옥내 전로의 인입구에 있어서 개폐기의 시설	제56,63조	제190조
제166조	옥내에 설치하는 저압용 배선 기구 등의 시설	제59조	제191조
제167조	옥내에 설치하는 저압용 기계 기구 등의 시설	제59조	제192조
제168조	고주파 전류에 의한 장해 방지	제5,10,11,59,67조	제193조
제169조	전동기 과부하 보호 장치의 시설	제65조	제194조
제170조	저압 옥내 간선의 시설	제56,57,63조	제195조
제171조	분기 회로의 시설	제56,57,59,63조	제196조

일본「전기설비기술기준의 해석」		「기술기준」 관련 조문	한국「전기설비기술기준」
제172조	저압 옥내 배선의 허용 전류	제57조	제198조
제173조	옥내 저압용 개폐기 시설 방법의 예외	제63조	제199조
제174조	저압 옥내 배선의 시설 장소에 의한 공사의 종류	제56조	제200조
제175조	애자 공사	제56,57조	제201조
제176조	합성 수지 선피 공사	제56,57조	제202조
제177조	합성 수지관 공사	제10,11,56,57조	제203조
제178조	금속관 공사	제10,11,56,57조	제204조
제179조	금속 선피 공사	제10,11,56,57조	제205조
제180조	가요 전선관 공사	제10,11,56,57조	제206조
제181조	금속 덕트 공사	제10,11,56,57조	제207조
제182조	버스 덕트 공사	제10,11,56,57조	제208조
제183조	플로 덕트 공사	제10,11,56,57조	제210조
제184조	셀룰러 덕트 공사	제10,11,56,57조	제211조
제185조	라이팅 덕트 공사	제10,11,56,57,64조	제209조
제186조	평형 보호층 공사	제10,11,56,57,63,64조	제212조
제187조	케이블 공사	제10,11,56,57,68,69,70조	제213조
제188조	메탈라스 인장 등의 목조 조영물에 시설	제56,57조	제214조
제189조	저압 옥내 배선과 약전류 전선 및 관과의 접근 또는 교차	제62조	제215조
제190조	옥내 저압용 전구선의 시설	제56,57조	제216조
제191조	옥내 저압용 이동 전선의 시설	제56,57조	제217조
제192조	분진이 많은 장소에 있어서의 저압 시설	제68,69조	제218조
제193조	가연성 가스 등이 존재하는 장소의 저압 시설	제69조	제219조
제194조	위험물 등이 존재하는 장소에 있어서의 저압 시설	제69조	제220조
제195조	화약고에 있어서의 전기 공작물의 시설	제56,59,63,64,71조	제221조

일본「전기설비기술기준의 해석」		「기술기준」 관련 조문	한국「전기설비기술기준」
제196조	흥행장의 저압 공사	제10,11,56,57,63조	제223조
제197조	작업선 등의 옥내 배선 공사	제57조	제224조
제198조	쇼윈도 또는 쇼케이스 내의 배선 공사	제56,57조	제225조
제199조	옥내에 설치하는 저압 접촉 전선의 공사	제10,11,12,56,57,58,59,62,63,73조	제226조
제200조	엘리베이터, 댐웨이터 등의 저압 옥내 배선 등의 시설	제57조	제227조
제201조	옥내의 전열 장치의 시설	제57,59조	제228조
제202조	고압 옥내 배선 등의 시설	제10,11,56,57,62조	제229조
제203조	옥내 고압용 이동 전선의 시설	제56,57,66조	제230조
제204조	옥내에 설치하는 고압 접촉 전선의 공사	제11,56,57,62,66,67,73조	제231조
제205조	특별 고압 옥내 전기 공작물의 시설	제10,11,56,57,62,72조	제232조
제206조	옥내 방전등 공사	제10,11,56,59조	제233조
제207조	옥내 방전등 공사(2)	제10,11,56,57조	제234조
제208조	옥내 네온 방전등 공사	제10,11,56,57,59조	제235조
제209조	옥내 방전등 공사의 시설 제한	제56,59,68,69,70,71조	제236조
제210조	옥외 등의 인하선(引下線) 시설	제56,57조	제237조
제211조	옥측 배선 또는 옥외 배선의 시설	제56,67,62,63조	제238조
제212조	옥측 또는 옥외에 설치하는 전구선의 시설	제56,57조	제239조
제213조	옥측 또는 옥외에 설치하는 이동 전선의 시설	제56,57,66조	제240조
제214조	옥측 또는 옥외에 설치하는 배선 기구 등의 시설	제56,59조	제241조
제215조	옥측 또는 옥외의 전열 장치 시설	제57,59조	제242조
제216조	옥측 또는 옥외의 분진이 많은 장소 등에서의 시설	제68,69,70,72조	제243조
제217조	옥측 또는 옥외에 설치하는 접촉 전선의 시설	제56,57,62,63조	제244조
제218조	옥측 또는 옥외의 방전등 공사	제5,14,56,59,63,68,69,70,71조	제245조

일본「전기설비기술기준의 해석」		「기술기준」 관련 조문	한국「전기설비기술기준」
第219조	사람이 상시 통행하는 터널 내의 배선 시설	제56,57조	제246조
第220조	광산 기타 항도 내의 시설	제56,57조	제247조
第221조	터널 등의 배선과 약전류 전선 등 또는 관과의 접근 또는 교차	제62조	제248조
第222조	터널 등의 전구선 또는 이동 전선 등의 시설	제56,57조	제249조
第223조	터널 등에 설치하는 배선 기구 등의 시설	제59조	제250조
第224조	전기 울타리의 시설	제56,57,59,67,74조	제251조
第225조	오락용 전차의 시설	제5,56,59조	제252조
第226조	전기 충격 살충기의 시설	제56,59,67,75조	제253조
第227조	교통 신호등의 시설	제10,11,56,57,59,62,63조	제254조
第228조	플로 히팅 등 전열 장치의 시설	제10,11,56,57,59,63,64조	제255조
第229조	파이프 라인 등 전열 장치의 시설	제10,11,56,57,59,63,64,76조	제256조
第230조	전기 온돌 등의 시설	제10,11,56,59,63,64조	제257조
第231조	전극식 온천용 승온기의 시설	제5,10,11,56,59,63조	제258조
第232조	전기 욕조의 시설	제10,11,56,57,77조	제259조
第233조	은이온 살균 장치의 시설	제10,11,56,57,77조	제260조
第234조	풀장용 수중 조명등의 시설	제5,10,11,56,57,59,63,64조	제261조
第235조	활주로등 등의 배선 시설	제56,57조	제262조
第236조	전기 방식 시설	제5,56,57,62,63,78조	제263조
第237조	소세력 회로의 시설	제56,57,59,62,63조	제264조
第238조	출퇴 표시등 회로의 시설	제5,56,57,59,63조	제265조
第239조	전기 집진 장치 등의 시설	제10,11,56,57,59,60,69조	제266조
第240조	아크 용접 장치의 시설	제10,11,56,57,59조	제267조
第241조	엑스선 발생 장치의 시설	제5,10,11,50,57,59,62,75조	제268조
第242조	임시 배선의 시설	제4조	제269조

PLC 제어기술 이론과 실습

김원회 · 공인배 · 이기호 共著/4 · 6배판/424p/정가 15,000원

이 책은 이론과 실습을 분리하여 실습편에서는 요구사항, 실습목표, 구성기기, 관련 이론, 실습 회로, 회로 설계 원리 및 동작설명 등으로 전개하여 능률적인 실습이 가능하도록 배려하였습니다. 더욱이 모든 실험실습이 어느 장소에서나 신속히 이루어질 수 있도록 PLC 교육용 전문 실험실습장치인 DYES-2101 콤팩트형 PLC-공압 트레이너로 요소모델 번호를 병기하였습니다. 그리고 매커트로닉스, 생산자동화의 산업기사는 물론 기능사 국가 기술자격 시험에 대비할 수 있도록 관련 문제를 집중적으로 수록하였습니다.

적중 전기기능사

전수기 · 정종연 · 임경순 共著/4 · 6배판/744p/정가 20,000원

모든 산업 현장의 기본이자 일상생활의 근간이 되고 있는 전기 분야에 처음 발을 내딛는 수험생들이 능률적으로 시험에 대비할 수 있도록 구성된 이 책은 암기 위주의 내용보다는 초보자도 쉽게 이해할 수 있도록 상세한 문제풀이 과정을 수록하여 쉽게 이해하고 계산능력을 키워줄 수 있도록 체계화하였습니다. 또한 2006년부터 변경된 자격검정에 대비하기 위해 그동안 출제된 전기 이론, 전기 기기, 전기 설비 기술 기준의 모든 문제들을 분석하여 이론과 공식을 요점 정리하였고, 모든 항목을 총망라하여 각 항목에서 필수적인 중요 문제들 위주로 폭넓게 수록하였습니다.

과년도 전기기사 실기

오철균 著/4 · 6배판/408p/정가 20,000원

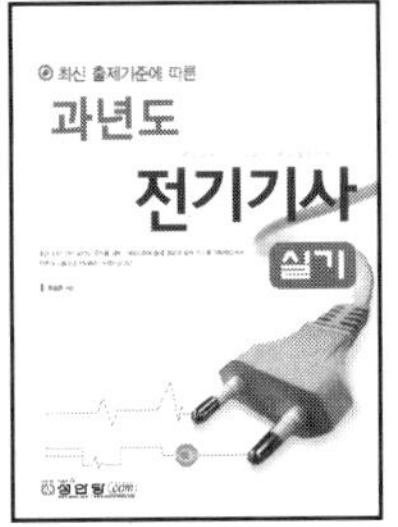

이 책은 전력시설물을 안전하게 시공하고 검사하기 위한 전문 인력을 양성할 목적으로 재정된 전기기사 자격증 취득에 어려움을 느끼고 있는 수험자들을 위하여 최근 10년 간의 과년도 문제를 검토 · 재정리하여 좀더 효율적으로 공부할 수 있도록 구성하였으며, 이를 통해 자격시험의 출제 경향과 출제 빈도를 파악할 수 있도록 하였습니다.

과년도 전기산업기사 실기

오철균 著/4 · 6배판/360p/정가 20,000원

이 책은 전력시설물을 안전하게 시공하고 검사하기 위한 전문 인력을 양성할 목적으로 재정된 전기기사 자격증 취득에 어려움을 느끼고 있는 수험자들을 위하여 최근 10년 간의 과년도 문제를 검토 · 재정리하여 좀더 효율적으로 공부할 수 있도록 구성하였으며, 이를 통해 자격시험의 출제 경향과 출제 빈도를 파악할 수 있도록 하였습니다.

과년도 전기공사기사 실기

오철균 著/4 · 6배판/392p/정가 20,000원

이 책은 전력시설물을 안전하게 시공하고 검사하기 위한 전문 인력을 양성할 목적으로 재정된 전기기사 자격증 취득에 어려움을 느끼고 있는 수험자들을 위하여 최근 10년 간의 과년도 문제를 검토 · 재정리하여 좀더 효율적으로 공부할 수 있도록 구성하였으며, 이를 통해 자격시험의 출제 경향과 출제 빈도를 파악할 수 있도록 하였습니다.

과년도 전기공사산업기사 실기

오철균 著/4 · 6배판/368p/정가 20,000원

이 책은 전력시설물을 안전하게 시공하고 검사하기 위한 전문 인력을 양성할 목적으로 재정된 전기기사 자격증 취득에 어려움을 느끼고 있는 수험자들을 위하여 최근 10년 간의 과년도 문제를 검토 · 재정리하여 좀더 효율적으로 공부할 수 있도록 구성하였으며, 이를 통해 자격시험의 출제 경향과 출제 빈도를 파악할 수 있도록 하였습니다.

스위칭 전원의 기본 설계

김희준 著/4 · 6배판/360p/정가 18,000원

이 책은 스위칭 전원의 기술적인 면을 배경으로 한 대학 및 대학원의 관련 분야 교과서 및 관련 기술자의 스위칭 전원 입문서로, 스위칭 전원의 회로방식인 평균 전류모드 제어에 의한 스위칭 전원, 소프트 스위칭 컨버터 및 역률 개선 회로 등에 대한 내용을 추가하고 제어회로의 보상설계 및 측정의 내용도 함께 제시함으로써 관련분야 전공의 대학생 및 대학원생, 관련현장의 연구개발자들에게 스위칭 전원의 설계 절차를 확립할 수 있도록 구성하였습니다.

전력사용시설물 설비 및 설계

최홍규 외 6인 共著/4 · 6배판/1,072p/정가 38,000원

본서는 전기시설물을 공부하는 대학원, 대학, 전문대학생의 교재로서 활용이 가능하며, 설계 및 시공 분야에서 실무자에게 필요한 지식을 전달하고자 하였습니다. 또한, 전기기술사 · 기사 및 산업기사 시험을 준비하는 분들을 위하여 체계적이면서도 실무적 측면을 보완하였습니다.

그림으로 해설한

백만인의 전기공사

정가 : 18,000원

검
인

지은이 : 日本 関電工 品質 · 工事管理部
옮긴이 : 이 영 실
펴낸이 : 이 종 춘
펴낸곳 : BM 성안당

1998. 10. 1 초판 1쇄 발행
2007. 8. 20 개정1판 1쇄 발행
2008. 7. 23 개정1판 2쇄 발행
2010. 8. 25 개정1판 3쇄 발행
2013. 1. 31 개정1판 4쇄 발행

주 소 : 413-120 경기도 파주시 문발로 112
전 화 : (031)955-0511
팩 스 : (031)955-0510
등 록 : 1973.2.1 第13-12호

ISBN 978-89-315-2304-1

홈페이지 : **www.cyber.co.kr**